家政女王
玛莎·斯图尔特的
缝纫百科

美国《玛莎·斯图尔特的生活》编辑部 编

苏莹 译

中国纺织出版社有限公司

鸣　谢

本书的创作团队充满才华且精进勤勉。我们要向出色的作品编辑致以诚挚的谢意和赞美，不仅因为她们一针一线奉献出如此精美的作品，更因为她们能够将自己的高超技艺向广大读者倾囊相授。激励并教授大家制作手工艺品既是她们的首要目标，也是玛莎·斯图尔特生活全媒体公司所有成员的使命。我们的编辑团队不断创作出美丽迷人的手工作品，同时为这些作品配以清晰详尽的制作指南，确保所有人都可以在家轻松掌握制作方法。

手工作品副主编西尔克·斯托达德（Silke Stoddard）和手工作品高级编辑尼古拉斯·安德森（Nicholas Andersen）为创作本书付出了不懈努力，不仅为本书精心挑选最佳缝纫和布艺作品，而且还亲自参与新作品的创作和审校工作。手工作品编辑总监马西·麦戈德里克（Marcie McGoldrick）对两人的工作给予了全程指导。在此，我们还要感谢手工作品执行编辑总监汉娜·米尔曼（Hannah Milman），同时感谢手工作品编辑部全体成员，包括科瑞恩·吉尔（Corrine Gill）、摩根·莱文（Morgan Levine）、阿西娜·普雷斯顿（Athena Preston）和布雷克·拉姆塞（Blake Ramsey），以及所有虽已离职，但仍为本书做出巨大贡献的手工作品编辑们，包括安娜·贝克曼（Anna Beckman）、莎伦·卡特·古德森（Shannon Carter Goodson）、贝拉·福斯特（Bella Foster）、卡蒂·哈奇（Katie Hatch）、梅根·李（Megen Lee）、约迪·莱文（Jodi Levine）、苏菲·玛索林（Sophie Mathoulin）劳拉·诺曼丁（Laura Normandin）、查琳·麦马图（Charlyne Mattox）、谢恩·鲍尔斯（Shane Powers）和凯莉·容奇（Kelli Ronci）。还要感谢玛莎·斯图尔特生活全媒体公司的全体编辑和艺术总监们，是你们不断在手工领域和所有生活领域推出如此杰出的作品。

由总编艾伦·莫里西（Ellen Morrissey）和艺术总监威廉·万·罗登（William Van Roden）共同领导的专题项目组将团队的多年成果以简明的编写方式荟萃于本书。我们要特别感谢编辑人员克里斯汀·西尔（Christine Cyr）、史蒂芬妮·弗莱彻（Stephanie Fletcher）和莎拉·拉特利奇·戈尔曼（Sarah Rutledge Gorman），她们在海量材料的编辑过程中付出了巨大的辛劳和耐心，通过无数小时的反复审校，才得以确保书中的每一处措辞完美无误，每一处细节没有遗漏。感谢撰稿人贝瑟妮·利特尔（Bethany Lyttle）为本书提供了优质的文本内容和相关指导。万分感谢艺术副总监雅斯敏·埃默里（Yasemin Emory）为我们设计了精美的封面，还有凯瑟琳·吉尔伯特（Catherine Gilbert），数百件手工艺品经过她的精心整理和编辑，页面呈现效果倍显优美雅致。专题项目组还要向实习助理杰西卡·布莱克姆（Jessica Blackham）、劳伦·皮罗（Lauren Piro）、梅根·莱斯（Megan Rice）和设计师安泊尔·布雷斯里（Amber Blakesley）付出的辛勤工作表示感谢。感谢编辑兼创意总监埃里克·A. 皮克（Eric A. Pike）对书中所有作品的精心保管，以及盖尔·托韦（Gael Towey）、多拉·布拉斯奇·卡迪纳尔（Dora Braschi Cardinale）、丹尼诗·柯莱皮（Denise Clappi）、劳伦斯·戴蒙德（Lawrence Diamond）和乔治·D. 普兰丁（George D. Planding）的辛勤付出。

约翰尼·米勒（Johnny Miller）与雷蒙德·霍姆（Raymond Hom）凭借精湛技术为本书拍摄了大量新图片，漂亮的封面肖像则是由约翰·胡巴（John Huba）拍摄而成。此外，还有许多其他摄影师（此处无法一一列举）为本书提供了精美作品（详见第 380 页摄影师名单）。在此一并感谢摄影部同事海洛薇兹·古德曼（Heloise Goodman）、玛丽·卡希尔（Mary Cahil）、艾莉森·范艾克·迪瓦恩（Alison Vanek Devine）、萨拉·帕克斯（Sara Parks），以及造型师朱莉·霍（Julie Ho）和罗伯特·戴蒙德（Robert Diamond）。

由衷感谢我们的合作伙伴胜家缝纫机公司，他们为随书附赠的图样与模板的制作提供了极为慷慨的帮助。

非常庆幸能够与兰登出版社版权引进方波特手工出版社建立如此愉快的合作关系。在此感谢来自贵方的各位编辑、生产经理和设计师，包括维多利亚·克雷文（Victoria Craven）、德里克·古利诺（Derek Gullino）、凯特琳·哈平（Caitlin Harpin）、齐·林·莫伊（Chi Ling Moy）、玛丽萨拉·奎恩（Marysarah Quinn）、布莱恩·菲尔（Brian Phair）、艾丽卡·史密斯（Erica Smith）和金姆·泰纳（Kim Tyner），以及皇冠出版集团总裁兼发行人珍妮·弗罗斯特（Jenny Frost），波特手工出版社高级副总裁兼发行人劳伦·谢克利（Lauren Shakely）。

目　录

入门指南

面料术语表 2
线材术语表 9
设置专属缝纫区 10
缝纫类实用好物 12

基础技法

缝纫 17
贴布 29
刺绣 35
绗缝与拼布 53
染布 65
印花 75

作品 A~Z

动物玩偶 82
围裙 92
包袋 102
沐浴用品 118
床品 128
围嘴 142
毯子 146
书套 154
服装 162
杯垫 178
保温套 182
窗帘 186
抱枕 198
手缝娃娃 224

布艺花卉 228
手帕 234
婴幼用品 238
收纳用品 246
宠物用品 258
针插 266
隔热垫 272
绗缝与拼布 276
遮光帘 288
拖鞋 298
餐台布品 302
家居装饰 322
壁饰 340

总　结

工具与材料 346
小贴士与补充技法 358
图样与模板 364

索引 368
技法分类索引 377
摄影师名单 379

简　介

记得我还是个小孩子的时候，便已对缝纫痴迷不已。妈妈也总会亲手缝制家中的各式用品，包括她自己的衣服、我们三姐妹的衣服、为六个孩子准备的万圣节装扮，以及为家人和朋友们准备的各种惊喜礼品和小物件等。妈妈曾有一台老式的胜家缝纫机，装在一个便携式的木箱子里，是我姥姥传给她的，但在她买了新款的怀特牌缝纫机后，这台老机器就"退役"了。怀特缝纫机带有一张枫木材质的柜式收纳桌，虽然我家厨房兼具餐厅的功能，十分宽敞，但这台桌子却占据了整整一面墙的位置。缝纫机时刻摆在外面，工作台或旁边的熨衣板上总有一两件折叠整齐的半成品。

我和姐姐凯西，还有最小的妹妹劳拉，自然都成长为技艺精湛的裁缝。到专卖店选购布料因此也成为我家最受欢迎的娱乐项目。妈妈一路挖掘出许多好店，先是在新泽西州的帕塞伊克、卢瑟福和贝尔维尔，然后是纽约市西39街上令人目不暇接的各式布料店。在此过程中，我学会了分辨布料各种不同的织法、纹理和纤维，知道了哪种布料和线材最适合某种作品或特定图样。对我们而言，*VOGUE*、*BUTTERICK* 和 *SIMPLICITY* 等时尚杂志简直就是最棒的艺术作品集，我们往往埋头书中，一看就是几小时，幻想着能够亲手制作出这些我们买不起却非常想穿的时装。我们都会制作一些小件物品，如围裙、围巾和装饰性的家居用品，但最想做的还是能够在日常或特殊场合穿着的服装。我在纳特利公立学校参加了缝纫培训，学习如何制作带有圆袖、过肩和领子的女士衬衫，圆形裙，简单的外套，以及带有拉链门襟的翻边短裤。妈妈则为我补齐了其他知识，如剪裁、加衬、斜裁、绲边纽孔、手锁扣眼等。总之，她帮助我培养起了各种基础的良好习惯，令我在成长为优秀缝纫师的过程中受益终身。

我们共同制作的许多作品令我至今记忆犹新——我参加第一次圣餐礼式时穿的白色蝉翼纱儿童礼服，带有宽大的缝褶和泡泡短袖；还有我的第一件山东绸蓝色礼服，搭配着淡粉色薄纱半裙；我的毕业礼服则选用了进口白棉布，上面装点着淡蓝色绣花；一件带有精致深褐色罩纱的舞会礼服则采用了心形领口；当然还少不了我的婚纱，华美的刺绣蝉翼纱下面搭配着双面横棱缎内衬和纯棉纱衬。

　　整个大学期间，我依然没有离开缝纫。我的所有精美华服都源自好友安·博斯维尔（Ann Boswell）的姑妈为我提供的设计图样，她拥有一家名为 Chez Ninon 的定制时装店。于是，我经常穿着巴黎世家、迪奥和纪梵希的新款服装去上课，并从此爱上了高级定制。结婚以后，我的第一台缝纫机就是胜家牌，拥有 20 世纪 60 年代机型最先进的技术和功能。这台机器我使用了多年，通过它我学会了很多技法，不断尝试各种服装结构与设计。直至今日，尽管服装结构设计已简单许多，但我仍乐于研究接缝、面料和各种物品的制作方法，始终享受着缝纫的乐趣。

　　这本书既可以作为缝纫新手的入门指南，也可以作为一本进阶教程，服务于那些已经掌握基本缝纫方法、希望汲取更多新创意、获得更多作品参考的缝纫爱好者。当然，缝纫并不仅局限于制作时装，它还可以结合贴布、刺绣、拼布和面料处理工艺（如染布和印花），以及许多其他技法。玛莎·斯图尔特生活全媒体公司所有同仁希望通过本书帮助您填补知识空白，为您带来尝试新作品的灵感。希望您会喜欢！

玛莎·斯图尔特

如何使用本书

本书共分为四部分。第一部分为入门指南，将为您提供面料和线材术语表，为后续内容的掌握打下基础。此外，还有一部分内容将帮助您做好缝纫前的准备工作，包括如何设置专属缝纫区的建议，以及购置各种缝纫用品的提示与技巧。

基础技法部分的各章节将为您概述 6 种布艺技法，包括缝纫、贴布、刺绣、拼布、染布和印花。教程中不仅会提供配有图解的步骤说明，而且还会为您提供所需工具与材料的详细介绍。除了在开始制作前需要详读相关内容外，您在制作过程中也需不时查阅这部分的信息。

在作品 A~Z 部分，所有内容将按照作品的英文首字母排序，分为 27 章。每件作品均配有材料说明和制作步骤。绝大多数作品仅需"基础缝纫材料"，也就是第 18 页中介绍的针线盒所含的材料和工具。书中许多作品仅需手缝，有些作品甚至无需缝纫；只有部分作品需要使用缝纫机。所有作品在风格和技能要求上各不相同，可能仅包含前述章节中教授的一种技法，也可能需要将多种技法相结合。

本书的结尾部分被称为 XYZ，所含内容包括必备工具与材料术语表，缝纫与修补进阶技法等。此外，这部分还会为您提供附赠图样（参见下文）中的缩小版图样与模板。

如何使用图样

您在制作书中作品时需要使用的所有图样和模板均可从以下网址下载：www.hinabook.com。图样和模板逐章分类，PDF 文档名称与书中作品名称一一对应。多数情况下，图样采用实物尺寸，利用 A4 纸张打印即可。或者，您也可以利用复印机对模板尺寸进行缩放，以适用于自己的作品规格。少数实样需要将多张打印纸拼接使用，组合图样时请注意对应打印页角落处的编号。

入门指南

面料术语表

纯色棉布

印花棉布

真丝

亚麻

羊毛

特种面料

线材术语表

设置专属缝纫区

缝纫类实用好物

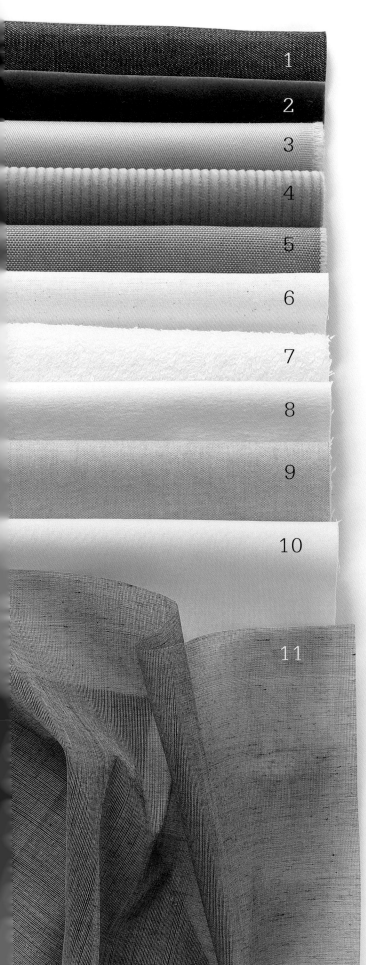

面料术语表

纯色棉布

利用植物棉纤维可编织出花样繁多的布料；通过添加其他天然或人造纤维，可以织造的面料就更加丰富了。总体而言，纯棉面料耐用、舒适且易于打理。

1. **牛仔布** 牛仔布属于质地粗糙的斜纹布（参见下文），主要用于工作服、夹克和牛仔服的制作。紧实的斜纹编织法搭配厚重的粗棉线，打造出这款结实耐用的面料。这款面料的经纱（纵向）通常染为蓝色，而纬纱（横向）则保持原色或白色。

2. **棉绒** 高档而富贵的绒质面料总能彰显奢华感。这种柔软的毛绒质感是将经纱沿织布机上的细金属棒缠绕形成的。在将金属棒撤出后，经纱仍保持线圈状。有时线圈会被割断，形成割绒效果。棉绒具有多种厚度，适用于家居装饰、服装和装饰用品等；除棉绒外，绒质面料还包括真丝、人造丝或混纺纤维等不同材质。清洗绒质面料时需使用质地柔软的干刷，或者干洗。为避免毛绒挤压变形，可利用蒸汽（切勿熨烫）轻轻去除褶皱。

3. **斜纹布** "斜纹"是指一类特殊的织布方法，纬纱先压住一根经纱，然后再从两根以上的经纱下方穿过（平纹织则采用经纬纱逐一交替机织的方法，这点正是两者的差异所在），成品最终便可形成独特的斜纹图案。棉质斜纹布通常用于制作卡其裤、军装和工作服等。

4. **灯芯绒** 与棉绒近似，灯芯绒也具有茂密的毛绒质感。它的特点是呈纵向绒条状，且绒条可宽可窄。条纹的宽度被称为凸条纹，通常有"细条"和"宽条"之分，凸条纹也可用不同编号来表示，不同编号代表着每英寸宽度内包含的条纹数。

5. **帆布** 帆布也称为篷盖布或篷布，极其结实耐用，常用于制作托特包或户外家居装饰。这种面料往往选用粗纤维（多为棉纤维，有时也会选用亚麻或合成纤维），通过紧实的平纹编织法制作而成。

6. **平纹细布** 作为一种价格亲民的平纹织棉布，平纹细布通常不进行染色。其主要功能是用作内衬或在制作服装、沙发套的过程中，作为试穿或试用版本，用来检验尺寸是否合乎要求。

7. **毛巾布** 毛巾布主要用于制作浴巾和睡袍，由于富含厚棉纱纺织而成的毛圈，吸水性极佳。目前市面上有单面毛圈和双面毛圈两种毛巾布。

8. **法兰绒** 法兰绒的材质包括纯棉、羊毛和羊毛混纺三种。这种面料质地极其柔软，不仅非常适合制作婴儿用品和床品，同时也是制作冬装内里的绝佳选择。

9. **钱布雷** 钱布雷是一种利用纯棉纱线或棉与合成纤维混纺纱线平纹编织而成的布料。同牛仔布一样，钱布雷也是仅对经纱进行染色处理，纬纱保持白色。钱布雷适于制作服装，特别是衬衫。

10. **府绸** 经久耐穿的纯棉府绸面料采用质地紧密的平纹编织法，带有轻微横棱纹图案。这款面料是制作儿童服装和薄款成人服装的理想选择。

11. **棉纱** 轻薄透明的棉纱不仅适于制作服装，用作纱帘的效果也十分理想。

印花棉布

在缝制带有大型印花图案的面料时，请尽量确保在图案接缝处进行缝合。为了便于准确剪裁和对接，建议采买布料时额外预留 23 厘米或 45.5 厘米余量。

1. **蕾丝** 这种面料最早诞生于 15 世纪的欧洲，通过手工缠扭编织出各种装饰图案；现代蕾丝则主要为机织成品。在出现手工艺蕾丝的早期，不同地区独具带有本地特色的图案，其中许多图案被沿用至今。右图的威尼斯（Venise）蕾丝也称为凸纹蕾丝（Guipure），特点是厚重。带有浮雕感的图案经由被称为"婚纱"（Brides）的丝线衔接起来。阿朗松（Alençon）蕾丝更为厚重，面料的浮雕感更强，主要由细丝线盘扣而成的花朵图案构成。尚蒂伊（Chantilly）蕾丝的特点是借助网眼背景凸显各种植物图案。蕾丝通常为纯白或米白色、偶尔也可见到彩色蕾丝。

2. **波尔卡圆点** 为了充分利用 19 世纪末人们对波尔卡圆舞曲的广泛喜爱，一位极具企业家精神的美国布料生产商创造出了"波尔卡圆点"一词，用以形容自己生产的圆点面料。这个名字就此保留下来，如今这个词专指同等大小、均匀分布的圆点图案。

3. **条纹** 条纹布多为纯棉或亚麻材质，紧实耐用，常用于制作床笠。由于经纱多于纬纱，面料的质地格外强韧。

4. **点子花薄纱** 这种图案也称为瑞士点，主要特征是以轻薄透明的棉纱为背景，上面装饰凸起的波尔卡圆点。点子花薄纱可用于制作窗帘和服装，包括儿童礼服。

5. **方格布** 方格布最鲜明的特点是在纯白底色上，利用同色系的深浅两种色调构建成方格图案。纯棉或混纺纤维均可用于编织方格布，这种面料适合制作轻薄的夏装和家居用品。

6. **衬衫布** 这种面料常用于制作衬衫，主要材质为纯棉或棉与人造纤维混纺材料，既可以是纯色，也可以带有印花图案。色织图案不易掉色，印染图案则易褪色。可根据自己希望实现的效果选择适用的面料。

7. **印花布** 在美国，"印花布"是指价格低廉、带有小型印花图案的薄棉布，主要用于制作棉被、手工布艺和服装（在英国，"印花布"与美国的"平纹细布"是一个概念；参见前页）。

8. **泡泡纱** 泡泡纱是一种轻薄的纯棉或混纺面料，特点是布料上带有凹凸交替的条纹或方格。这种面料上凸起的褶皱效果可令布料格外透气，因而特别适合制作夏装。

9. **镂空布** 尽管看起来近似蕾丝，但镂空布的织造方法却与蕾丝大不相同。面料上的镂空图案均是在整幅布料上切割而成的；切除的部分再用绣线镶边，防止布料脱线。镂空布图案丰富，既可用作服装面料，也可作为装饰花边。

真　丝

　　真丝源自中国，由桑蚕吐出的细丝精纺而成，数千年来，全世界一直视之为珍贵面料。真丝可用于制作室内装饰和服装，其质地既强韧又轻薄，且易于着色，因而面料颜色鲜亮，并带有一种天然的光泽感。由于养蚕纺丝的产量极低，约 12 千克茧才能制出 1 千克真丝，所以真丝面料的价格十分昂贵。不过，亚麻加丝或棉加丝等混纺面料，在保留真丝绝大部分优点的同时，价格要便宜许多。虽然部分真丝允许轻柔手洗，但大部分真丝仍建议干洗。水洗后的真丝切勿用力拧干，因为浸湿后的真丝纤维较为脆弱；干燥真丝织品时，可将真丝面料卷入干毛巾内，利用毛巾吸收多余水分。切勿局部清洗真丝面料，否则面料上会留下明显的水痕。

1. **欧根纱**　欧根纱是一种非常细腻，硬挺透明的丝质面料，带有微弱光泽，常用于制作礼服和正式场合的家居装饰，如餐台布品。

2. **绸缎**　绸缎一面顺滑闪亮，另一面黯淡柔和。为了实现极致顺滑的质感，面料在织造过程中通常需要选用质量上乘的真丝，因而价格昂贵。较便宜的绸缎则主要采用棉纤维或人造纤维编织而成。

3. **丝绒**　与棉或人造材料织造的绒布相比，丝绒的光泽度和保暖性均更佳，当然价格也相应更高。

4. **山东绸**　山东绸是一种粗纺真丝面料，带有粗犷的疙瘩花纹，原产地为中国山东省。这种面料适于制作女装、枕套等家居饰品。

5. **金丝缎**　金丝缎也称为桑落棉，利用较短的真丝纤维纺织而成，光泽暗淡、纹理疏松、质感粗糙。这种面料略显粗重，具有一定垂感，是家居装饰的理想面料。

6. **锦缎**　锦缎面料拥有双面提花图案，主要适用于家居装饰、帷帐和餐台布品等。其特点是图案精致、光泽柔和。亚麻也可用于织造锦缎。

亚 麻

亚麻由亚麻纤维编织而成，是人类历史上最古老的布料之一。亚麻质地极为坚韧，经久耐用，虽然较为厚重，但重量较轻且触感凉爽。独具的特性与良好的垂感使其成为制作夏季服装、床品和餐台布品的理想面料。亚麻通常为天然原色，如小麦色或银白色，但也可染制出鲜艳的色泽，包括纯色和各式图案。亚麻经机洗后质地会变软，有人喜欢这种特性；如果您希望保持亚麻硬挺的质感，建议选择干洗。在正式缝制前，亚麻须先经过清洗、晾干和熨烫（或干洗）处理。

1. **装潢亚麻布**　厚实的装潢亚麻布可经受长年累月的磨损，最适合制作家具保护罩，如椅套、沙发套、垫脚软凳罩、床头板罩布等。

2. **手纺亚麻**　手纺亚麻诚如其名，表面纹理较为稀松，质地近似手工土布。

3. **锦缎**　锦缎的特殊纺织工艺使得面料双面的图案相互对应，因此锦缎没有"正反面"之分。尽管锦缎的配色十分丰富，但仍以选择同色调纺织线材为主。利用亚麻锦缎制作出的台布和餐巾格外受到消费者的欢迎。

4. **网眼布**　亚麻网眼布的编织纹理较为疏松，因而易于添加边穗，是制作餐台布品和窗帘的明智之选。

5. **手帕布**　这种轻薄细腻的亚麻面料最适合制作女士衬衫、夏装、宝宝装和手帕。手帕布质感顺滑，拥有淡淡的光泽，用作刺绣底布时定会起到锦上添花的作用。

6. **亚麻涂层布**　这种面料会经过添加塑料或乙烯基涂层的处理，使之具有防水、易清理的功能。亚麻涂层布与油布的性质十分接近。

羊　毛

　　羊毛具有极佳的保暖隔热效果，规格样式丰富，既有轻薄透气的面料，也有用来制作厚毛毯的面料。凡是带有毛绒纹理的面料往往都被统称为毛织品，而用于制作套装的精纺羊毛则更加细腻顺滑。真正的羊毛面料源自绵羊，其他类似的毛织品原材料可能来自山羊（羊绒和马海毛）、美洲驼、羊驼和兔子（安哥拉兔）等动物。只要养护得当，羊毛面料的使用寿命会很长；多数羊毛面料需要干洗，但部分织品也可以冷水手洗。在被热水机洗并甩干后，羊毛制品会出现缩水和黏结现象（参见第 86 页）。

1. **马海毛**　这种色泽光鲜的面料源自安哥拉山羊毛，分为直纤维和卷纤维两种，染制后的马海毛颜色鲜艳亮丽。

2. **法兰绒**　纯羊毛或羊毛加棉混纺而成的法兰绒质地柔软，具有极佳的保暖性，特别适合制作外套和毯子。羊毛法兰绒还可用于制作男士套装和女士服装。这种面料可采用平纹或斜纹纺织，有时也会采用拉绒工艺，形成单面或双面微浮雕效果。

3. **窗格毛呢**　窗格毛呢属于经典的男装面料，由纵横细条纹构成方格图案。面料多以精纺羊毛为原料，顺滑润泽，主要适于制作套装。

4. **鱼骨呢**　鱼骨呢多为羊毛质地，利用斜纹纺织出特有的 V 字图案，状似鲱鱼骨，因此得名。鱼骨呢是制作套装的常用面料。

5. **粗花呢**　粗花呢源自苏格兰，独特的粗织效果，配以竹节纹理和彩色斑点图案，个性鲜明。粗花呢色彩丰富，从深色系、中性色到亮色系和各式图案，无所不包。粗花呢采用平纹或斜纹纺织均可。

6. **羊绒**　以奢华闻名于世的羊绒质地格外轻柔。与马海毛一样，羊绒原料也取自山羊，而非绵羊。由于山羊毛的产量相对稀少，因而羊绒制品价格高昂。与其他纤维混纺后的羊绒制品更具价格优势，可作为纯羊绒的替代品。

特种面料

　　此类面料自成一体，每种面料各具特殊用途。真皮和仿麂皮可为使用者带来独特的质感体验，毛毡具有便于缝制的特性，因而成为众多手工艺的首选面料。此类面料均非纤维纺织而成，因此不会出现纱线钩脱或布边散线的情况。虽然油布是利用线材纺织而成的，但添加乙烯基涂层后便被黏合起来。

1. **油布** 油布原本是在厚帆布或棉布上添加亚麻籽油和漆料涂层，现代油布则改为在棉布外添加乙烯基涂层。这种面料结实耐用，易于清理（只需用海绵或抹布擦拭即可），且可供选择的图案和颜色非常丰富。油布适于制作围裙、围嘴和台布。

2. **摇粒绒** 发明摇粒绒的目的是以其代替羊毛制品；这种面料部分（通常是全部）以回收材料制成。与羊毛类似的是，摇粒绒保暖而透气。摇粒绒可机洗，与莱卡混纺后弹性更佳，适于制作毯子、冬装和运动服。

3. **毛毡** 毛毡面料无须纺织，是由羊毛纤维缠结毡化而成，质地厚实耐用。图中的毛毡为 100% 羊毛材质，但市面上也有人造混纺的毛毡制品，颜色和厚度多种多样。

4. **仿麂皮** 仿麂皮是一种人造超细纤维面料，外观和触感与反毛皮十分接近，有不同厚度可供选择，且可机洗。

5. **真皮** 不同种类的真皮售价各不相同，均按照平方英尺售卖。可通过皮革商店、网上商店和部分布料店购买。常见的真皮种类包括牛皮、羔羊皮和翻毛皮（包括各种不同动物的毛皮）。厚度在 1.5 毫米以下的真皮可进行机缝，缝制时需使用皮革针、强韧的聚酯棉线和防粘压脚。为了防止真皮被撕裂，建议使用长线迹，并根据缝纫机说明对松紧度进行调整。如需使用图样，可利用胶带进行固定，切勿使用大头针，然后用圆珠笔围绕图样勾画；裁剪曲线时可直接使用剪刀，直线则可借助轮刀和直尺配合裁剪。缝制真皮时不能用熨斗熨平缝份，而需使用骨质刀（装订书本的工具，可在手工用品店和网店购买）滑平缝份，然后用皮革胶进行固定。

1

2

3

4

5

6

7

8

线材术语表

为了满足大量不同缝纫技法与面料规格的需求，线材的种类也是多种多样。不同线材在粗细、强度、弹性和外观上各不相同，正是这些特性决定了何种线材适用于何种作品。通用缝纫线，正如名字所示，可满足多数用途；然而，刺绣、拼布和家居装饰作品则需使用更加专业的线材。绝大多数线材可通过布料和手工商店购买；个别线材则只能在专业门店或网店找到。在购买线材时，我们需要考虑待缝制的面料的材质与厚度：缝制轻薄的面料需要配以较纤细的缝线，厚重的布料则应搭配厚料缝线。线材的粗细规格通常用号码表示（码数越高，线材越细；50号为中等型号，属于通用线材），有时也会用字母表示（A~D，表示由细到粗）。一般而言，在缝制纯棉或亚麻等天然面料时，多选用棉线，而缝制涤纶等人造面料时，则选用合成线材。优质线材缝纫时手感顺滑，会令您感到物有所值；而品质较差的缝线则容易打结或断裂，令您的缝纫机上线头堆叠。

1. **通用棉线** 通用棉线由天然纤维制成，适用于手缝或机缝中等厚度的天然面料。这种线材粗细适中（50号），多经过丝光处理，不仅线材更加强韧，更具光泽感，而且更易于上色。由于棉线缺乏弹性，因而不适于缝纫针织品或其他弹性面料。

2. **通用涤纶或混纺线** 与棉线相比，涤纶线更为经久耐用且略具弹性，适用于合成面料和针织品。您会发现纯涤纶线和棉包涤线的规格均为50号。涤纶线通常会进行上蜡或上硅胶处理，使其在缝纫过程中更为顺滑。棉包涤线具有耐热特性，可承受机缝过程中的摩擦生热现象。

3. **金银线** 金银线可为刺绣、绗缝或其他装饰线迹添加闪亮、璀璨的视觉效果。建议选用高品质线材，因为劣等线材的光泽容易磨损。优质金银线含有尼龙或涤纶等经久耐用的线芯，外包保护层，可降低机缝过程中的损耗。

4. **隐线** 尼龙单丝是透明的，因而缝纫后的线迹具有隐形效果。这种线材通常有透明和烟灰（接近黑色）两种颜色。隐线适用于机缝拼布、贴布和其他布艺作品。

5. **绗缝线** 手工绗缝线通常为纯棉或棉包涤材质，比通用缝线更粗，型号一般为30号或40号。此类线材多经过表面光洁处理，以防缝纫时打结；然而，这种处理工艺令此类线材无法适用于机缝拼布。在机缝拼布时，需选择经丝光处理的纯棉或棉包涤机缝线。色彩丰富的缝线易于搭配各式图案的面料。如需打造透明线迹，您可选用隐线、如希望线迹更具装饰效果，则可选用金银线。在进行拼布缝时，任何中等型号的棉线或棉包涤通用线均可使用。

6. **机绣线** 机绣线仅用作装饰，通常为人造丝或涤纶材质，但也有为实现特定装饰效果而生产的棉线和真丝线。标准规格为40号，但也有其他型号可供选择，较常见的为30号和50号。人造丝机绣线质地柔软，光泽感强，色彩丰富。涤纶线比人造丝线强度更高且更具弹性，有哑光或亮光两种选择，洗涤时不存在缩水、褪色或晕染现象。在缝纫过程中，人造丝或涤纶线均不易断线或磨损。经过丝光处理的纯棉机绣品种丰富，包括适用于精致作品的超细缝线。真丝机绣线带有润泽光感，色彩鲜艳亮丽。

7. **装潢线** 装潢线多采用涤纶或尼龙等人造材料，比通用线材更粗，强度更高。部分线材经过防紫外线和抗风化处理，便于户外家具使用。

8. **厚料缝线** 在缝制帆布和牛仔布等面料，或制作家居装饰和户外布艺作品时，需使用厚料专用线材。这种缝线比通用线略粗（通常为40号），材质包括尼龙、涤纶、纯棉或棉包涤。同装潢线一样，厚料缝线有时也会进行防湿和防日照处理。图中的示例线材为手缝线，您也可以找到带有线轴的厚料缝线，可供机缝使用。

线材配色原则

按照常规原则，我们应选用与布匹同色调或深一度的缝线。在缝制带有图案的面料时，建议按照花样中的主色选择线材。此外，您可能需要在针线盒中预备几种惯用色缝线，以备临时缝补或即兴创作所需。如果您发现自己反复使用某几种配色，便可将这些颜色的缝线纳入针线盒，同时再配以黑、白、深蓝和中度灰即可。

设置专属缝纫区

一处装备精良的专属缝纫区会激发出我们的无限创意。您选择的缝纫区域应当具备便捷、舒适和易操作的特性。这样的缝纫区可为缝纫时的您带来更多乐趣，鼓励您着手制作更多新作品，杜绝烂尾工程的出现。

只需一些简单的缝纫工具和一小块空闲区域，您便可以拥有一处舒适悦目的专属缝纫区。无论您准备为自己的缝纫作品开辟出整间工作室、一个专用壁橱、一处小角落，还是厨房或餐厅的一张桌子，如下建议都将帮助您创建真正适合自己的缝纫区。

确定自己的缝纫风格

在哪里设置自己的缝纫区，以及应当如何进行布置，这将部分取决于您日常缝纫的作品种类。如果您是一名拼布爱好者，您就需要一处较大的缝纫区，这样便于您每次在连续数周的时间内慢慢拼缝琐碎的布块，无须在每次制作间隙都要将所有缝纫用品收拾并保存起来。如果您通常只是缝制一些小型作品，或只是偶尔缝制一些小物，那么设置一处较小的缝纫区显然更为明智。抑或，您还可以将所有缝纫用品保存在一个专用壁橱内，需要时再取出，到厨房或餐厅长桌上进行操作。

分析空间限制问题

如果您奢侈地拥有一间空闲房间，或者哪怕只是房间内的某处凹室或角落，您便可以设立属于自己的固定缝纫区。不过，即使是小型公寓，同样可以配备固定缝纫区。一个大型衣橱、一张带有柜门的电脑桌，或者一个空壁橱，都可以布置为惹人喜爱的缝纫区，只要拥有良好的光线和一张舒适的座椅即可（参见第 11 页文本框）。如果您不希望设立固定缝纫区，也可以考虑将缝纫设备和其他工具保存在一辆塑料推车上，这样便可在需要时轻松转移到工作台上，不需要时则随时收藏并推走。

规格不一的浅瓷盘是帮助我们有效整理缝纫品收纳抽屉的简单方法。首先将抽屉全部拉出，然后利用双面泡棉胶带，按照自己喜欢的方式粘贴瓷盘。请勿使用普通的双面胶；只有厚实的泡棉胶带才能实现紧实的固定效果。

收纳整理

无论您将缝纫区布置成怎样的风格，切记将所有缝纫工具置于一处，只有这样才能真正做到随用随取。可叠放的透明塑料盒规格多样，最适合整理各种布料、线材、大头针等小物品和其他一些缝纫用品。建议将写好的标签贴在装有收纳物的塑料盒上。例如，您可将同种用途的布料放置在同一个塑料盒内，并将其标记为"拼布书包用棉布或帆布"。如果您的缝纫桌带有抽屉，建议利用小号托盘将不同的线材、缝针、剪刀和其他工具与材料独立分类收纳。工具箱也可以成为理想的便携式缝纫工具收纳箱。请定期整理您的抽屉、塑料盒及其他收纳区域，及时清除不再需要的物品，确保所有工具和材料整洁有序。

必备家具与装备

起步阶段对缝纫区的要求并不高，只需要一张缝纫桌、一处剪裁区、一张熨烫板、一把椅子和一束明亮的灯光。为了防止腰酸背痛，请您根据自己的体型选择符合人体工程学的桌椅。在选择家具和装备时，需注意如下几点：

缝纫桌 缝纫桌的高度应与您坐下后小臂弯曲时的高度保持一致。这样您在缝纫时就无须弯腰缩肩，最终造成颈肩酸痛。必要时，调整可升降办公椅的高度能够帮助您找到适宜的状态。

剪裁区 选择一张面积足以铺开布料的桌子或其他平面。如果您没有足够大的桌子，可在地板上将布料平铺在图样剪裁板上。这种硬纸板可通过缝纫商店和网店购买，上面带有能够精准测量的刻度格（最大尺寸可达 0.9 米×1.5 米），主要用于保护地板和其他表面，使其免受剪刀刀刃和珠针的刮损。

熨烫区 熨烫板的高度应与您站立时小臂弯曲的高度持平。这样您就无须在熨烫时过度弯腰。如需节省空间，可将熨烫板和熨斗悬挂在门后或壁橱内的挂钩上，也可在商店购买专用的悬挂装置。

座椅 建议选择一把拥有舒适体验和良好腰椎支撑作用的座椅。请确保您的双脚能够完全着地。可调节高度的办公椅使用起来会非常方便，带有滑轮的座椅则便于您在缝纫区随意移动。

工作照明 为了减缓双眼疲劳，建议您选用办公灯具作为缝纫区的光源。即使您拥有明亮的顶灯或自然光，有时也难免会需要补充光源。可直接照射布艺作品的台灯会非常实用。

小贴士 每缝纫 1 小时左右，请稍作休息并起身活动一下。这样不仅可以舒展双腿，还有利于提神醒脑。绝大多数缝纫差错都是因过度疲劳或注意力不集中造成的。

缝纫类实用好物

下述整理收纳建议可令您的缝纫区功能更加强大，所有物品整洁有序。

面料分类针插

不同类型的面料需要使用不同类型的缝针（请参见第346页缝针与珠针）。牛仔布、真皮或油布应搭配粗大、坚固且较长的缝针，而细针则适用于精致纤薄的面料。除非您已将缝纫机厂家提供的编号系统熟记于心，否则很难分清哪种针适合哪种布料。通过制作面料分类针插，可大大提高分辨效率：牛仔布针插用来保存适用于牛仔布的缝针，机织面料针插保存机织面料缝针，诸如此类。通过这种方法，各种不同缝针分辨起来一目了然。

量尺工作台

任何用于制作手工艺品或缝纫作品的桌子或台面都可以沿桌边加装量尺，类似于布料店常见的工作台。您可在家居建材商店、五金店或手工用品店购买一种背后带有撕拉式胶带的金属量尺，然后将量尺沿工作台面边缘粘贴，如图所示，一边粘贴一边撕揭胶带。利用多功能剪刀将多余部分剪断。工作台应具有适宜的高度，确保您在裁剪布料时无须弯腰驼背。如需测量适合自己的桌面高度，您可在站立姿态下，将小臂弯曲90°，工作台面应略低于您的小臂。

磁铁珠针收纳盘

具有磁铁功能的收纳盘是最好的针插替代品。制作方法十分简单，只需在一个小巧的浅盘底部固定一片强力薄磁铁即可。建议选用环氧树脂胶进行黏合，以实现最牢固的黏合效果。

悬挂式收纳铁盒

厨具用品店一般都会销售磁力刀架，可将其安装在墙壁上，用来收纳刀具，这种刀架同样适用于缝纫用品的收纳。您可将磁力刀架嵌在缝纫区的背板上。纽扣、安全别针等小型缝纫物品可分别装入带有螺旋盖的圆形马口铁盒或钢制收纳盒中。从收纳物中取出一件样本，利用强力胶粘贴在盒盖上，以便分清盒中物品。将铁盒底部置于磁力刀架上。而剪刀或不锈钢直尺等大件金属物品则可直接吸附在磁架上。

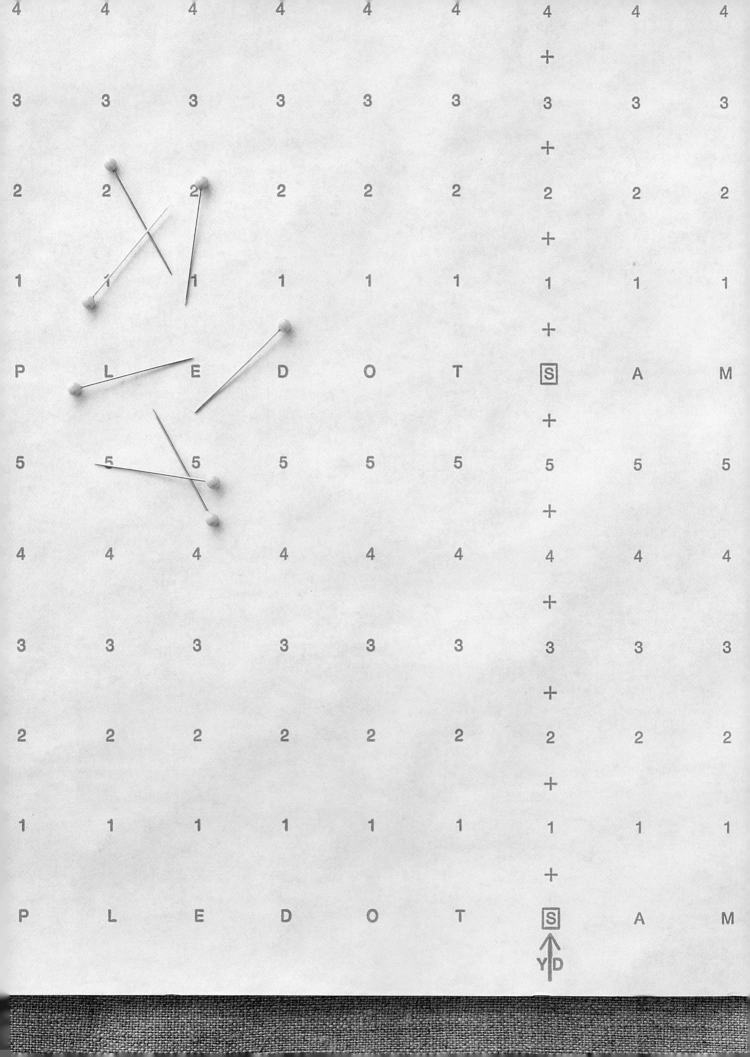

基礎技法

缝　纫

　　无论您是刚刚开始接触缝纫，还是已经拥有多年缝纫经验，这项手工技艺无疑会随着岁月的累积，变得越来越得心应手。每掌握一项新技能，就会信心倍增，每发掘一款新面料，就会创意涌动。突然间，您会发现自己无论看到什么布艺作品，几乎都能够理解（至少是猜测出）它的结构，开始想象自己制作出类似作品的情境。

　　缝纫将帮助您拥有立体创造力：想想款式各异的枕头、玩具、服装和手提包吧！可以说，缝纫带给我们的不仅仅在于凝视规格、纹理、颜色与图案无穷无尽的面料时的那种无以复加的兴奋感，同时还有将某种平面材料亲手塑造为实用物品时的浓浓满足感。

　　在后续几页内容中，您将学到手缝和机缝两类必备针法，还有基础平缝法的相关技巧。此外，您还将学会预备缝纫面料的最佳方法，以及不可或缺的加工整理技法。经过加工整理，您的作品将看起来更加光鲜。这部分还将帮助您识别和介绍各种缝纫工具与

材料，如果您是初学者，将会了解自己需要购买哪些物品（以及购买原因），如果您已拥有多年缝纫经验（但已搁置了一段时间），那么这部分内容将帮助您温故而知新。

　　您既可以将本章节视为一份值得信赖的参考资料，也可以在着手制作书中任何缝纫作品时，将其视为一处随时开放的补习课堂。借助这里提供的制作指南，您会发现所有作品的制作过程都变得简单易行，相信您定会从中收获满满的信心与欢乐。

内容包含：

+ 基础缝纫工具

+ 预备缝纫面料

+ 必备手缝针法

+ 缝纫机基本功能解析

+ 必备机缝针法

+ 基础平缝法

+ 弧线与拐角缝合法

+ 缝边处理法

+ 褶边法

基础缝纫工具

　　您的缝纫工具箱中都需要准备哪些工具呢？你可根据如下清单自由选择。最为重要的是，一定要将所有必备工具置于一处，方便取用。毕竟在作品的制作过程中，四处寻找剪刀或突然发现手头没有适用的缝针是最耽误时间的。下面这张清单可满足绝大多数手缝或机缝作品所需。有关缝纫工具与材料的详细介绍，请参见第 346 页。

1. **锯齿剪刀**　刀刃为锯齿状，而非普通的直刃。这种刀刃可以防止剪裁后的布料边缘或缝边发生散线。

2. **亚克力格尺**　在面料上进行测量并标画直线时，这种透明直尺尤其方便好用。

3. **缝纫剪刀**　这种小号剪刀适用于剪切缺口、修剪曲线和剪断缝线。

4. **裁布剪刀**　这种大型剪刀专为裁剪布匹而设计；为了保持刀刃锋利，切勿利用裁布剪刀修剪纸张或其他非布材料（该原则适用于图中所有剪刀）。

5. **缝线**　通用缝线适用于绝大多数缝纫作品。超薄面料建议采用超细线，加厚面料则需使用厚料缝线。

6. **机缝针**　一组包含不同型号的机缝针套装通常便足以应对各类面料。号数越小，缝针越细。尖头针适于日常缝纫和修补；圆头针则主要用于针织面料。

7. **手缝针**　手缝针种类繁多，品种、长度、针眼形状、针头和宽度等方面各有不同。不同种类的缝针按照名称和型号进行分类，号数越大，缝针越小越细。选择缝针的细度时应以轻松穿透面料为宜，同时注意针的强度，以防弯曲变形或折断。

8. **蜂蜡**　将缝线划过蜡盘，使其包裹上蜂蜡，这段缝线就会变得硬挺。在进行手缝时，涂蜡后的缝线更易穿过针眼，同时也可防止缝线缠结。

9. **穿线器**　在使用时，先将具有弹性的金属线环穿过手缝针的针眼，然后将缝线穿入金属线环，接着将线环缓缓退出针眼，缝线便会随之被带过针眼。

10. **顶针**　手缝时，可将这款布满凹点的套子佩戴在中指上，利用套子助推缝针穿过面料。

11. **针插**　为了有序存放各种针类且便于取用，可将针插入小针插保存。针插内多含金刚砂，有助于针头保持锋锐。

12. **大头针**　大头针的长度和规格多种多样；一般性缝纫工作基本使用通用大头针即可。玻璃头大头针不仅在熨烫过程中不会熔化，且在缝合接缝时，比金属头更易识别位置。

13. **拆线器**　拆线器由一片锋利的刀刃和一个挑钩构成，只需将挑钩穿入缝好的线迹，便可将缝线轻松挑断。请小心使用，切勿割裂面料。

14. **翻角器**　在缝制枕套和其他正方形或长方形作品时，需要将作品翻回正面。翻角器可有效帮助作品四角与折痕的塑形。

15. **镊子**　当缝线松动，需要提拉微微拱起的缝线或拾取其他零碎小物时，借助镊子操作会方便许多。

16. **划粉笔**　在正式剪裁或修改面料前，可利用划粉笔在布料上标记剪线，线迹易于清除；划粉笔可作为划粉（参见下文）的替代品。

17. **水消笔**　水消笔在使用后，只需用湿抹布便可擦除，或者等几日之后，墨水自行消除。建议利用水消笔在面料上正式画线前，先取一小块碎布进行测试，因为水消笔的痕迹在有些面料上可能无法彻底消除。

18. **缝份尺**　缝份尺是一把带有可调节法兰轴的短尺，作用在于对缝份进行测量和标记，以确保缝份和折边始终保持宽窄一致。

19. **卷尺（超长）**　卷尺既便于收纳，又灵活好用，是测量不规则物体和量体裁衣的必备工具（在平面上测量面料时，建议使用码尺）。

20. **划粉**　用于在裁剪或修改面料前进行标记；在完成裁剪后，利用划粉标画的符号可轻松消除。

　　几乎任何包装盒均可用于缝纫工具的收纳与整理。图中选用了一款老式的雪茄盒保存缝线、缝针和其他零碎小物。将双层罗纹带粘贴在盒盖上，便可用于保存珠针和极易丢失的纽扣。

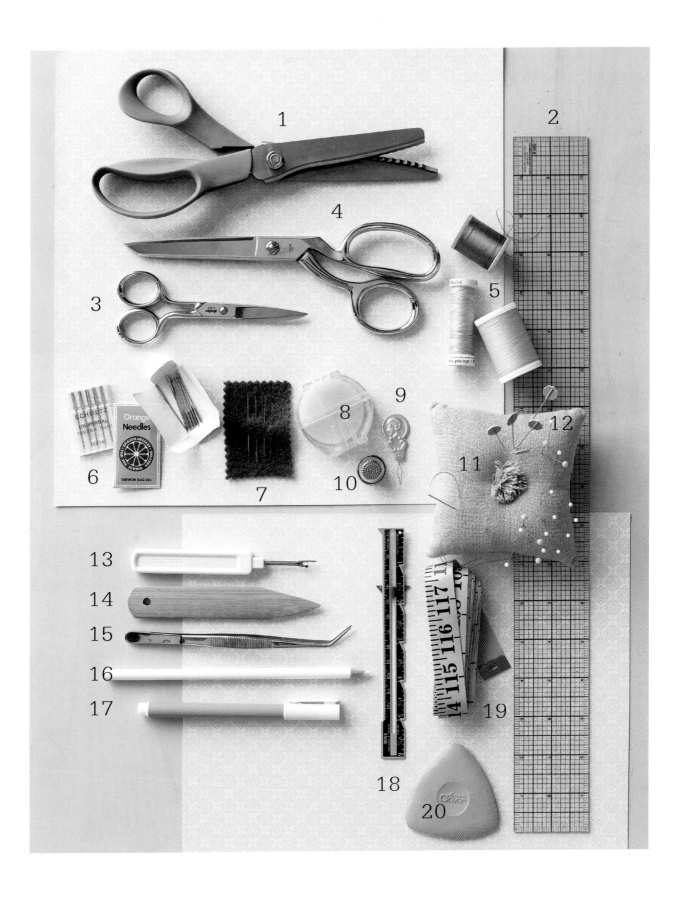

预备缝纫面料

　　动手缝纫前已一切准备就绪了吗？下面将为您提供一些预备缝纫面料的技巧与方法，可帮助您完成更加出色的成品。

预洗并晾干　对即将缝纫的面料进行预洗和晾干处理，可防止成品洗涤时缩水或沿缝线出现皱褶。有些面料会在布边（即布料左侧或右侧未切割的光滑毛边上）提供洗水符号，也有的布料会提供洗护说明；如果找不到相关信息，可通过销售人员获取建议。而真丝、羊毛和羊毛毡等面料则不应进行预洗处理；利用此类面料制作的成品，建议在完成缝纫后干洗。此外，对于那些一旦完成缝纫或拼接后，轻易不会进行清洗的作品，同样无须对面料进行预洗处理，如用来遮盖公告牌的亚麻布套。

熨平　即使面料上的皱纹不是很明显，也会在缝纫时导致面料扭曲变形，造成尺寸和形状上的走样。只有熨平布料上的皱纹和折痕，才能在面料裁剪时更易做到准确规范。

辨别纹路　机织面料的纹路对成品的垂感和耐用性均会产生影响，因此在正式裁剪面料前先辨明面料的纹路至关重要。机织面料是由纵（经纱）横（纬纱）交织的纱线构成的。在分辨纹路时，需查看面料纤维的走向：经纱通常与布边平行，纬纱则垂直于布边。如果您无法很快识别出布料的纹路，可通过轻轻拉伸面料，查看面料纹理。当沿着横向或纵向拉伸纹路时，面料没有弹性。如果沿45°角（即"斜裁"方向，通常指对角线）进行拉伸，便可感受到纤维的伸缩性。有些图样（特别是服装图样）需要进行斜裁，以使服装或其他作品具有更好的垂感。其他图样或模板则最好沿面料纹路进行裁剪。图纸上通常会用箭头标注图样的摆放方向。

面料与图样的固定　将已经熨平的布料在水平硬板上摊开。用手将所有波纹展平（再次确认是否已无任何折痕或皱褶）。在对两片布料进行固定时，先将珠针垂直插入缝份内侧的缝合线。这样可防止面料起皱，避免出现过度紧缩或偶然凸起的现象。在面料上固定图样时，珠针的固定位置应与缝合线保持对角关系。图样或模板须在固定前完成裁剪（切记选择纸用或通用剪刀，勿使用裁布剪刀）。如果您选用的是店内购买图样，请注意查阅附带的位置图解；图中会标明图样在面料上的固定位置（图解还将告知使用者，图样应固定在面料折痕处，应倒置固定、还是应正面朝上固定等信息）。

面料裁剪　利用锋利的裁布剪刀沿修长且平直的标记线进行裁剪。锯齿剪刀同样适用于长线裁剪。在修剪缺口或曲线时，小号缝纫剪刀的裁剪线路会更为精准。

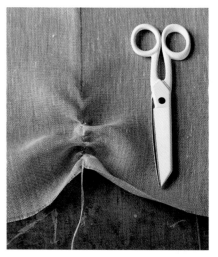

当机织面料的纹理较为疏松时（例如亚麻），裁剪直线最简便的方法莫过于从经纱或纬纱中抽出几根。随之出现的缝隙便可当作完美的裁剪标记线使用。

面料正反面的识别

　　正面指面料朝外的一面；另一面则称为反面。正确识别面料的正反面有助于确保面料的成功裁剪与缝合。许多面料的正反面图案不同。以印花棉布为例，面料可能有一面会颜色较深。选定面料朝外的一面后，在根据图样或模板进行裁剪时应注意保持一致，确保选定一面在缝纫成品中均朝向外侧。如果选用面料正反面差别不大，如亚麻或毛毡，则无须区分正反面。

必备手缝针法

　　我们只需学习三种手缝针法便可轻松完成所有基础缝纫任务。首先取出一根长度为45~61厘米的缝线，穿入缝针，并在一端打结。在缝纫过程中注意轻拉缝线，切勿用力拉拽，以防面料起皱。在面料背面打结固定（参见下方文本框）。

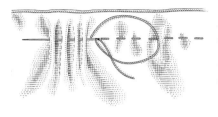

平针缝　这种简单的直线针法时常用于粗缝，即通过较长、较疏松的针脚缝合，仅起到在正式缝纫前临时固定面料的作用。在进行粗缝时，由于只是临时缝合，因此起针时缝线无须打结。将缝针按照均匀间隔沿面料穿缝数针，然后轻拉缝针，引过缝线。重复操作。平针缝也可在刺绣作品中用作装饰线迹（参见第44页）。

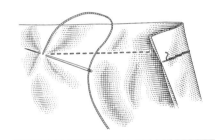

回针缝　这种长针迹通常在正式缝合缝边时使用。两片面料正面相对，将穿好线的缝针（译者注：由后向前）同时穿过双层面料。缝针沿面料前侧向后折回，在向右约0.3厘米处入针；再次从后向前，在距离起针点左侧等距离处穿回至面料前侧；重复操作。

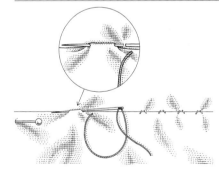

藏针缝　这种针法用于在两片折边之间，或者一片折边与一片单层面料之间缝制隐形缝合线（同时可用于手工翻折贴布，参见第31页）。由于线迹隐藏在面料的折痕内，视觉上便可形成隐形效果。将缝针插入折层，平贴单层面料穿出；在对向折层或单层面料上挑起1~2根纱线。将缝针再次穿入折痕，重复操作。

打结收尾

　　当完成整行缝合需要固定缝线时，可在如下两种方法中任选其一，打结收尾：采用基础打结法（图a）时，可将缝线环缝针缠绕3圈；轻拉缝针穿出缠绕的线圈，形成一个结扣（图b）。采用回针结收尾法时，只需在缝合线结尾处完成3小针回针缝（参见上文）即可。

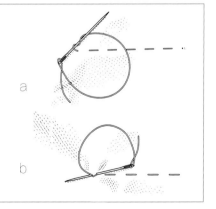

a

b

缝纫机基本功能解析

　　虽然各式缝纫机千"机"千面，但不同型号间的基础功能大致相同。下面将为您快速梳理一下大多数缝纫机均拥有的各种部件。您手中的缝纫机使用手册也许会针对您的特定机型提供类似信息。如果您的使用手册已丢失，或者您使用的是老式缝纫机，则可通过网络查阅类似手册。

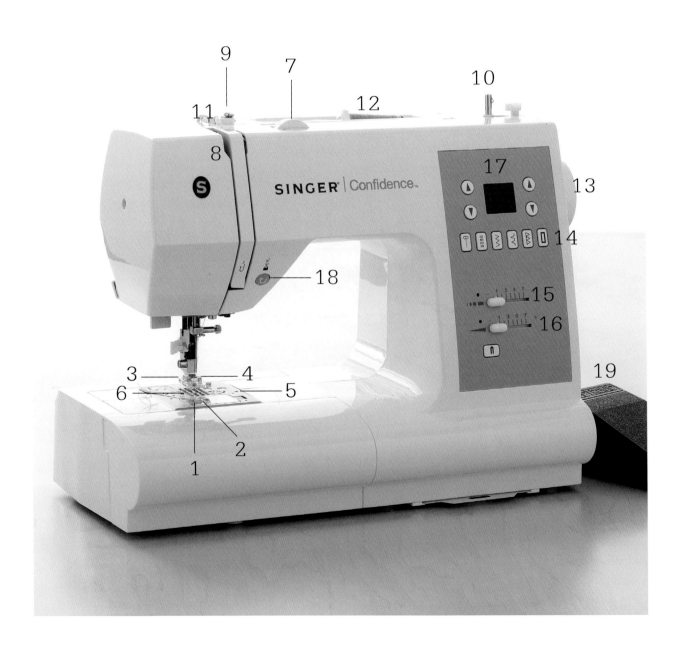

1. **梭芯与梭匣** 梭芯是用来缠绕机缝底线的。缝纫机梭芯一般分为顶部插入式和前置式两种。梭芯应置于梭匣内。不同缝纫机的梭芯通常无法共用。请按照厂家提示，选用指定机型的梭芯，否则缝纫机可能会无法正常运转。

2. **滑板或梭匣盖** 在拿取梭芯时，不同机型的拿取方式不同，有的通过滑板，有的则需打开带有合叶的梭匣盖。

3. **压脚** 这种可拆卸式压脚能够在缝纫时帮助您固定面料。不同压脚适用于不同的缝纫技法或面料。例如，拉链缝压脚适用于安装拉链，而滚轮压脚或防粘压脚则适用于缝纫真皮和油布等光滑面料。

4. **机针与针夹** 缝纫机机针可拆卸且规格多样（有关机针的更多介绍，参见第 347 页）。顾名思义，针夹就是用来固定机针的装置。

5. **喉片（针板）** 喉片有时也称为针板，指位于机针和压脚下方的金属板。喉片上带有孔隙，除用于引出梭芯底线外，机针缝纫时也需穿过孔隙形成针迹。多数喉片均在压脚右侧带有小段直线状刻痕，可在缝制缝份时用来比对尺寸，也可作为直线缝的规尺使用。喉片拆除后可对底部进行清理。

6. **狗牙器** 这些小小的金属或橡胶齿状物负责在压脚和喉片间输送面料。此外，狗牙器还可通过控制单次输送面料的距离来调节针距。在导引面料的过程中，请始终牢记应由狗牙器（而非操作者的双手）负责推送面料。人为拉拽或推送面料有可能导致机针弯曲或折断。

7. **张力调整钮** 这个转钮用于控制面料的张力。只有张力调节适度，面线和底线才能在统一针迹下协调配合。如果张力设置过紧，针迹将会产生皱褶，甚至断线；如果设置过松，则针迹无法固定紧实。如果您使用的缝纫机带有人工调整钮，则可通过逆时针转动降低张力，顺时针转动提升张力。如您使用的是由计算机控制张力的缝纫机，通过按压控制键控制，电子显示屏上的设置值越高，张力越大，设置值越低，张力越小。

8. **挑线杆** 面线会穿过这根与机针上下联动的金属杆。挑线杆可能由面板前侧伸出，也可能藏置在塑料机壳内（如图中缝纫机所示），视不同机型而定。只有先将挑线杆完全提起（使机针处于最高点），才能便于将布料推送到压脚下方；否则机针会阻碍布料送入压脚。

9. **绕线器张力盘** 在带有底线绕线器的缝纫机上，张力盘可用于调节线轴与绕线器之间缝线的松紧度。

10. **绕线轴** 将空梭心插入线轴，之后通过绕线器将梭芯缠满线。为了确保缝线均匀缠绕，请一律使用空梭芯起缠。

11. **导线器** 缝线从线轮柱穿过金属环，辅助调节缝线松紧度。

12. **线轮柱** 这根小榫桩可用于悬挂缝线轴。有些缝纫机配有多个线轮柱，可分别悬挂种类不同的线轴，也可用于装饰线迹或双针缝纫。线轮柱可分为水平柱和垂直柱两种形式，但水平线轮柱的送线体验更为顺畅。

13. **飞轮** 这个旋钮也称为手轮，用于挑线杆的起降控制。飞轮应始终向操作者自身方向转动（在踩下脚踏控制器时，飞轮也会向操作者方向转动）。

14. **线迹选择器** 老式缝纫机多通过转钮选择不同机缝线迹。新款缝纫机则提供了各式线迹的选择按键（如图所示）。

15. **针距调节器** 可通过转钮或控制杆来设定说明手册和电子缝纫机上包含的不同针距。不同机型的针距测量方法不同。有些以英寸（1 英寸 =2.54 厘米）为针距测量单位，通常设定值在 0~20（以米尺换算，相当于每毫米 0~4 针），或将数值范围简化至 0~9。常规缝纫使用中等针距即可；纤薄面料需选择小针距；而缝制厚面料、疏缝或打褶时，则需用到长针距。

16. **针幅调节器** 在手动缝纫机及部分电子缝纫机上，可通过这种转钮或控制杆来调节装饰线迹的针摆幅度，如锯齿缝。

17. **菜单显示屏** 利用新款电子或计算机缝纫机上的菜单显示屏，您可对各种功能和线迹进行调整，有些机型还可替代原本各自独立的线迹、针幅与针距调节转钮使用。

18. **倒缝键** 按下这个按钮，机针的缝纫方向便会发生反转，可在缝合线的起针和收尾处发挥固定缝线的作用（有些说明手册上称其为回针缝按钮）。

19. **脚踏控制器** 机针的缝纫速度可通过踩压这个踏板实现部分控制功能。**安全提示** 由于机针极为锋利，在使用缝纫机时，您有必要提前了解一些注意事项并采取相应预防措施。在将布料送入喉片时，应时刻牢记手指须与压脚相隔 2.5~5 厘米。如在缝纫过程中需要暂停，请将脚从脚踏控制器上移开，以免意外启动机针。如果需要中断较长时间，则应完全关闭缝纫机。这样做除了可以有效防止意外启动缝针，还有利于延长照明小灯泡的使用寿命。

必备机缝针法

尽管许多缝纫机，尤其是现代新款机型，可提供花样繁多的针法选项和线迹效果，然而完成本书作品，包括许多其他机缝任务，只需如下三种基本针法即可。

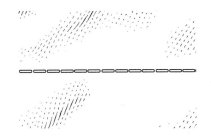

直线缝 这种针法适用于绝大多数缝合线及褶边的缝制。纤薄面料选用短针距，常规缝纫选择中等针距，疏缝和皱褶选用长针距（利用针距选择转钮或控制杆来转换针距）。

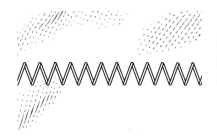

锯齿缝 利用这种针法可防止接缝处的毛边散线，同时还可用作缝边处理、拼接弹性面料或添加装饰，这种针法在固定缝线的同时，又兼具一定弹性空间，从而有效防止缝线断裂或缝合线开口。此外，锯齿缝还可用于多块面料的拼接，或机绣中的装饰线迹（参见第50页）。

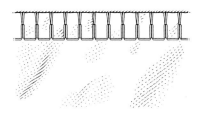

包边缝 这种针法有时也称为包缝，主要用于为厚重面料缝制整齐且经久耐用的接缝，防止机织面料飞边。包边缝基本上可同时完成缝合与缝边处理两项工作，尤其适用于单面平纹针织布和其他针织类面料。

车边线与缉面线

车边线与缉面线均为靠近折边处的直线。车边线通常用于褶边处理，在距离折边或缝边0.2~0.3厘米处缝制。缉面线是一种典型的装饰线迹，可在距离折边或缝边0.6~7.5厘米缝制。在开始车边线与缉面线之前，应先沿缝合线进行珠针固定或疏缝，以确保缝边平整。然后开始缝制一条长长的直线。无论您通过车边线还是缉面线的方式来加固或封闭缝边或褶边，均建议您选用相应色系的缝线和标准针距。如果您需要利用缉面线进行装饰，则可选择对比色缝线。

基础平缝法

　　我们可以利用许多不同方式实现面料间的接缝，但这里介绍的平缝法无疑是用途最广泛的一种。进行平缝时，面料须始终正面相对。开始缝合前，请先确保缝针及缝线与您所选用的面料厚度和纹理相匹配。

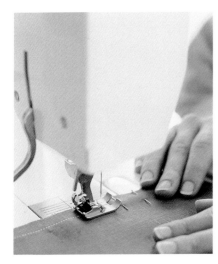

珠针固定　面料正面相对，利用珠针先将缝合线两端进行固定，然后再取中间等间隔处分别固定。缝边宽度应遵照作品或图样制作指南中的规定。常规情况下，缝份宽度应为0.6~1.3厘米。

平针缝合　利用喉片上的线段标记作为导引，如左图所示，沿缝合线进行平缝。在距离起针点约1.3厘米处按下倒缝键，向后回缝至起始边，然后再继续向前缝合，以便固定缝线。继续平缝至缝合线结尾处，然后再次倒缝至1.3厘米处。

收尾整理　将缝针提升至最高点，抬起压脚。将作品撤出并挪离缝针。保留一小段缝线，并将多余部分剪断。修剪线尾。

弧线与拐角缝合法

　　弧线与拐角的缝合并不难，但需要通过几个加工步骤才能确保缝边平整，避免出现缝边缩拢、起皱、臃肿等现象。

弧线缝合　缝合弧形褶边或缝边的关键在于，操作者需要用手来引导面料，使之在缝合过程中滑过缝纫机的线条流畅圆润。尽量慢而稳地缝合，切勿拉拽面料，"强行"塑造弧线。这需要经过适度练习才能缝合出理想的弧线。

弧线打剪口　当完成弧线缝合并将其翻回至正面时，面料会沿弧形缝合线打褶并缩拢，使其看起来并不像弧形。为了使缝合线恢复平整舒展的状态，保持圆润的外形，我们需要沿弧线在缝份上修剪多个牙口（如右图所示）。还可以对缝份的宽度进行修剪，以免缝边过于臃肿。

拐角缝合　在缝合拐角时，需要将面料围绕"轴心"转动：缝合至转折点，机针保留在作品中无须抬起；提起压脚，将面料以缝针为轴转动；然后放下压脚并继续缝合。注意在拐角转折点前后缩小针距，以提升拐角缝合的牢固程度。

修剪拐角　在将作品翻回正面前，先将各拐角的角尖沿45°斜线剪除，切勿剪断缝合线。这种修剪方法不仅可以避免成品臃肿，而且还可确保拐角被翻回正面时棱角分明。借助翻角器（第18页）操作会更加简单高效。

缝边处理法

　　为了防止缝份散线，专业缝纫者会利用拷边器进行缝边处理。拷边器是一种可同时完成毛边缝合与固定处理的专用设备。如果家中没有拷边器，从如下方法中任选其一也可达到同样效果。

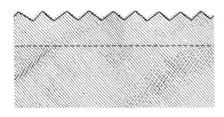

锯齿剪刀　处理缝边最简单的方法就是直接利用锯齿剪刀来修剪缝份。锯齿状剪口可形成一条整齐且具有防散线效果的边线。如果您的锯齿剪刀足够锋利，而且您选用的面料也不算太厚，便可同时修剪缝份的双层面料（注意不要剪断缝合线），然后将缝边打开熨平。然而，如果您选用了类似牛仔布的厚面料，则需先将缝份打开熨平，然后再分别修剪两侧毛边。

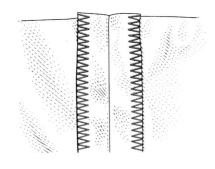

锯齿缝处理法　这种方法是利用锯齿缝将缝份处的毛边包裹起来。在缝合线缝制完成后，将缝份打开熨平。将缝纫机设置为锯齿缝。针幅调整为0.6厘米左右，针距约为1厘米，通常在缝纫机上的设定值为3或5；长针距可防止缝边过于臃肿，有利于保持缝边平整舒展。将缝份右侧布边对准机针，使缝针部分固定住面料，其余部分微微越过布边；这样便可包缝住松散的缝线，防止脱线。沿缝份重复缝制，然后再次将缝边打开熨平。

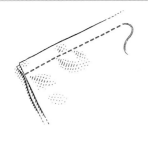

法式缝份处理法　这是当前最为专业、先进且效果最为齐整的缝份处理方法。法式缝份处理法将毛边完全封闭在一个布筒中，形成牢固的布边。这种处理法多用于裁制考究的服装，或质地纤薄精细的作品，如雪纺或欧根纱。如果成品两侧均可用于观赏，如浴帘的缝边，则同样建议采用法式缝份处理法。然而，这种处理法并不适合绝大多数弧形缝合线，或者牛仔布等过厚的面料（缝边会显得过于臃肿）。具体方法：采用法式缝份处理法时，需先将两片面料或图样对齐，反面相对，沿毛边缝合一条直线；将面料沿缝合线分别向后翻折，使两片面料正面相对；沿略宽的缝份再次缝合缝边，将第一道缝边完全封闭其中。

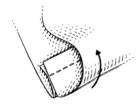

褶边法

　　褶边法不仅能够防止布边磨损散线，而且能够增加布边的重量，从而使面料更具垂感。单褶边最为简单：只需将布边翻折一次，熨平，然后在褶边顶部车边线即可。不过这本书中的大多数作品均采用了双褶边，也就是将布边翻折两次，形成完全防脱线的缝边。

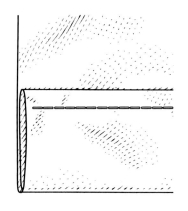

标记褶边线　利用缝份尺和划粉或水消笔，从布料毛边处开始测量，在希望进行第一次翻折的位置画一道短线；继续沿整条褶边画虚线。在标线过程中，可利用透明直尺来确保褶边宽度始终均匀一致。同样步骤重复操作，在您希望进行第二次翻折的位置标记第二条虚线。举例来说，如果您计划缝制一条1.3厘米的等距双褶边，则第一条标记线应位于距离面料毛边1.3厘米处，第二条虚线应标记在距离毛边2.6厘米处。有的作品需要缝制非等距的双褶边，如窗帘褶边就有可能先翻折1.3厘米，然后再次翻折5厘米。在这种情况下，两道标记线应分别距离毛边1.3厘米和6.3厘米处。

翻折布边并熨烫　在第一道标记线位置翻折面料并熨平。然后在第二道标记线处再次翻折面料，熨平并以珠针进行固定。在缝制等距双褶边（参见左侧示意图）时，第一道褶边与第二道褶边的宽度完全相同。而在缝制非等距双褶边时，第一道褶边应窄于第二道褶边。

褶边缝合　在距离褶边顶部0.3厘米处车边线，一边缝合一边逐步拆除珠针。借助缝纫机喉片上的刻线，确保缝合线始终保持平直。

褶边的替代方案

绲边　为了防止褶边过厚，可利用绲边条或斜裁带对面料毛边进行绲边处理。处理直边时，只需将毛边夹在绲边条当中，然后贴近边线车缝，注意切勿漏缝底层面料（也可以视面料厚度，先用珠针将绲边条与面料进行固定，但增加该步骤可能会令操作较为烦琐）。处理曲边时，操作方法相同，但需将绲边条替换为斜裁带，后者可随缝边形态构成曲线。我们需特别注意两点：一是使用斜裁带时切勿用力拉拽，二是绲边条不适用于曲边，否则会造成褶边起皱现象。

隐形边　这种手缝褶边，由于缝针每次仅挑起面料上的几根纱线，因而缝合后几乎看不到线迹。将褶边烫平后，在面料背面以尽可能小的针脚缝一针；缝针穿至面料正面。沿对角线方向，向右将缝线引回至面料背面。在褶边上缝制完成一针，仅穿过顶层面料（如缝制双层褶边），然后再将缝针从右向左推出，形成小小的×线迹。每间隔8毫米，由左向右逐针重复缝制。熨烫固定折痕。

手工卷边　手工卷边最适合处理纤薄面料，主要用于手帕和轻薄围巾的缝边加工。为了确保成品手感顺滑，这种卷边应尽可能窄小。宽度会显得过于厚重，使得面料不够平整舒展。首先，将面料在平面上铺开，反面朝上。面料顶边向内卷0.6厘米（为了便于操控面料，您可以考虑将手指在湿海绵上润湿）。卷边时一定要足够紧实，以免未来洗涤时易于散边（在缝制大幅作品时，可能需要在这一步进行珠针固定）。由卷边的一端插入穿好线的缝针，在距离入针点约1.3厘米处，紧贴卷边底部引出缝针。在卷边边缘的面料上挑起几根纱线。将缝线轻拉穿过面料，在距离上一次出线点微微偏左位置穿回卷边。重复缝制；收尾时，在卷边下方多打几个结扣进行固定（手工卷边法图解请参见第237页）。

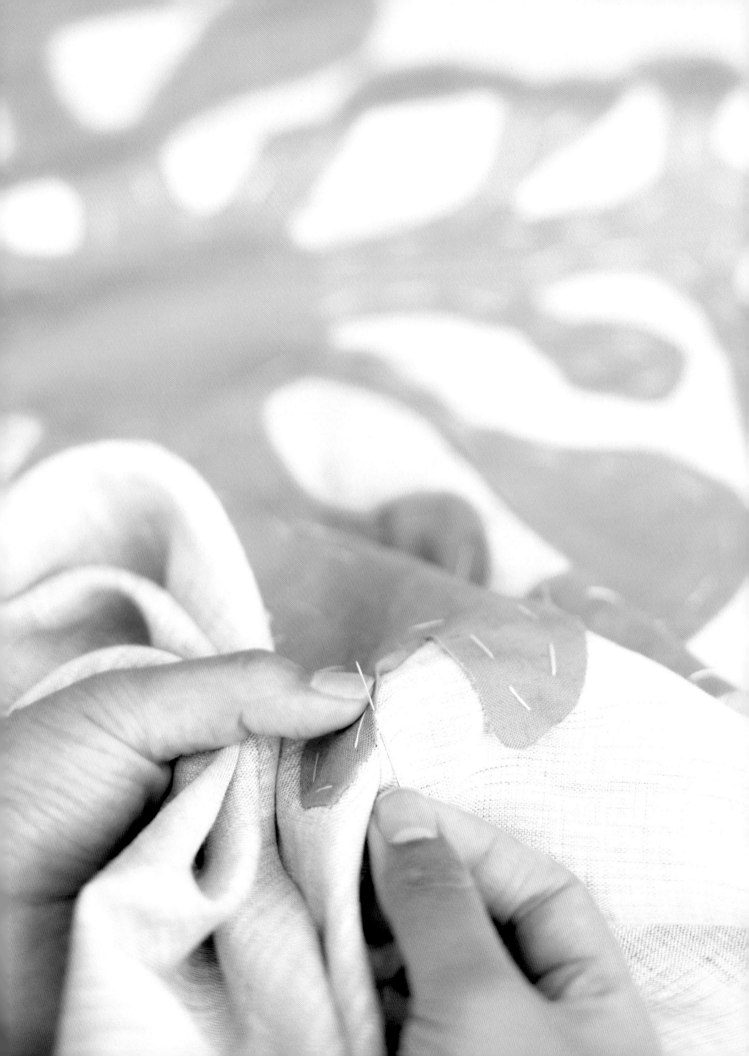

贴　布

　　虽然贴布可能只是源自打补丁这项非常实用的日常需求，但这种技法在纺织设计界却一直凭借其强大的装饰效果而备受瞩目。无疑，这种平面的贴布图案令人赏心悦目且质感多样，足以激发您以全新的思路来运用这些精彩绝伦的小面料。

　　贴布的英文"Applique"源自法语"Appliquer"（意为"贴敷"），这种技法是指将一片面料上的图案剪切下来，然后以另一块面料为背景，贴在上面，形成一幅画面或图案。通常两块面料会在颜色或质地上形成对比，但也有两块布均取自同一款面料，从而打造出协调而微妙的效果。有时，贴布装饰会用来点缀被面，或者再以刺绣来装点细节。无论何种情况，各式形状的布料（通常被称为"图样"），或有趣，或优雅，随您选择，而且几乎可以从任何材质的面料中剪取。亚麻和棉等编织紧密的面料易于搭配毛毡和仿麂皮等非机织的不易磨损散线的面料。在利用此类面料进行初步练习之后，您便可以开始体验纹理较为疏松的面料了。

　　在完成贴缝后，这些图样便可为各式各样的家居用品增添感观和质感上的趣味，包括枕头、床品、窗帘、服装和配饰等，如衬衫、围巾和手提包等。

　　贴布的三种基础技法分别为手翻贴布法、机缝贴布法和熨烫贴布法，均无须复杂的装备。在本节中，您将分别学习这三种技法，文中不仅包含详细的步骤说明，同时还辅以高清图示作为参考。在本书中，多件魅力十足的作品均用到了贴布技法，其中在第343页的作品中，还介绍了一种贴缝精细图案（如圆形）的特殊技法。无论是边角料、小补丁、少量样布，还是剩布头，都可以为我们提供无限创意。千万记住，在图样贴缝过程中产生的任何小瑕疵，都只不过是在增进手工的魅力罢了。

内容包含：

+ 基础贴布工具　　　　　+ 机缝贴布法

+ 手翻贴布法　　　　　　+ 熨烫贴布法

基础贴布工具

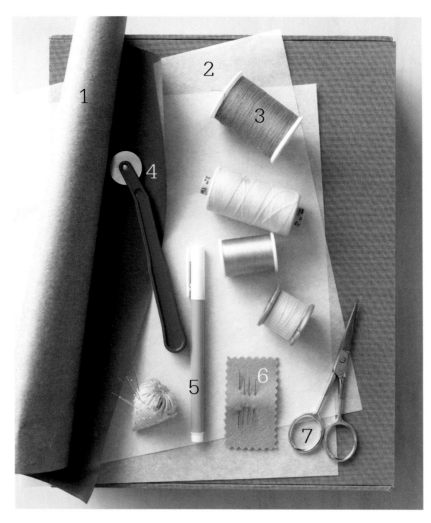

1. **黏合衬**　黏合衬背面带有黏合剂与可撕除纸衬，主要在熨烫贴布法中用于黏合图样。

2. **转印纸**　在您确定贴布图样的贴缝位置后，便可利用转印纸将图样的轮廓转印到背景布上。当您同时使用多片模板时，这种方法尤其高效。

3. **缝线**　贴布时使用通用缝线即可。如需突出针法的装饰效果，则可选用与面料成对比色的缝线，或者选用带有闪光效果的缝线。

4. **描迹轮**　与转印纸配合使用，通过薄轮片的压痕，在面料上描绘出模板轮廓，从而标明图样贴缝的位置。

5. **水消笔**　水消笔可用于描绘模板轮廓，也可替代转印纸，用来标记贴布位置。

6. **手缝针**　无论是前期疏缝，还是在背景布上添加贴布时需要的精细手翻贴布缝，均适合选用短小的手缝针。当然，市面上也有贴布专用针可供选择（参见第 346 页）。

7. **尖头剪刀**　贴布图样通常小而精致，因此，尖头剪刀（例如绣花剪）更便于准确剪裁尖角和弧线。此外，这种剪刀还非常适合剪除贴布图样中出现的散线。

贴布模板的制作与使用

　　复制与尺寸调整　通常情况下，现成模板会提供尺寸缩放信息（如需要）。这种模板需要利用复印机或计算机进行等比例扩大；不过，本书提供的大多数模板均为全尺寸版本，无须缩放。

　　模板制作　实际上，任何扁平物体均可用于制作模板。如通过在线资源获取模板，流程包括下载，打印，然后对无版权保护的艺术图片进行剪裁。如果需要，还可利用复印机或计算机对其进行缩放。通过剪贴画或印刷设计类书籍获取模板时，应先在描图纸上描摹或复印设计图，然后再根据需要调整大小。当然，您也可以手绘图样，然后剪切制作模板。

　　卡片纸与普通纸　如果您计划将模板描摹到布料上，那么可选择厚纸板来剪切模板。如果您准备先将模板固定到面料上，然后围绕模板进行剪裁，那么使用普通纸张即可（有些手工爱好者喜欢先将模板打印到常规厚度的纸张上，然后再用描图纸进行描摹，这样更便于在面料上进行固定）。

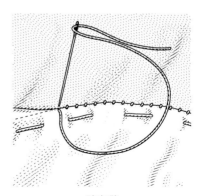

贴布缝

手翻贴布法

　　手翻贴布法并非唯一的手缝贴布法，但却是快速、简便且适用范围最广的贴布方法。手翻贴布时，需利用缝针向下翻折图样的缝份，然后以藏针缝（也称为暗针缝）在背景布上固定图样（下图中制作的枕套成品请参见第 219 页）。建议选用与贴布图样匹配的缝线颜色。如果贴布的缝边不够均匀顺畅，也无须太在意，这种细小的出入正是手工贴布的魅力所在。

 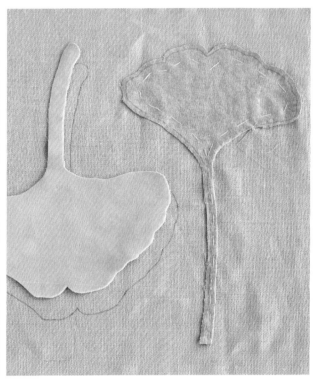

裁剪图样

　　将模板的反面平铺在贴布面料的正面，然后用水消笔勾画轮廓。如果模板未含缝份，裁剪图样前需围绕图样扩展 0.6 厘米作为缝份（如模板尺寸已含缝份，则需利用水消笔在贴布上标记出缝份线）。如选用毛毡布或其他布边不会散线的非机织贴布，则可直接沿轮廓线剪裁（无须额外添加缝份），然后用藏针缝固定即可。

标记贴布缝位置

　　在面料上标记贴布或模板的位置，利用水消笔描绘出轮廓。

疏缝或珠针固定

　　如选用的图样较大，可在距离毛边 1.3 厘米处疏缝固定，这样便可为后续手翻贴布留出空间。如选用的图样较小，暂时用珠针进行固定即可。

完成贴布缝

　　缝线穿入贴缝针并打结固定；从图样起点开始，利用针尖向下翻折图样缝份。在背景布上进行藏针缝：沿图样折边将缝针从背景布中引出；挑起图样边缘的几根纱线，轻拉收紧缝线；紧贴图样折边上的挑针，将缝针穿回背景布；每隔 0.3 厘米重复藏针缝；沿标记好的缝份线，利用针尖逐步向下翻折缝份（参见第 30 页图）；沿图样继续藏针缝；在作品背面打结或回针固定缝线；拆除疏缝线或珠针。

机缝贴布法

利用这种方法贴缝图样时，无须向下翻折毛边。借助缝纫机上的锯齿缝或缎面绣功能，便可一次性完成锁边和贴布两项任务。机缝贴布的速度较快，因此更适于完成大幅贴布作品，如下图和第 140 页所示的被罩。

裁剪图样

将模板的反面平铺在贴布面料的正面，然后用水消笔勾画轮廓，完成裁剪。

标记贴缝位置

将贴布或模板放置到背景布的指定位置上。利用水消笔描出图样的轮廓。在选用大幅图样或图案中包含多片图样时，可利用转印纸和描迹轮来转印模板图案（如左上图所示）。

疏缝或珠针固定

利用珠针固定或疏缝的方式将贴布固定在背景布上。如果您选择珠针固定，注意珠针头部应与缝边保持安全距离，以防在缝合过程中碰到针头。如果需要贴缝多片图样，先固定并贴缝其中一片，然后再继续下一片；这样可尽量减少重复操作，避免磨损布边。

完成机缝

将缝纫机设置为锯齿缝或缎面绣，沿图样机缝一周（如右上图所示）。贴缝小号贴布时，将锯齿缝或缎面绣设置为短针距，大号贴布则需设置为长针距。收尾时，利用缝针将线尾手工塞入线迹底层压盖固定。使用尖头剪刀修剪散线。重复贴缝剩余的贴布。

熨烫贴布法

熨烫贴布法拥有两大优势：一是黏合衬上的黏合剂可防止面料飞边（因此无须翻缝或机缝布边），二是贴布速度非常快。然而，这种方法仅适用于不经常洗涤的作品，例如窗帘（如下图和第 194 页所示）或手提包，以及非机洗类的服装。

裁剪图样

裁剪一片面料，面积应大于您计划裁剪的单片或多片贴布图样。然后剪取一片黏合衬，面积比刚刚裁好的面料略小一圈。熨斗设定为羊毛熨烫档位，将黏合衬熨贴至面料背面（黏合衬质地粗糙的一面应与面料背面相对）。待纸衬彻底冷却后，将模板正面与纸衬相对，用铅笔勾勒出模板轮廓。沿轮廓线剪出形状，撕除纸衬。

图样定位与熨烫

将单片或多片贴布，布面朝上，摆放到背景布的适当位置，用珠针进行固定。如果您选用了纱质面料，还需在熨板上铺放垫布（防止面料粘贴到熨板上）。利用蒸汽档熨烫约 10 秒，或根据黏合衬说明书操作。注意熨斗应压放到图样上，切勿前后拖动，以免造成面料位移，形成永久性的压痕或皱纹。

刺　绣

人类利用装饰线迹来点缀布料的欲望可以追溯到数千年前，甚至比织布技术出现得还要早。然而，关于刺绣只有一件事情千古不变，那就是无论绣品最终呈现出的效果有多么纷繁复杂，但所需技法却简单至极。只要你会使用针线，就会刺绣。刺绣针法灵活多变，足以创作出各式各样惹人喜爱的个性化设计作品。

本章将为您介绍一系列基础手工刺绣针法，其中包括广受喜爱的十字绣、平针绣和法式结粒绣等。此外，您还将学习到基础的机绣技法，以及专用计算机绣花机的使用方法。

刺绣这项布艺技法最引人入胜的地方在于，它不再被禁锢于布料的"平面"牢笼当中。虽然采样器充斥着浓浓的复古情怀，但无论服装、床品，还是手提包，只需添加些许艺术感的绣工，便会看起来时尚而现代。带有清晰纹理的面料，如亚麻、棉和羊毛等，均是刺绣底布的最佳选择；而厚实的毛毡也同样适用，因为这种面料不仅紧实耐用，而且易于搭配和刺绣。

可以说，只要是铅笔能够画出来的图案，就可以通过刺绣来呈现。虽说手工用品店和布料店里均出售现成的背胶刺绣贴花，但通过翻阅剪贴画或老式画册，无疑会获得更多灵感。书法入门书、配色书和旧贺卡均可成为我们挖掘漂亮字体的宝库，如果您想绣出活灵活现的鸟类、树木、叶片或花朵，野外物种图鉴一定会对您有所帮助。最后，一定记得：当您意识到自己一针一线用心付出的心血已经化身为精美绝伦且独一无二的作品时，那一刻的感受将是无与伦比的！

内容包含：

+ 基础刺绣工具

+ 手工刺绣

+ 必备手工刺绣针法

+ 十字绣

+ 法式结粒绣

+ 平针绣

+ 日本刺子绣

+ 缎带绣

+ 机绣

+ 计算机刺绣

基础刺绣工具

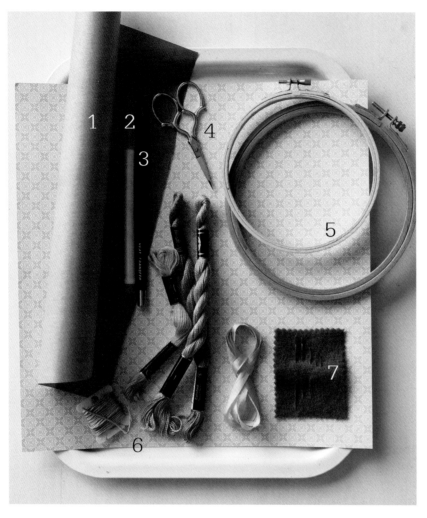

1. **转印纸** 依照传统方法，刺绣图案的转印方式是将转印纸夹在图样与面料之间，然后利用笔、描迹轮或毛衣针沿轮廓压痕。许多手工爱好者现在仍使用这种转印纸，但也有些爱好者开始选用水消笔或热转印铅笔。

2. **水消笔** 利用水消笔，您可以将图样直接绘制到面料上。水溶墨水可以轻松洗除（或用海绵轻轻擦除）；此外，还可选用气消笔，使用约一小时后，笔迹会自动消失（如果需要，可以在笔迹消失前重复描绘图样）。

3. **热转印铅笔** 这件工具可用于在描图纸上描拓图样，然后将描图纸倒置在面料上并熨烫。此时，面料上留下的图案会与图样相反。如果您希望保持图样原有的方向，可先使用普通铅笔描拓图样，然后将纸张翻转，再利用热转印铅笔沿着普通铅笔的笔迹描绘一遍。

4. **刺绣剪刀** 在剪除绣线时，这种小巧、尖锐的剪刀非常有助于使用者精准操作。

5. **绣绷** 绣绷可以使面料保持紧绷状态，利于绣线迹均匀舒展，防止面料的经纬纱扭曲变形。绣绷实际上是由两圈相互锁定的圆形框架构成的，可通过外圈的螺丝来调节绣绷的松紧。

6. **丝绵绣线** 丝绵线由 6 股构成，是刺绣时最常用到的标准线材；此外，市面上还有各种不同材质和规格（参见左侧文本框）的棉线和纱线，以及绣花缎带可供您选择。

7. **绣花针** 绣花针的针头锐利，针眼宽大，便于穿引多股绣线或缎带。此外，还有大孔幼缝针和雪尼尔针等不同类型，针尖锐利的绣针适于在棉布等纹理紧致的面料上刺绣，而钝头缝针则适用于亚麻等编织纹理略松散的面料。绣针型号大小的选择还需与绣线的粗细规格匹配起来：细针应搭配单股丝绵绣线，大号绣针则适合与缎带或粗线相匹配。

丝绵绣线、棉线与纱线

丝绵绣线是刺绣过程中最常用到的材料，这种光泽度极佳的绣线由 6 股构成，可拆分使用，打造出更加轻薄的效果。真丝和人造丝绣线同样为可拆分的多股线（多数机织面料的选线标准是 2~3 股，单股线主要适用于纤薄面料）。丝光棉线是一种较粗的单股线，亮泽度高且质地独特，有多种规格可供选择。羊毛线的规格通常为 3~4 股，但不能拆分为单股线使用，因而比较适合厚面料，如帆布、羊毛毡或厚亚麻布。注意绣线与面料搭配的原则应予以严格执行，否则粗绣线搭配薄面料会令布面缩拢起皱；而细绣线搭配厚面料则如泥牛入海，线迹可能都无法被察觉。因此，只有为每种面料搭配适合自身的绣线，才有可能营造出这样一种理想的视觉效果：线迹微微隆起，让人有一种忍不住想要抚摸的质感，在平滑的背景上形成缎面般润泽的装饰效果。如上图所示，绣线从左到右分别为真丝丝绵、标准丝绵、丝光棉（一种单股丝光棉线）和绣花缎带，其中的绣花缎带可打造出绝佳的视觉效果（参见第 48 页）。

手工刺绣

　　一旦选定了自己喜欢的设计图，挑好了称心如意的面料和绣线，您便可以开始动手刺绣了。首先，利用下面介绍的方法之一，将图样转印到面料上。然后通过后面为您讲解的任意基础针法开始刺绣。

前期准备　在动手处理面料或绣线之前，一定要先把双手清洗干净。然后将选定的设计图转印到面料正面（参见下文）。

利用绣绷固定面料　先将绣绷外框的螺丝拧松。将面料平铺到绣绷上，正面朝上，将您计划刺绣的位置居中放入绣绷内框。外框套在内框上，轻轻将面料均匀拉紧，拧紧螺丝。其实，并非所有刺绣作品都需要使用绣绷，超厚或超硬的面料就很难绷入绣绷。在固定超薄面料时，还需要在内框上缠绕绲边条。刺绣过程中，您需要不时调整面料的松紧度，然后重新拧紧螺丝。若刺绣中途需要搁置较长时间，则建议您将面料从绣绷上取下，以免留下过深的压痕。

穿针　穿入绣花针的丝绵线、棉线或纱线，长度均不应超过45.5厘米，以免打结、缠绕或磨损。

图案刺绣　开始刺绣时，利用转印好的图案作为导引。可以先全部完成一种颜色，然后再开始另一种颜色的绣制，也可以先完成图案中的某个元素（如花卉图样中的所有叶子），然后再开始刺绣另一种元素。

线尾处理　绣线在收尾处不要打结，以免留下印记。在起针和收尾处可以通过加缝几针短小的回针缝（参见第38页），对线尾进行固定。或者，也可以在当前针的位置，将线尾引至面料背面至少2.5厘米的长度，然后小心剪断线尾。换线时，先固定并处理好线尾，然后再将绣针穿入另一种颜色的绣线。如果您的图样超出了绣绷的边框，则先绣完框内的部分，然后再重新上绷，在面料上刺绣新的区域。

转印图样

　　如果您擅长手绘，可以使用水消笔在面料上直接绘制图样。如果使用转印纸，先将转印纸正面朝下铺在面料正面，然后在上面放置模板，正面朝上。用圆珠笔重新描拓图样（如右图所示）。圆珠笔的压力会在面料上复写出整个轮廓线。市面上出售的熨烫转印纸也很容易买到。您可以从书、杂志或其他为您带来灵感的渠道，如明信片或墙纸，寻找无版权保护的图片或图样，进行复印。在透明描图纸上描拓出图样，利用热转印铅笔（第36页，参见"热转印铅笔"）和普通纸张将图样转印到面料上。别忘了，您在面料上绘制的任何标记，最终都将被绣线完全覆盖，而熨烫转印的图案也会被彻底清洗掉。

必备手工刺绣针法

通过对以下针法的学习，您便可以手工刺绣出风格多样的图案，无论是大胆前卫、抽象艺术，还是精美雅致、华丽多姿，刺绣都能呈现得淋漓尽致。以简单的回针绣为例，它可以构造出一条整齐的轮廓线，而缎面绣则可以将一片空白区域顺畅严密地填充起来。通过不同针法的综合运用，刺绣还能塑造出多维图案。其他一些简单易学的基础性针法还包括十字绣和法式结粒绣，本章均将在后续讲解中提供详尽的说明和图示。

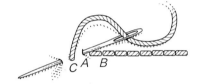

回针绣　绣针由面料背面穿入，从点 A 穿出。然后由点 B 入针，向后在点 C 出针，将线收紧。绣针再次穿入点 A，越过点 C，在与前一针等距处引出。这是开始刺绣下 1 针的第 1 步。接着绣针穿入点 C，同法继续刺绣。

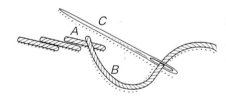

轮廓绣　轮廓绣是回针绣的衍化版，可以塑造出一种类似绳索的效果。由后向前出针，出针位置为点 A。在点 B 入针，形成一条斜线，引至点 C 出针（取点 A 和 B 的中点位置）。重复刺绣，始终保持绣线在绣针左侧，注意确保针脚大小均匀一致。

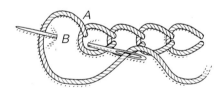

锁链绣　绣针引领绣线由后向前穿出面料，出针位置为点 A。将绣线盘成环状，在点 A 旁边入针。由点 B 再次出针，在收线过程中，注意始终将绣线压在针下。在点 B 旁边重新入针（新形成的链环内），然后同法继续刺绣。

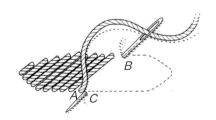

缎面绣　缎面绣分为斜线或直线两种填充方式，这种逐针并列式的刺绣方法主要用于填补图案轮廓，塑造出特定形状或范围。由面料背面入针，正面出针，出针位置为点 A。在点 B 入针，向后引至点 C 出针，紧邻点 A。注意保持线迹紧实平整，确保成品效果顺畅平滑。

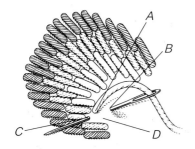

长短针绣　利用这种针法可以打造出混色效果或羽毛质感。由面料背面入针，正面出针，出针位置为点 A，点 B 入针，点 C 出针，点 D 再次入针。下一层重复操作。如果需要，也可以更换其他颜色的绣线，利用相同技法刺绣后续几层的同时，均在前一层穿插刺绣。

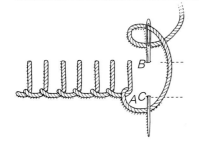

锁边绣　这是线毯边缘常用的包边技法（参见第 148 页）。如果作为装饰边使用，注意底部的"U"形底线应紧贴布边。当选用纤薄的面料时，可在处理后的布边上进行刺绣。从面料背面入针，在正面点 A 位置出针。点 B 入针，点 C 再次出针；在收线过程中，借助大拇指将绣线压在绣针下方。

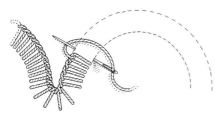

扇形锁边绣　贴近面料边缘处画出扇形图案。在锁边绣的基础上稍加改动，将轮辐状绣线的一端闭合。当刺绣至外凸弧线处，轮辐状线迹会开口更大一些。每个扇形的刺绣针数应当相同。若作为装饰边使用，可在刺绣完成后小心修剪布边。

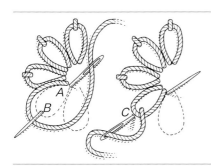

菊叶绣　固定基点的锁链绣技法可用于塑造花朵图案。将绣针从面料正面点 A 位置引出。盘一个线圈，紧贴点 A 位置再次入针。由点 B 出针，收线过程中将绣线压在针下。在点 C 入针，将绣线锁定，然后继续刺绣下一片花瓣。

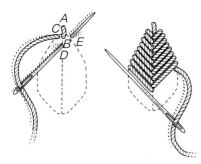

鱼骨绣　鱼骨绣最适合打造叶片图案，这种填充针法的针尾在图案中心线上交替相交。由叶尖开始，从点 A 将绣针引出至面料正面，在点 B 入针。点 C 出针，点 D 再次入针（紧贴点 B 下方）。在点 E 出针，开始在叶片另一侧刺绣下一针。同法在叶片两侧交替刺绣，直至完成。

十字绣

数字十字绣是最简单也最广为流传的刺绣技法之一，全程只需不断手工绣制"X"状线迹即可。虽然技法上轻松简便，但十字绣却能出人意料地构造出极其精致复杂的样式和丰富的质感，且几乎适用于任何面料。这些均匀排列且完全对称的"X"趣味十足；您还可以亲手尝试十字绣的衍化版，通常被称为十字鱼骨绣，呈现为锯齿状图案，主要用于边缘装饰。

为了使所有"×"线迹保持均匀一致，我们需要利用面料的经纬纱作为标尺或网格，一边刺绣一边点数经纬纱的线数（"×"的高和宽应相等）。例如，需绣制一行3×3的十字绣，从出针点向上数三根纬纱线，然后横向越过三根经纱线，在起针点对角线位置斜向入针（如下所示）。沿同一方向绣制一行斜线（\\\\）；接着，转换为相反方向，绣制第二条斜线（////），从而构成完整的"×"图案。移至上一行继续刺绣。当需要换线时，请勿打结收尾，您只需在面料背面将线尾引过5~6针固定即可。

粗麻布和厚亚麻等纹理疏松的面料最便于十字绣针迹的定位和间距控制，纹理疏松的面料仿佛自带内置网格，就像方格花布一样（参见右侧文本框）。如果您是刚刚开始接触十字绣的新手，在绣制正式作品前，建议您先在碎布头上进行练习。您可以选用丝绵绣线或第36页介绍的任何线材；丝光棉线在刺绣过程中手感顺滑，且适于填补厚面料纹理间的缝隙。如果您选择一种较粗的绣线，且质感与所选面料接近的话，绣好的十字图案会如同嵌入面料一般。

方格花布十字绣

方格花布带有整齐划一的方格图案，堪称十字绣背景布的完美之选。无须计算经纬纱的线数，直接将方格当作绣制图案的网格使用即可，针迹须始终限定在每个方格的范围之内。

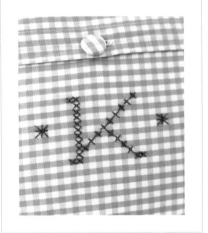

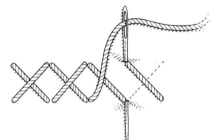

十字绣 首先，绣制一行均匀等距排列的平行斜线。然后折返方向，沿第一行绣制对角线，逐针形成"X"图案。尽可能选择在"X"间的交接点入针。从图形整体来看，每个"X"的下斜线应沿同一方向倾斜，而上斜线则倾向相反方向。

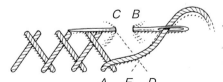

十字鱼骨绣 在这种十字绣的衍化针法中，绣线在十字图案的两端出现交叠，而非仅仅交接。从点 A 将绣针引出至面料正面，在点 B 入针，返回由点 C 引出，将线收紧。交叉引至点 D 入针，返回由点 E 出针。

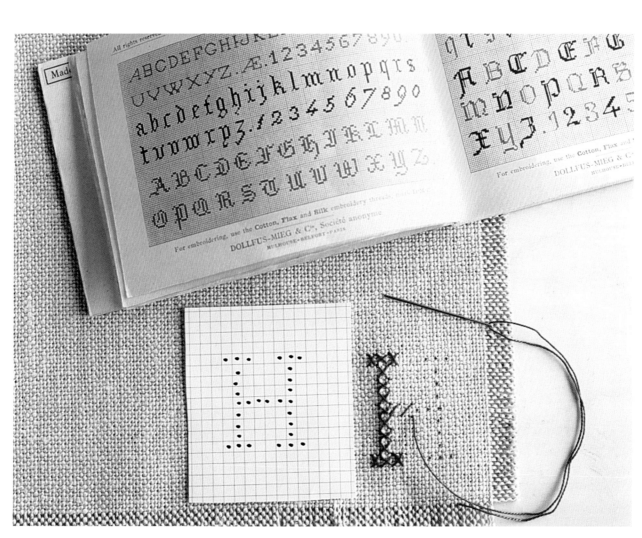

十字绣图样选择与制作

十字绣图样通常在坐标纸上进行印制；方格内的一个点便代表面料上应当绣制的一针。您既可以在坐标纸上自行绘制图样，也可以使用印刷版的图样。如选择自制图样，您可以参考老式图样集、字体书或任何美观养眼的图案，从中获取灵感（在上图中，正在绣制的字母就是从一本十字绣样书中复制的）。利用复印机将字母缩放至所需大小，然后绘拓至坐标纸上。利用每个方格中的圆点，在坐标纸上标记出字母的轮廓。您也可以按照自己的习惯，使用水消笔直接在面料上绘制圆点。然后，按照由下至上，由左及右的顺序，以十字绣针法逐行绣制字母。绝大多数图样均可通过第 40 页介绍的逐行十字绣技法来完成。如需在没有图样的情况下绣制实心图案，可先将轮廓线上的"X"逐一绣制完成，然后再利用逐行刺绣的技法进行填充。

您可借助十字绣样书或老式图样集，查找自己喜欢的字体。图中的亚麻餐巾上便以十字绣技法绣制了多种印刷字体。

法式结粒绣

　　法式结粒绣是指在绣制过程中，将丝绵线、棉线或纱线围绕绣针缠绕打结的技法。最终形成的珍珠状结粒零星点缀在面料上，如同婚礼上的五彩纸屑般绚烂。如果一针紧接一针地刺绣，这种针法也可塑造出直线和圆形图案，如果在一处密集刺绣，则可形成浮雕感的块状图案。法式结粒绣适用于任何面料，包括机织棉布、羊毛、亚麻、厚毛毡和法兰绒。

红色绣线形成的结粒以橘红色毛毡为背景，营造出同色系深浅搭配的效果，起到更好衬托和突出质感的作用。这里以羊毛线取代丝绵绣线，形成朴素的手纺效果，与羊毛毡等厚重面料完美匹配。

　　一旦掌握了这种技法，您便可以用它来塑造床品花边，为服装添加迷人的小装饰，还可以令平淡无奇的台布或毯子活力四射。我们可以将结粒视作波尔卡圆点，在一幅作品中大量绣制，形成整齐的网格状图案或者随机点缀。每个结粒看起来都会略有不同：有的十分圆润，如同大麦颗粒；有的则略显细长，更像是稻谷颗粒。最终呈现的任何效果都无关紧要，正是这种形态和大小上的多样性塑造出一种美好的质感。

　　您可以利用热转印铅笔或水消笔绘制图案，也可以直接复印或打印模板。然后，选择一根大号缝针，沿模板轮廓线按照所需间隔穿刺针眼；这些针眼就代表着刺绣结粒的位置。将模板平铺在面料上，透过纸上的针眼，用笔在面料上标记出刺绣位置。

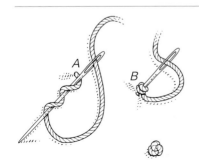

法式结粒绣　绣针从点 A 入针，由面料背面穿至正面。用一只手固定绣线，另一只手将绣线围绕绣针缠绕两圈。将绣针的针尖由点 B 再次穿入面料，尽量贴近首次出针的位置。在绣针穿过面料前，先将绣线收紧，使结粒贴紧面料。将绣针穿过面料，继续拉紧绣线，直至剩余 7.5 ~10cm 的一个线环，方可放开绣线，形成结粒。若需加大结粒的体积，可以增加绣线的缠绕圈数。

法式结粒绣图样

通过结粒位置的变化可以打造出各式图案和质感。如图所示，利用密集刺绣的方式可以塑造出一只瓢虫（见 a）和带有橡子的树枝（见 b）。先用水消笔在面料上绘制图案，然后再以法式结粒绣进行填充。您还可以用笔在面料上绘制出网格（见 c）、圆形（见 d）、圆点（见 e）、刺绣文字（见 f）或树叶（见 g）等轮廓图案，然后沿标记线一针贴一针地绣制出一连串的法式结粒绣。

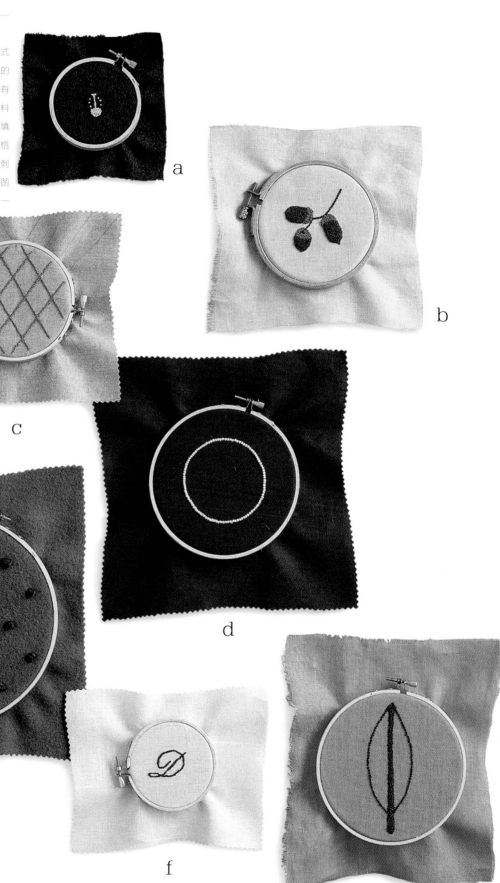

平针绣

虽然从严格意义上讲，平针绣就是一种实用的手缝针法（参见第 21 页），但它也可用于为各种面料添加绣花装饰，包括条纹和其他各式图案。通过将不同颜色和质地的绣线与面料相互搭配，体验线迹间的比例变化，玩转间距的缩放，便可创造出花样繁多的刺绣效果。

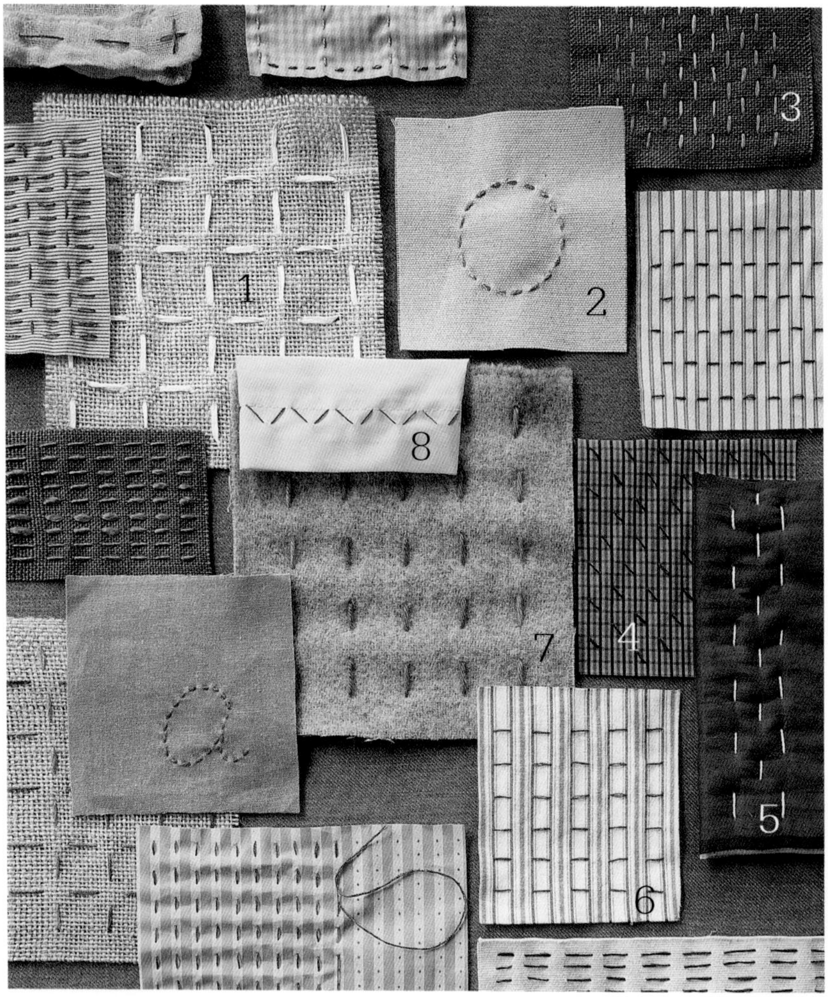

平针绣的利用方法与任何其他刺绣针法基本相同：先设计图样，然后转印到面料上（或者无须转印图样，而是直接沿印花面料上的线迹进行刺绣），接着选取一段丝绵绣线、棉线或纱线，开始刺绣。既可以选择逐行精准绣制出一种极尽艺术感的简约风，充分呈现极简主义美学，也可以更加随心所欲，为最基础的服装和家居装饰带来时尚现代却质朴自然的手作效果。

针法术语

同样基础的平针绣，只需在针迹方向、绣线品类和面料厚度上略加调整，就会拥有迥然不同的呈现效果。

1. **交叉网格** 粗麻布与纯棉缎带的完美结合。
2. **圆环** 以帆布为背景，利用带有金属质感的丝绵绣线塑造出圆环图案。
3. **自由风** 利用渐变色丝绵绣线在亚麻面料上逐行刺绣。
4. **斜纹针** 丝绵绣线与方格面棉布的简单搭配。
5. **被面绗缝** 夹棉面料上的平针缝。
6. **砖纹图案** 利用丝绵绣线在条纹棉布上绣制出砖石图案。
7. **大号平针** 羊毛线搭配羊毛毯（也可选用真丝）。
8. **鸡爪纹（锯齿纹）** 纯棉床品上的丝绵线迹装饰。

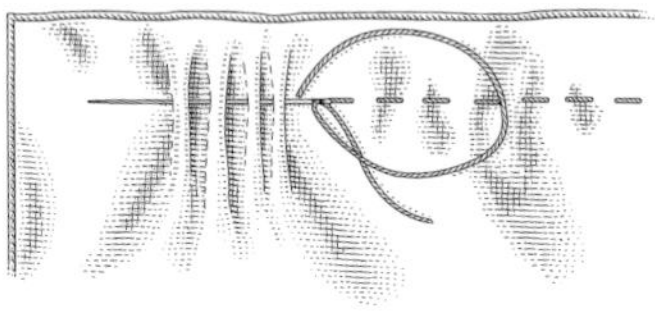

平针绣 等间距均匀穿缝多针，然后将绣针和绣线一次性引出收紧。重复操作。

日本刺子绣

　　日本的传统刺绣技法被称为刺子绣，即通过缝制纤细的均匀间隔的平针形成不断重复的几何形状，最终塑造出复杂而精致的图案。数百年前，渔夫的妻子们便利用这种技法来提升棉布服饰的强度和美感，而今流传下来的传统图样仍被赋予了丰富的象征意义，如寓意健康长寿的图案。

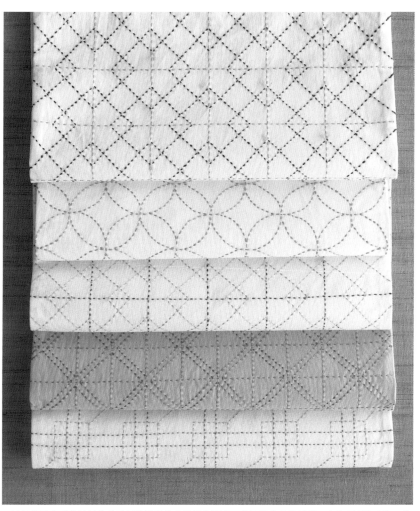

一针针精致小巧的平针构成了刺子绣网格状的精美图案。上图餐垫中的图案，由上至下依次为：比翼井桁、七宝连、比翼井桁、双井平纹和格子相连纹。了解更多传统刺子绣图样，请参见第46~47页；随书附赠图样中为您提供了上图中所有的图样模板。

　　如今，传统刺子绣图案依然经久不衰，其简约低调的造型足以完美融入任何现代陈设。尽管刺子绣表面看似错综复杂，实际上只是一系列平针而已（参见第46页图示）。在刺绣过程中，可将同一线条上的各针一次性穿入（也可穿入您习惯的针数），然后将绣针引过面料。刺子绣专用针（参见第346页）略长于普通绣针，更适合一次性完成多针刺绣；可通过缝纫和拼布用品专卖店或网店购买。刺子绣绣线近似于丝光棉线。与丝绵绣线相比，单股刺子绣绣线更为纤细，且捻制得更为紧实。刺绣时，先沿同一方向完成所有平行线的绣制，然后再调转方向，绣制下一组平行线。建议先将图样绘制到坐标纸上，形成统一整齐的图案（除方形设计图案外，还有三角形和六边形等不同款式）；其间可利用直尺绘制直线，圆规绘制弧线。可依照术语表，参考图片上的传统日式图案样本，也可以创作自己的个性图样。当在坐标纸上绘制好图案后，可利用转印纸转印到面料上（参见第36页）。此外，也可以通过专卖店或网店购买现成的刺子绣模板和图样，这样便可直接将图案转印到面料上，无须自己预先绘制网格图了。

刺子绣图样术语表

　　可借助直尺和圆规在坐标纸上绘制这些设计图案，也可以在附赠图样中找到相应设计模板。此外，预制好的刺子绣模板和工具均可在专卖店和网店购买。

1. 龟甲纹（Tortoise shell / Hanakikkou）

2. 十字相连纹（Jujitsunagi）

3. 格子相连纹（Koushitsunagi）

4. 菱形纹（Hishimoyou）

5. 双井平纹（Koushiawase）

6. 菱形连（Hanahishigata）

7. 麻叶纹（Linen Leaf/Asanoha）

8. 分铜纹（Fundoutsunagi）

9. 七宝连（Seven Treasures/ Shippoutsunagi）

10. 比翼井桁（Hiyokuigeta）

11. 条纹（Stripe）

缎带绣

　　放弃丝绵线、纱线或棉线，改用缎带进行刺绣，能够创作出独具立体感的特色图案。尽管缎带绣只是采用与丝绵绣线相同的基础针法，但呈现出的效果却更加精妙，尤其适于呈现植物花草之美。宽宽的缎带在被用力引过面料时会出现扭曲和折叠，反而令其塑造出的花瓣、茎秆和叶片造型表现得栩栩如生。刺绣过程中，如果将线迹保持自然疏松的状态，便可呈现出柔软、卷曲的效果，而将缎带收紧时，则可形成顺畅、笔直的线条。缎带绣水果和蔬菜图案可参见第 159 页。

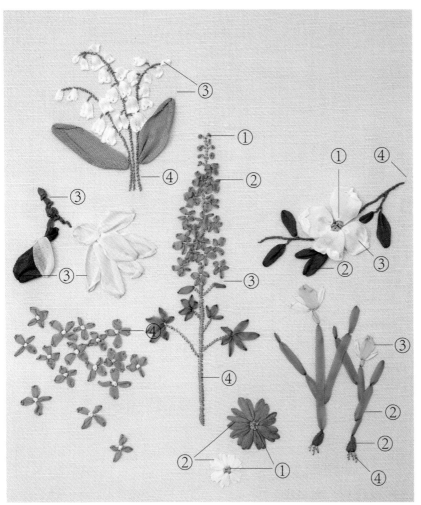

利用各式缎带绣针法可创作出栩栩如生的花卉和植物。① 法式结粒绣塑造的幼蕾和花蕊。② 利用直针绣实现的小叶片和花瓣。③ 丝带绣拥有卷曲的折边，可塑造出更具质感的花瓣。④ 轮廓绣打造出的直线与茎秆和根部十分相似。

除基础刺绣工具（参见第 36 页）外，您只需额外准备刺绣缎带即可，这种精美丝带拥有宽窄不同的各式规格可供选择。刺绣前，先利用水消笔将图案绘制到面料上，然后再将面料绷入绣绷。借助如下技巧将缎带穿入绣针，则可实现缎带的最大化利用：将缎带穿过针眼约 5 厘米。用绣针刺透缎带；拉引缎带较长的一端，直至针眼处的缎带完全固定（参见下方图示）。在长线尾端打结。建议每次截取的缎带长度为 25~30.5 厘米，以免缠结。当缎带用尽或需要换色时，在作品背面穿引数针并打结固定（利用左图缎带绣花朵图案创作的作品，请参见第 341 页）。

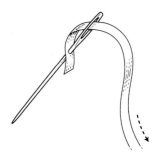

缎带穿针法

缎带绣针法

仅需几种基础针法便可模仿出花瓣、叶片和其他源自天然的设计灵感。法式结粒绣（第 42 页）同时也是一种广受喜爱的缎带绣针法；依照第 42 页的技法说明便可绣制出花蕊造型，还可为缎带绣或直针绣带来立体浮雕效果，形成堆叠状针迹。

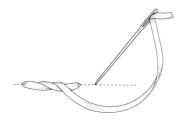

轮廓绣 由面料背面入针，穿出至面料正面已绘制完成的茎秆或根系轮廓线左侧；然后再紧贴轮廓线右侧穿入，从面料背面将缎带收紧。重复操作，由左至右逐针刺绣，后针微微压盖前针。如需绣制较粗大的茎秆或根系，只需入针和出针的位置偏离轮廓线略远即可。

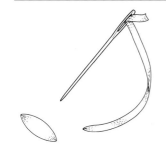

直针绣 将绣针由面料背面穿至正面，然后再从正面垂直向下穿回背面，利用手指辅助调整，防止缎带扭拧。轻轻将缎带收紧，保持缎带平直。

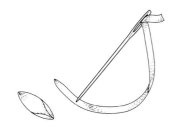

丝带绣 绣针由面料背面穿至正面。将缎带在面料表面展平，取绣针最远端，穿过缎带入针。轻轻收紧缎带，容许缎带两侧缓缓卷曲，形成一个尖角。利用手指控制缎带向内或向外卷曲的方向。

堆叠直针绣 刺绣一针或多针法式结粒绣（图示中圆形虚线表示区域），然后以直针绣进行覆盖，从而形成叶片中心凸起的立体效果。利用法式结粒绣分别构造直线形、三角形或长方形，便可实现不同的立体形态。在第 158 页的园艺手账中，茄子和薯菇伞盖的形状便是利用这种针法塑造出来的。

堆叠丝带绣 为了塑造出卷状的立体造型，可先绣制一针或多针法式结粒绣（图示中圆形虚线表示区域）；然后再以一针丝带绣进行覆盖。在第 158 页的园艺手账中，萝卜的形状便是利用这种针法塑造出来的。

机 绣

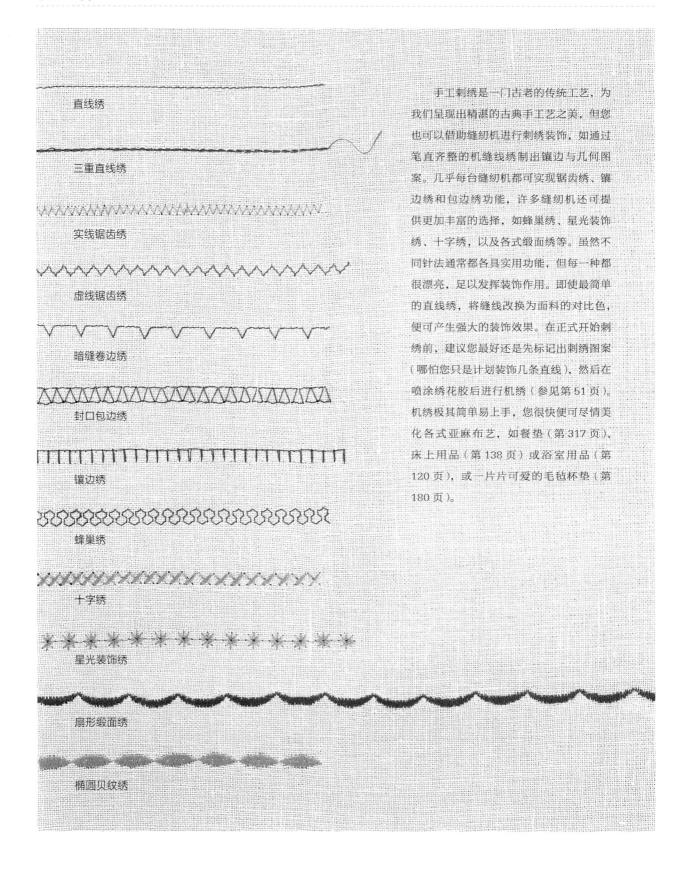

直线绣

三重直线绣

实线锯齿绣

虚线锯齿绣

暗缝卷边绣

封口包边绣

镶边绣

蜂巢绣

十字绣

星光装饰绣

扇形缎面绣

椭圆贝纹绣

手工刺绣是一门古老的传统工艺，为我们呈现出精湛的古典手工艺之美，但您也可以借助缝纫机进行刺绣装饰，如通过笔直齐整的机缝线绣制出镶边与几何图案。几乎每台缝纫机都可实现锯齿绣、镶边绣和包边绣功能，许多缝纫机还可提供更加丰富的选择，如蜂巢绣、星光装饰绣、十字绣，以及各式缎面绣等。虽然不同针法通常都各具实用功能，但每一种都很漂亮，足以发挥装饰作用。即使最简单的直线绣，将缝线改换为面料的对比色，便可产生强大的装饰效果。在正式开始刺绣前，建议您最好还是先标记出刺绣图案（哪怕您只是计划装饰几条直线），然后在喷涂绣花胶后进行机绣（参见第51页）。机绣极其简单易上手，您很快便可尽情美化各式亚麻布艺，如餐垫（第317页）、床上用品（第138页）或浴室用品（第120页），或一片片可爱的毛毡杯垫（第180页）。

计算机刺绣

借助计算机绣花机来完成复杂精细的刺绣图案，速度要远比手工刺绣快得多，而且可实现令人惊叹的成品效果。只需轻触几个按键，便可创作出一枝细节丰富的花朵或一幅花体字母组合。

尽管计算机绣花机的价格和功能不尽相同，但即使最基础的款式也可提供大量精选的预编图样和字体，以及随机配备的计算机软件。随后，您还可以另外购买图样或从网上下载素材，较先进的软件还可支持使用者自行设计图案。当您准备刺绣时，只需将计算机中的图样导入绣花机。接着，您便可以轻松旁观，专业级的刺绣图案将如同魔法一般，在面料上缓缓呈现。除计算机外，您还需要准备其他一些基础工具。绣花机会自带1~2个绣绷，用于刺绣过程中固定面料。您还可以多购买几个绣绷，以满足不同作品的需要。注意绣绷的型号需要与您的绣花机相匹配。刺绣涂胶可为刺绣提供一个稳定的基底，以防面料变形、图案走样。计算机刺绣可选用涤纶线、人造丝线或棉线，30或40号线的粗细程度适用于绝大多数作品。机绣针可承受刺绣机持续高速的运转节奏，一般统称为"通用针"或"绣花针"。

刺绣涂胶

无论您选用普通缝纫机还是计算机绣花机进行刺绣，在面料下方（或上方）添加一层刺绣涂胶可为刺绣过程提供一个更加稳定的基底，以确保成品的规整效果。以下为四种最常用的刺绣涂胶：

剪除式涂胶 这种涂胶适用于牛仔布、运动衫或其他弹性面料的边饰刺绣。涂胶将始终贴合在布料背面，防止在服装的穿着过程中刺绣图案被拉伸变形；当图案绣制完成后，可将多余的涂胶剪除。

撕除式涂胶 在中等厚度的面料上刺绣厚密的图案时可选用这种撕除式涂胶。绣制完成后，轻轻撕除图案上的涂胶即可。

水溶式涂胶 适用于薄纱或绵绸等纤薄面料，在机绣完成后，只需将面料浸入水中，涂胶便可溶解消失。

熨除式涂胶 其他涂胶通常用于布料背面，而熨除式涂胶则须应用于布料正面，主要在毛巾布或丝绒等毛绒织物上刺绣时使用。刺绣完成后使用热熨斗进行熨烫，涂胶便会裂解消失。

绗缝与拼布

　　如同许多传统手工艺一样，拼布也是一种实用性与装饰性的巧妙结合，一片片同等大小的拼缝布片既为拼布被带来十足魅力，又令构图整齐有序，还使缝纫剩余的布头得到了充分利用。几个世纪以来，不同文明已各自形成独有的拼布习俗与风格。然而无论何种文明，在处理方法上总有一些共性，如针法与压棉次序，图谱设计与装点方法等。

　　在本章中，您将学习到部分绗缝与拼布作品的基础制作步骤（更多作品请参见第 276 页）。要理解绗缝与拼布的定义，首先要了解两者间的区别。拼布是由许多布片（通常为正方形）构成的，经过缝合（通常逐栏或逐行拼缝）形成更大的布片。由于拼布成品常被用作棉被表布，许多人都将拼布与绗缝被等同起来。实际上就定义而言，绗缝由三部分构成：表布、铺棉和里布。表布当然可以选用拼布被面，但也可选用整片面料（第 283 页的台布绗缝被便是范例之一），

甚至还可选用个人喜爱的贴布图案（许多经典民俗艺术被均选用此类被面，如第 60~61 页的夏威夷绗缝被）。最关键的区别在于，绗缝被的表布与里布之间还夹带一层铺棉，我们需要通过手缝或机缝将三层固定起来，另外也可利用棉线、缎带或丝绵绣线形成的一系列装饰结扣进行固定。每一种装点方法都会为绗缝被带来特有的质感和设计。再加上面料与缝线的选择，每件作品都有机会成为独具您个人风格的绗缝被。

内容包含：

+ 基础绗缝工具

+ 面料的选择

+ 基础拼布被的制作方法

+ 星形拼布的制作方法

+ 轮廓贴花被的制作方法

+ 拼布被的修复方法

基础绗缝工具

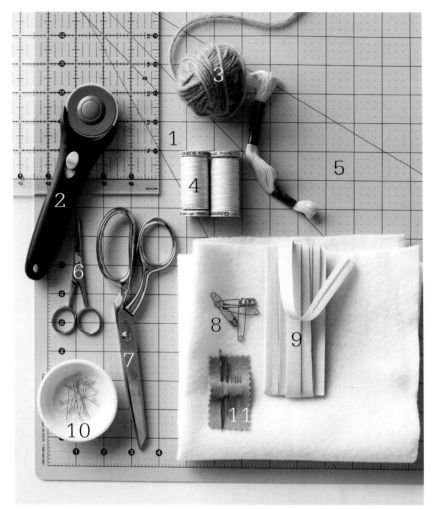

1. **拼布尺** 这种透明的亚克力直尺，无论横向还是纵向均带有详细的测量刻度，便于使用者准确标记位置。建议搭配轮刀使用。长度为 62.2 厘米的拼布尺最适合裁剪宽度为 114 厘米的拼布面料。

2. **轮刀** 这种刀具配有轮状刀片，刀锋锐利，可一次性裁切多层面料。建议选用刀片可伸缩的轮刀，不使用时可将刀片锁定在安全档位。在切割垫板上裁切面料时，切记刀刃始终向远离自己的方向滑动。刀片不够锋利时需尽快进行更换。

3. **绣花毛线与丝绵绣线** 可选用任一线材，对面料和铺棉进行簇缝固定。

4. **绗缝线** 绗缝线比通用缝线强度更高，最适合在表布、里布和铺棉间进行手工或机器绗缝。

5. **切割垫板** 切割垫板表层柔韧，核心层坚固耐用，可承受轮刀或手工刀的反复切割。

6. **尖头剪刀** 建议常备一把刺绣用的尖头剪刀，用于修剪小线头。

7. **裁布剪刀** 裁布剪刀便于快速、准确地裁剪拼布布片和绲边条。

8. **安全别针** 为了防止面料和铺棉移动位置，可在绗缝前先利用安全别针进行固定。

9. **斜裁带** 利用 100% 棉布条裹缝四边，也可作为装饰边使用。斜裁带便于顺应圆形拐角处的弧线（绲边条则易引起拼布被边缘起皱）。自制斜裁带的方法可参见第 359 页。

10. **玻璃头珠针** 这种珠针非常纤细，不会在面料上留下针眼，玻璃头还可承受热熨斗直接熨烫，不会熔化。

11. **手缝针** 建议准备一套型号齐全的手缝针，以满足不同需求：尖头针适用于日常缝纫；短针适合小型贴布；带有大号针眼的毛线针便于进行簇缝装饰。

铺棉

为拼布被选择铺棉时，首先需考虑厚度。选用较薄的铺棉便于手缝或机缝，如果选用较厚的铺棉，仅在拼布被上进行簇缝固定（利用毛线或绣线进行钉缝固定）会显得更加美观。铺棉的材质多种多样，主要包括如下品种：

棉花铺棉 棉花铺棉最为透气，经长时间使用依然可保持柔软质感。此外，棉花铺棉的垂感较好，适合制作较平展的传统拼布。100% 纯棉铺棉是制作宝宝被、儿童被的理想之选。

涤纶铺棉 涤纶铺棉价格亲民，是最常使用的铺棉品类。这种铺棉洗涤后不易缩水，且可提供多种厚度。然而需要注意的是，涤纶铺棉是众多品种中透气性最差的一种。

涤棉混纺铺棉 涤棉混纺铺棉同样应用广泛且价格适中。尽管不同品种的纤维成分有所不同，但最常见的品种多为 50% 棉、50% 涤纶。混纺铺棉的厚度通常要比全棉铺棉更厚实、更蓬松。

羊毛铺棉 可水洗羊毛铺棉极为保暖，同时又极为轻便，甚至一床羊毛被一年四季都能使用。与涤纶或全棉品种相比，羊毛铺棉的价格偏高（部分人群还可能对羊毛过敏）。

面料的选择

在所有布艺手工门类中，绗缝和拼布堪称面料颜色、图案和质地搭配调试的最佳试验田。如果想实现令人满意的成品效果，建议您在选择面料时牢记如下基本原则和方法。

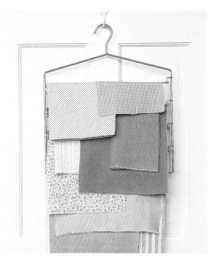

选定调色板　在拼布被的设计过程中，配色是有待考虑的重要因素之一。选用互补色还是对比色将直接决定成品风格是宁静舒缓，还是热烈奔放。在同一块调色板上混搭各种图样和印花，有利于形成切实可见的动态模拟效果。如果您计划为朋友或家人缝制一条拼布被，别忘记综合考虑对方的使用场景和具体用途。

坚持选用天然面料　拼布被首选的常规面料是百分之百的纯棉布，绝大多数布料店和网店均会出售宽幅为114厘米的棉布，并将其统称为"拼布棉"。当然，拼布被也可选用某些真丝面料、羊毛面料和混纺面料。拼布时所选用的布料应保持厚度一致；如果将超薄面料与超厚面料缝合在一起，必定会造成皱褶。注意在拼缝前先将面料水洗晒干，避免成品缩水。

依照样本采购　如果您有自己喜欢的样本或布组，可在采购补充面料时携带相关素材。建议您购买面料时购买略多于计划使用的面料；相信您一定不希望在埋首构建拼布被的大工程中，突然发现某款面料用完无补吧！

预先进行前片编排　将拼布布片在桌面上展开，或者采用许多拼布高手的做法，在墙面悬挂一张毛毡布，然后将布片固定到毛毡布上。通过不断调整配色和图样，逐步确定布片间的排列位置，之后再用珠针固定并缝合（编排中的布片可能需要陈列一段时间，建议您选择可行的地点进行陈列）。随着对布片的持续调整，拼布被的设计思路将逐渐成形，这也正是拼布被与其他拼布作品极具创意和吸引力的原因所在。

绗缝针法

绗缝针法主要用于缝制拼布被时对三层面料进行固定，多呈现为某种装饰图案；您也可以通过机缝实现相同目标（参见第58页，文本框）。作为一种手缝针法，绗缝与平针缝（第21页）的方法十分近似。您还可以使用压线绷或压线框（类似于绣绷，只是增加了深度，可将拼布被的多层面料绷紧），抑或配戴顶针，辅助缝针穿缝多层面料。具体绗缝方法为：首先将一段长约38厘米的绗缝线穿入缝针，在一端打一个小结扣。为了将结扣完美隐藏起来，需先将缝针穿过表布，然后穿过铺棉，再穿回表布（请勿穿缝里布）。轻拉缝线，直至结扣穿过表布并嵌入铺棉。缝针再次穿入表布和铺棉，直至缝针微微刺穿里布；挂住里布的几根纱线，推动缝针反向穿回铺棉和表布。在绗缝过程中，您可以在缝针上堆叠两三针，然后再一次性推动缝针穿缝多层面料。当缝线仅余10~12.5厘米时，在距离表布出针点约0.6厘米处打一个小结扣。缝针穿过表布和铺棉，再重新穿回表布；轻拉缝线，直至将结扣引过表布，紧贴表布将缝线剪断。

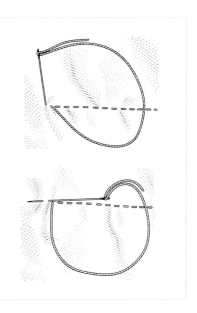

基础拼布被的制作方法

  缝制拼布被的方法其实非常简单。裁剪一片里布，一层铺棉，然后剪切出许多小布片（通常为正方形），将其缝合作为表布。这里作为范例的拼布被是一床宝宝被，所以作品尺寸较小，易于制作。将三层面料固定起来的方法，是将小段丝带或线绳由上至下穿过三层面料，然后反向穿回，将两端打结固定即可。我们无须使用斜裁带对被子四边进行严格的包边处理并精心缝制斜接拐角，而只需将斜裁带夹在拼布被的表布和里布之间，沿被子四边缝合一圈，以此模仿出嵌边处理的效果。

几乎任何具有纪念意义的布料均可用于缝制"纪念拼布被"，如衣服、毯子、家传布料、方巾、床单或枕套。选择面料时应尽量避免针织材质、弹性大的材料，以及过厚的织物，总之不能在弹性和材质上与其他布片存在过大差异。完成后的拼布被一定会成为您的传家宝，值得后辈代代珍藏。

1. 裁剪布片 利用拼布尺、水消笔、轮刀和切割垫板测量并裁切布片。布片尺寸为边长 11.2 厘米的正方形，其中边长 10 厘米，外加每边各 0.6 厘米的缝份；拼布被成品由 12 片×18 片正方形布片构成。编排布片次序，形成自己喜爱的图案。

2. 缝合拼布 将布片正面相对，用珠针固定，逐行排列，然后沿 0.6 厘米缝份进行拼缝。这里无须采用回针缝加固缝合，因为后续绗缝过程中还会通过交叉压线进行加固。将所有缝份倒向同一方向熨平（注意并非展开熨烫）。利用珠针将各行固定起来，整理对齐后测量出 0.6 厘米缝份。逐行缝合衔接，按照同一方向熨平缝份。

3. 绗缝表布与铺棉 正面朝上，将拼缝好的表布平铺到经过预缩处理的全棉铺棉上，铺棉各边应比表布多出 7.5 厘米。为了防止面料产生位移，需利用安全别针在所有布片上逐一与铺棉固定，由一角开始，一边固定一边整理展平上下层面料。"沿凹缝缝合"，即严格按照每一布片的轮廓线逐一加缝一圈，将表布与铺棉完全缝合衔接起来。沿四边剪除多余的铺棉。卸除安全别针。

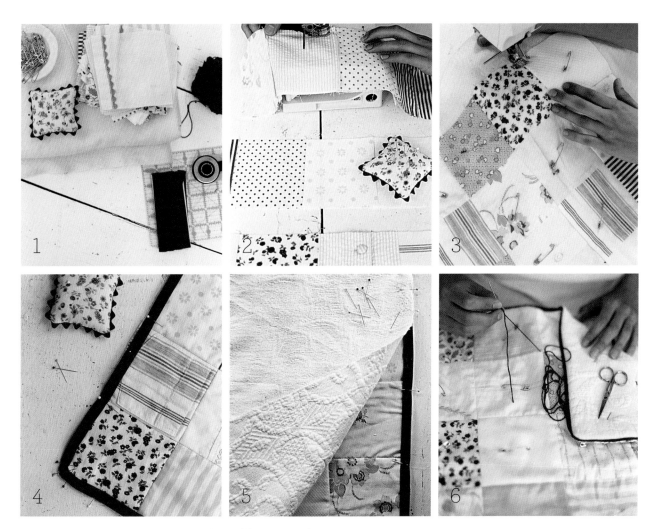

4. 添加包边　将 1.3 厘米宽的双折斜裁带沿四边铺好，双层边与被子毛边对齐，斜裁带的折边则朝向内侧。珠针固定，注意将四角展平，防止出现皱褶。

5. 加缝里布　裁剪里布（范例中选用了一条带有复古凸纹的床罩），尺寸与表布保持一致，应包含 0.6 厘米缝份。用于固定四边的珠针保留不动，将里布平铺在表布上，与表布正面相对；在被子四周用珠针固定。沿四边缝合三层面料，在其中一边预留一处 30.5 厘米的翻口，完成缝合后翻至正面。用藏针缝合翻口，利用蒸汽熨斗将两侧和四边熨平。

6. 簇缝加固　利用安全别针将上中下三层固定起来，防止里布滑动。选用毛线、丝绵绣线或细（0.3 厘米）丝带在四片布片的交界点上簇缝打结：缝针沿交界点任一边，在距离交界点0.3 厘米处垂直入针，穿过三层面料，在交界点另一侧等距离处出针。打结固定；修剪线尾；卸除安全别针。

机缝压线

　　近几十年来，机缝已成为重要的绗缝方式之一，而不再被这种传承数百年的古老手工艺视为效果欠佳的替代方案。相较于手工绗缝，有人更偏爱机缝压线（参见"绗缝针法"，第 55 页），因为后者能够节省大量时间，尤其对穿缝难度较大的厚重作品而言。还有人认为机缝线迹规整，适于创作压线图案。虽然计算机缝纫机可轻松实现花式压线且成品效果更加精准可靠，但普通缝纫机也可实现类似功能。只不过，在机缝压线时需要使用专用压脚（统称为绗缝压脚），缝纫机也需调整为特殊的设定模式。多数新款缝纫机均会在使用手册中提供相关说明。同手工绗缝一样，机缝压线也需要适度练习。建议先从小型作品开始尝试，例如枕套。这种练习将帮助您掌握机缝压线的技巧，便于您成功创作尺寸更大的作品。

星形拼布的制作方法

　　如果您希望初步体验拼布的乐趣，建议您从醒目的八角星图案开始尝试。先利用菱形布片拼接为星角图案，再通过正方形和三角形构成背景图案。传统图谱通常选用碎花或纯色菱形布片，下图中的设计方案则改用了更具现代感的条纹衬衫布和斑点印花面料（所有布片均为 100% 纯棉布）。

这款星形图案不免令人联想到折纸艺术，首先需要准备八片菱形和六片正方形布片，然后将其中两片正方形一分为二，分别形成两个三角形。布片拼合后，菱形布片呈现出花瓣状，而条纹面料则带来一种旋转风车的效果。这款抱枕套的基础拼布教程只需略加调整，便可制作出由多个星形图案构成的拼布被。在本书后续章节中，您将通过一款羊毛床罩（第 286 页）和一款墙上挂饰（第 345 页）见到相同技法的应用。

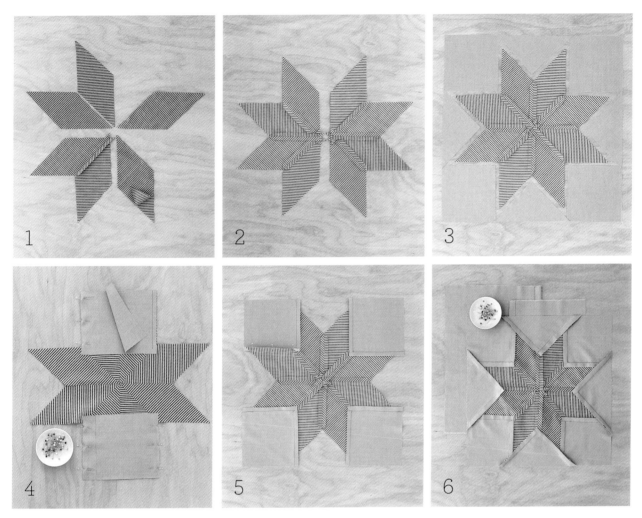

1. 剪裁菱形布片并分组缝合　利用星形图案拼布模板（参见附带图样模板），轮刀和切割垫板，在30.5厘米面料（或带有各式图案的面料）中剪裁八片菱形布片。条纹图案可与菱形侧边保持平行，也可如上图所示形成垂直效果。调整菱形布片，形成星形图案。取两片菱形布片，正面相对叠放起来；用珠针固定后沿一边缝合，缝份约为1.3厘米。重复操作，拼缝四组菱形布片。将缝份展开烫平。

2. 分组拼缝　取两组缝好的菱形布片，正面相对叠放在一起。珠针固定并缝合，缝份约为1.3厘米。重复操作，形成2组图案，每组由四片菱形构成。将两组图案珠针固定并缝合，缝份约为1.3厘米），星状图案整体拼合完毕。所有缝份展开烫平。

3. 剪裁并排列正方形与三角形布片　为了将星形图案补充为正方形，需在68.5厘米对比色面料中剪裁出六片边长15厘米的正方形布片。取其中两片正方形，沿对角线裁切为四片三角形。将星形、正方形和三角形布片依序排列。

4. 拼接正方形布片　星形图案正面朝上展开铺平。取一片正方形布片，面料正面朝下，与左上方星角的外边对齐；珠针固定。在右上方星角处重复操作。如图所示，缝合固定。取出另外两片正方形，在底部星角处重复操作。将缝份沿星形中心线方向熨平。

5. 完成正方形布片拼接　在完成四片正方形的单边拼缝后，利用珠针固定，将正面向下翻折。沿正方形另一边逐一缝合。

6. 填充缺口并完成抱枕套制作　利用三角形布片填充剩余缺口，珠针固定并按照相同方法拼缝。将缝份沿星形中心线方向熨平。在制作信封状里布时，先利用裁剪正方形和菱形布片时剩余的面料，剪切出两片33厘米×45.5厘米的长方形。沿两片长方形的长边分别进行褶边处理，并正面朝上，部分重叠摆放。将抱枕套的表布正面朝下，平铺在里布上，珠针固定；沿四边缝合。翻回正面，塞入一个边长45.5厘米的枕芯即可。

轮廓贴花被的制作方法

　　传统夏威夷拼布被用到了两种独特技法：大型图案贴布法和一种被称为回声压线（或轮廓压线）的手工绗缝方法。之所以称其为回声压线，是因为在固定面料与铺棉的过程中，绗缝线迹会循着贴布图样由内向外一圈圈扩散开来，如同回声一般●。在着手缝制大型被套之前，可以先从抱枕套等小型作品开始学习这种风格的绗缝技法。

　　剪裁布片　选取 0.9 米浅绿色 100% 纯棉布或亚麻绗缝布，剪裁出一片边长 61 厘米的正方形、一片边长 58.5 厘米的正方形、四片 12.5 厘米 × 58.5 厘米的布条（包边条）。另选取 0.9 米材质、厚度近似的淡蓝色棉布，剪裁出两片边长 61 厘米的正方形。按照下方文本框中的图示，折叠边长 61 厘米的绿色正方形布片。将选好的夏威夷拼布模板（参见附赠图样家居装饰板块，可根据需要调整尺寸）置于折叠好的三角形布料之上，模板的"V"形尖角与左下角对齐（参见第 61 页图 1）。利用水消笔沿模板轮廓描边，然后移除模板。在描绘好的轮廓线内用珠针将多层折叠的布料固定起来。利用锋利的尖头剪刀沿轮廓线剪裁。为了达到最佳效果，在剪裁过程中，剪刀应始终保持固定，通过旋转布料完成裁剪。展开布料，呈现出整体图样。取出一片蓝色正方形面料，同样按照下方文本框介绍的方法折叠，每次折叠后熨烫压实。展开布料，将绿色图样居中放置在蓝色布料上，如图所示，对齐折线。利用珠针沿折线将图样固定在面料上，同时用珠针在每片花瓣或叶片上进行加固。在距离图样

贴布图样剪裁前的折叠方法

将底边向上翻折，与顶边对齐；熨烫压实。

将左边向右翻折，与右边对齐；熨烫压实。

将右下角向左上角翻折对齐；熨烫压实。（布料完成折叠后，左下角将成为中心点。）

● 本书将沿用国内较为流行的译法"轮廓压线"。——译者注

边线内侧 0.6 厘米处，以 1.3 厘米针脚进行疏缝（第 21 页）。一边取下珠针，一边将图样展平。

利用贴布针沿图样一条侧边向下翻折 0.3 厘米，以贴布缝（第 30 页）固定：在折边上任取一点，由下至上出针，同时穿过里布和图样，然后向下仅穿缝里布。重复操作，逐步向下翻折并贴布缝整个图样（在贴布缝曲线区域时，每次向下翻折布料的幅度减小，针脚密度加大）。移除疏缝线，将图样和里布熨平。

选用 0.9 米羊毛铺棉，剪裁一片边长 61 厘米的正方形。将第二片蓝色正方形布片铺放在一个平面上，再将铺棉置于其上。然后取出贴缝好的正方形布片，正面朝上，在铺棉上展平。以 1.3 厘米针脚，分别沿水平和垂直轴心线进行疏缝（第 21 页）。然后每隔 15 厘米疏缝一道平行线，形成网格状。将布料绷入压线绷。在绗缝针内穿入蓝色绗缝线，一端打结。利用绗缝针法（第 55 页）对多层面料进行绗缝固定：由靠近图样中心点的一边开始，沿图样周边进行绗缝，注意严格遵循轮廓线轨迹。当压线绷内的区域完成绗缝后，转移压线绷，直至沿图样边线绗缝一周。

在距离第一道绗缝线外侧 1.3 厘米处绗缝第二道轮廓线。在第二道轮廓线外侧，继续间隔 1.3 厘米绗缝第三道轮廓线，照此呈回声状逐圈扩散，直至距离布料毛边 2.5 厘米处停止，此处稍后将进行包边处理（为了节省时间，您也可以利用三根绗缝针，如图所示，分别在三道 1.3 厘米间隔线上开始绗缝，即三条轮廓线同时向前推进）。需要换线时，在布料背面打结收尾。完成绗缝后，移除疏缝线即可。

更换绿色绗缝线，继续按照上述步骤，在图样内侧，每间隔 1.3 厘米绗缝一道轮廓线，在图样拐角处勾勒出花朵状轮廓。将绗缝好的正方形布料四边修剪掉 1.3 厘米，使其缩减为边长约 58.5 厘米的正方形。

若毛边磨损散线，先对边缘进行修剪整理。开始缝合两条包边：在绗缝好的布料上平铺一条包边条，贴布面朝上，将布料边缘与包边条边缘对齐。在距离边缘 6.5 厘米处，沿包边条纵向机缝。用同样方法将第二条包边条与绗缝好的布料另一边接缝。将两条包边条沿机缝线分别向后翻折，使包边条两边均与布料边缘对齐；分别熨烫压实。缝合剩余两条包边：沿绗缝好的布料另外两边，分别缝合第三条和第四条包边条，依照上述方法，在拐角处覆盖住已缝合的包边条。同样遵循上述方法，将剩余两条包边条向后翻折，熨烫压实。取出另外的绿色正方形布片，正面朝下置于绗缝好的布料上，珠针固定。沿各边机缝，缝份约为 1.3 厘米，在其中一边预留一处 38 厘米的翻口。将抱枕套翻至正面。塞入边长 56 厘米的枕芯。用藏针缝（参见第 31 页）缝合翻口。

拼布被的修复方法

　　如果家中有破损不堪的拼布被需要修复，建议您赶早不赶晚，因为随着时间的推移，磨损的布边、裂口和破洞会越磨越大。这里将为您介绍在破洞或碎裂区域打补丁的方法（同时保留下方仍完好如初的布料），以及如何替换已磨损或撕裂的包边。在开始修复前，我们需要先按照待模仿的形状制作补丁模板——图中便依照五颜六色的邮票状图案裁剪出方形补丁。切记在缝合前新面料一定要经过预洗处理。

切记这里演示的修复技法仅适用于家中使用和观赏的拼布被。超出普通纪念价值的拼布被应交由专业修复人员进行处理。

1. 制作补丁图样　首先根据拼布被的形状制作模板，测量出单片布片的尺寸并沿轮廓将其绘制在卡纸上，然后环轮廓线一周标记出 0.5 厘米缝份；利用手工刀沿内外两圈轮廓线分别切割模板。利用水消笔在新布料背面绘制模板轮廓（内外圈边线均需标记）；沿外圈边线剪裁。重复操作，剪出所需数量的布片。取其中两片，正面相对，沿标记好的内圈轮廓线以平针缝（第 21 页）缝合。将缝份倒向一侧熨平。继续将布片两两缝合，然后再将两片布组缝合为四片布组，四片布组继续缝合。根据破洞的形状和尺寸，您可能还需要在补丁一侧添加单片布片。

2. 里布的修补　如果破洞已延伸至拼布被里布，则需另外制作一片补丁。选取一片棉布，颜色应尽量贴近里布，将单片补丁（用于拼布被表布）平铺在棉布上。沿补丁轮廓线在棉布上描绘一圈，再额外标记一圈 0.5 厘米的缝份，沿外圈轮廓线剪裁。将补丁覆盖住破洞并以珠针固定，一边缝合一边沿 0.5 厘米缝份向下翻折布边，以藏针缝（第 21 页）缝合：将缝针穿入折边，缝线向上引出。在拼布被面料上挑起一至二根纱线。在距离前一针 0.5 厘米处，将缝针再次穿入补丁的折边，引出缝线。继续沿图样周边藏针缝合。

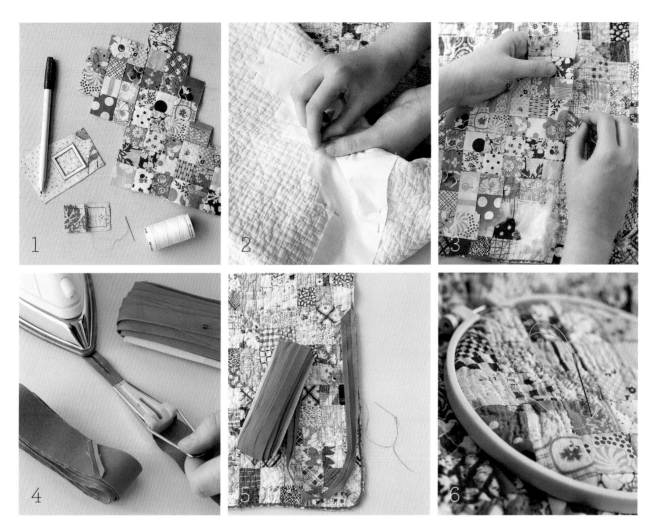

3. 表布的修补 如果破损区域已不如拼布被的其他区域蓬松充实，可在破洞处塞入少量铺棉，并沿边缘进行拉伸，以填充过薄的区域。将单片补丁以藏针缝（参见第 2 步）固定在拼布被表布上，对齐缝合线。切记将剩余的破损面料保留在补丁下方。

4. 斜裁带制作 由于市面上封装销售的斜裁带多为上过浆的涤纶混纺材质，建议您最好还是自制斜裁带，这样更适于为老旧的拼布被重新包边。将 100% 纯棉布斜裁为 2.9 厘米宽的布条。布条间两两正面相对，首尾缝合衔接，直至布条长度比拼布被周长略长数厘米为止；缝份展开熨平。将布条穿过制带器定型（有关斜裁带制作方法的详细信息，请参见第 359 页）。

5. 重新包边 对于许多老旧的拼布被而言，包边磨损是一个极为常见的问题，而且那个时代常常混用两三种颜色的包边。在为拼布被重新包边时，需要先自制斜裁带（参见第 4 步），或找到与原包边颜色相同的斜裁带。缝合斜裁带时，先将斜裁带展开，摆放在拼布被上，反面朝上。将拼布被的被边与斜裁带的外折边对齐。利用相应颜色的棉线和平针缝，沿折边内侧缝合。当斜裁带与拼布被的表布完全缝合后，翻折斜裁带包裹住被边，利用藏针缝与里布缝合。

6. 新缝补丁 对缝合好的补丁进行绗缝，使修复区域的质感和外观均与拼布被其他区域的织物保持一致。将拼布被绷入绣绷或压线框，无须过紧。利用纯棉手工绗缝线和小号缝针，模拟拼布被原本的绗缝长度和设计图案（范例中，每个正方形中均绗缝了"X"状线迹），将三层面料绗缝固定。

染　布

市售面料的色彩和色度可谓种类繁多，我们为何还要不辞辛劳地自己染布呢？亲眼见证面料由一种颜色渐渐转化为另一种颜色，且转化结果往往出人意料，也许这种与生俱来的好奇心就是最好的理由之一。

我们可以用手染工艺自制出绚烂华丽、独一无二的布料，这些在商店里难得一见。与批量生产的面料相比，手染面料呈现出的渲染效果不够均匀，但这却令手染布的魅力不降反增。此外，您还可以融入真正独到的染色技法，形成特有的图案和装饰，最终呈现出自己亲手创作的个性化效果。

从诸多角度而言，染布都是一件极具仪式感的大事件。我们需要在大大的盆盆罐罐中盛满染色液，然后将布料放入其中搅动，看着它们变色、滴滤，看着色彩从一点渲染到另一点。实际上，在这样一个为天然纤维添加色彩的体验过程中，您已经将按码出售且再朴素不过的布料产品提升为值得代代相传的珍贵纪念品。

基于世界各地手染布实践经验中获得的启发，本章为您介绍的染布技法均可确保其广泛适用性和真正令人满意的成品效果。我们将共同学习如何利用最基础的手染技法染制出纯色或印花布料；书中的多款精美作品均用到了此类手染布。此外，您还将学到巴提克印花法，我们选用了比传统方法更加简便的新技法，只需利用各种家居小物，就能为各种面料添加趣味盎然的设计图案。渐变图案染布法则会引领您体验色调深浅变化的乐趣。面料做旧与套染法能够将最新款的市售面料轻松转化为散发着浓郁岁月感的复古面料。

您可以快速浏览一下这部分内容，看看什么样的面料最吸引您的眼球。然后在某个周末，留出一个下午，开始享受在自家厨房或后院舞弄色彩的乐趣吧！

内容包含：

+ 染布基础工具

+ 手染布基础技法

+ 巴提克印花法

+ 面料做旧与套染法

+ 渐变图案染布法

染布基础工具

1. **纤维活性染料** 这种粉状染色剂可实现鲜艳亮泽的上色效果且持久不褪色。与轻质纯碱（碳酸钠）和温水（用于调色）混合后，纤维活性染料便可用于手染布料，也可进行机洗。

2. **非碘盐** 顾名思义，非碘盐当中不含碘，因而更适合搭配染料使用。在染料溶液中加入这种盐可防止面料排斥色素，最终有助于上色。有的染料无须加盐，请按照厂家说明书进行操作。

3. **量勺** 为了确保染料或其他添加剂的用量准确无误，量勺便成为我们完成此类任务必不可少的工具。

4. **通用染料** 通用染料用途广泛，分为粉剂和液体两种形式，须混入热水使用。这种染料的颜色通常没有纤维活性染料鲜亮持久；当您需要调配更为微妙精细的色调，或者所染面料无须频繁洗涤时，便可选用这种染料。通用染料可用于手染布料，也可进行机洗。当然，同样需要遵照使用说明操作。

5. **不会参与反应的水盆或容器** 在试染阶段，可选用搪瓷或全新的瓷碗来混合少量染料，直接手工浸泡面料（染料会在塑料、玻璃器皿或用过的瓷器上着色）。在进行大批量染色时，可固定使用几个不怕着色的塑料储物箱。

6. **橡胶手套** 为了保护双手，在染布、漂白、使用轻质纯碱和其他化学制品时，切记始终佩戴防护手套。

7. **牛皮纸、塑料布或罩单** 在混合染料前，先用纸张、塑料布或罩单遮盖住工作台面，以保护桌子、台面和地板。

准备工作

遵照如下四个步骤，能够帮助您将染布作品呈现出更为理想的效果。

正确选择面料 最适于手染布的面料是未经处理或加工的天然纤维面料，如100%棉布、麻布、亚麻或真丝（羊毛的上色过程需要加热处理，不属于本书讲授的内容）。有些未经处理的合成面料也可实现不错的染色效果。

预洗面料 所有面料在染色前均需进行预洗处理，以消除面料上的浆料、胶料（一种化学处理方法，用于强化和平顺面料）、其他可能会阻碍上色的涂料，以及面料上沾染的油渍和污垢。最好使用专业级的纺织品清洁剂进行洗涤，以实现彻底的无残留，但普通洗衣液也可使用。最后您还需要根据所选面料的特性，决定机器甩干还是自然晾干。

着装与自我保护 建议您在染布时穿旧衣服和鞋子，如使用粉状染色剂和化学粉剂，还需佩戴防尘面具。工作台面最好用罩单、塑料布或牛皮纸遮盖起来。

试染 在正式批量染布前，请先选用一块面料进行小批量试染，了解面料与染色剂的反应效果，以确定在大染盆中是否需要添加或减少染色剂的用量。

手染布基础技法

　　手染布是一种十分简单的工艺，伴随着染料和面料种类的不同，每件成品均会存在细微差异。染布时需要混入的染液剂量主要取决于面料的重量；本书范例中的剂量适用于226.8克重的面料。如果您对此没有很清晰的概念，可以大致参考一件T恤（约226.8克）或一条牛仔裤（约453.6克）的重量。建议您可以多多体验染料溶剂的调试比例，以便最终达到自己满意的配色效果。

上图中的颜色是利用竖条纹棉布和通用染料染制而成的，但这种技法同样适用于印花或纯色面料，也可改用纤维活性染料（请参照使用说明）。

浸泡面料　准备一盆热水，在正式开始染色前先将面料一直浸泡在热水中。这样有助于面料均匀着色。

准备染液　在另一个水盆或容器中倒入5.7升开水。加入90克盐，基本覆盖盆底。倒入通用染料（用量取决于您希望达到的色度，约为1.25~29.5毫升）；可以选用单色染料，也可以混色调染形成个性化色泽。用不会参与反应的搪瓷材质或金属材质的勺（染料会令木制或塑料勺着色）充分搅拌。

面料上色　将浸泡的面料取出绞拧，展开后慢慢浸入染色盆；注意面料应充分舒展。欲达到左图中的色泽，面料应在染盆中浸泡30分钟，每隔10分钟左右翻整一次。如果您准备试验不同的色度，可在30秒后查看一次，然后每隔2~3分钟再次查看。切记布料在浸湿状态下会显得颜色略深。

漂洗面料　为了清除多余染料和盐，染好的面料需经冷水漂洗，直至水变清澈为止。请根据面料性质决定用机器甩干还是自然晾干。

天然染料

　　在1856年发明合成染料之前，从装点凡尔赛宫的波斯地毯，到第一面红蓝双色的美国国旗，世界各国绝大多数最精美的纺织品均是利用天然染料染制而成的。目前天然染料仍是替代合成染料的明智之选，而且与过去天然染料的染色工艺相比，现代天然染料在染布前已经无须经过采集、晒干、分选、研磨、煮制、过滤等繁琐程序，使用起来便捷了许多。现代天然染料粉剂取自红花、茜根、苔藓、蘑菇等众多天然原料，实现精美的上色效果。甚至只要将散装茶叶包裹到粗棉布中，就能用来染布（您可以尝试利用洋甘菊染制柠檬黄，用珠茶染制淡绿色，用柑橘红茶、大吉岭或乌龙染制米黄色和奶油色）。切记天然染料比合成染料更具挥发性，遇到阳光或水时，天然染料极易渗出、褪色或变化。因而，使用天然染料时需要进行大量实验和试错。为了防止天然染料染制的纺织品变色或褪色，我们需要利用媒染剂来促进色素与纤维的结合。多数媒染剂均产自水溶性盐等常见矿物，且不同媒染剂各有与之相匹配的纤维。如果您希望体验这种染色工艺，建议您先从天然染料工具套装开始尝试，此类套装可通过网店购买。

巴提克印花法

巴提克印花法属于套染技法的一种，通过蜡和染料的不同覆盖方法，可在面料上创作出各种设计图形。这种手工艺最初源自印度尼西亚的爪哇岛，原本极耗人工，1 米较为精细复杂的爪哇风格印花布，染制时间可长达一年之久。本书介绍的速成法远没有这样复杂，但却同样可以体验到蜡染出时尚花布的乐趣。这里，您尽可以调动起各式家居小物作为简单的蜡印工具，如饼干模具、木钉、裱花头和烘焙模具等。

1. 熔蜡并印花　蜡的用量主要取决于待创作的图案；复杂或线条粗大的图案用蜡量较多，而稀疏的图案则用蜡量偏少。细而清晰的线条需要使用蜂蜡，避免使用石蜡，因为石蜡会产生龟裂效果。取少量蜡倒入套锅的上层小锅内，然后将小锅置于煮开的热水上直至蜡完全熔化；转小火慢煮，始终保持蜡的热熔状态。如果锅内的蜡开始冒烟，将锅从热水上取下。此时剩余的液态蜡应足以涂盖 0.6 厘米印花工具的底边。将印花工具置于热蜡中 30 秒；如印花工具呈扁平状，可借助镊子或晒衣夹将其取出。将印花工具在锅边轻刮一下，以去除多余的蜡液。若仍有滴落的蜡液，可将其滴在牛皮纸纸上，然后按照自己设计的图案印制面料。

2. 调试染剂并染布　在一个不会参与反应的大碗中混合染剂，比例约为每 3.8 升热水加入 118 毫升液态通用染料（调和粉剂型染料所需的热开水可直接将蜡熔化）。为了提升色牢度，可在染色盆中加入 120 克非碘盐并将其搅拌至完全溶解。根据所需色调，将面料在染剂中浸泡数秒至 20 分钟不等；使用一件不会参与反应的工具定时搅拌。将面料从染盆中取出，用纸巾吸除多余染剂，悬挂或平铺晾干；当面料完全晾干后颜色会明显变浅。

3. 清除残蜡　当面料晾干后，将其夹在纸巾、白报纸或牛皮纸之间，熨斗温度设置为最高档（无蒸汽），熨烫定型。其间需多次更换纸巾，直至所有残余的蜡液被完全清除。实在难以彻底清除的蜡液可进行干洗处理（这种方法尤其适用于真丝面料）。巴提克蜡染面料应小心手洗（切勿漂白）并自然晾干。

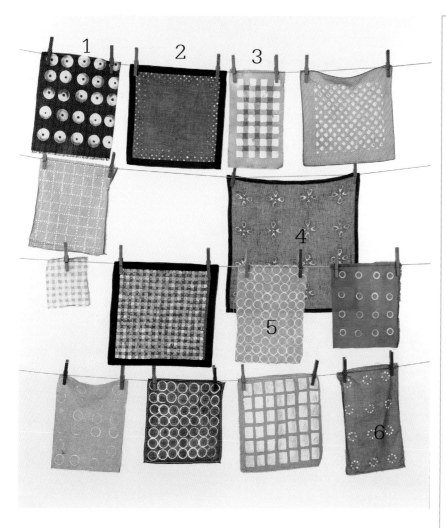

印花工具

在染制巴提克印花面料时，厨房抽屉与针线盒是搜寻不同形状印花工具的好去处。

1. 木制线轴

适于印制宽边环形。

2. 木棍

适于印制波尔卡圆点。

3. 木块

适于印制正方形（包括方格花布）。

4. 饼干模具

适于印制泪滴状或其他形状。

5. 烘焙模具

适于印制窄边环形。

6. 空心裱花嘴

适于印制小圆圈。

方格花布巴提克印染法

我们可以利用各种尺寸的木块来创作方格图案。

在白布下方平铺一张坐标纸，作为标尺使用。用蘸蜡的木块印制网格状图案，确保方格尺寸和间隔尺寸完全一致，然后将面料在染剂中短暂浸泡约20秒。

无须将蜡清除，继续用蘸蜡的木块印制第二层网格，横竖均需与第一层网格中的正方形对齐。将面料在染剂中浸泡20分钟。

面料从染剂中取出，蜡液仍保留在面料上。按照第68页讲述的方法清除残蜡。第一次浸染是形成方格图案的关键，其间形成的浅色方格与周边的白色和深色方格形成了鲜明对比。

面料做旧与套染法

　　只需利用简单的漂白和套染技法，我们就可以将色泽鲜亮的印花布转化为古风古韵的珍藏品。为了将面料的颜色进行柔化处理，需要先将面料浸泡到漂白剂与热水的混合液中，然后再浸入氯中和剂。接下来，便可以按照自己的意愿为面料套染各种不同颜色。请切记使用 100% 天然面料，即使混入少量涤纶也会妨碍面料的做旧效果。您选用的面料应以亮色或中等色度为主，处理前需经过预洗和晾干流程。

面料做旧

准备染剂　您需要准备三只大号塑料收纳箱。戴好橡胶手套和围裙，选择一处室外或通风良好的工作区域并铺上罩布。在第一只大箱子里，按照氯漂白剂和热开水 1∶10 的比例调兑；漂白盆中的水量应足以完全浸没面料。往第二只大箱子中倒入冷水。按照厂家说明，在第三只大箱子中混入氯中和剂（泳池设备公司或网店有售）与水。中和剂可有效终止面料进一步褪色，并消除氯的气味。

漂白面料　将面料在热水中浸湿，然后浸没到调兑好的漂白剂中。注意密切观察，切记面料在浸湿状态下会比晾干后颜色略亮。整个褪色过程通常会持续 10~15 分钟。如果您不确定面料合理的浸泡时长，建议以宁短勿长为准则。若 15 分钟后仍未达到您的预期效果，可再稍加延长。漂白剂与水的调兑比例切勿超过 1∶5。

漂洗面料　将面料浸入冷水盆中绕圈搅打，充分漂洗。然后将面料取出，拧干至不再滴水。将面料转入盛有氯中和剂的大盆中，依据厂家说明充分浸泡。清洗干净后依据面料性质决定机器甩干或自然晾干。

面料套染

准备染剂　在一只大塑料收纳箱中注入热水、通用液态面料染剂和非碘盐，调兑比例为每 226.8 克面料需要约 5.7 升水、2.5 毫升染剂和 120 克盐（如果计划染制更大的面料，则可将用量逐倍增加）。第二只大塑料箱中注入冷水。

套染面料　将褪色处理后的布料在热水龙头下冲洗浸湿。依据染料说明书的指导将布料浸入第一只染色盆，直至布料充分上色，耗时约为 10~45 分钟。如需加深颜色，可补加数滴染剂。

漂洗面料　将面料在冷水盆中充分漂洗。按照染剂说明书进行清洗并晾干。

小贴士

　　如果条件允许，尽量先进行不同时间间隔的小批量试染。若您希望染制出与选定样本完全相同的色调，可将样本浸湿，然后密切观察漂白或套染溶剂中的面料状态，在达到浸湿样本的相同效果后取出面料。每次开启新的染布任务前需先更换盆中的溶剂。

面料漂白前后对比

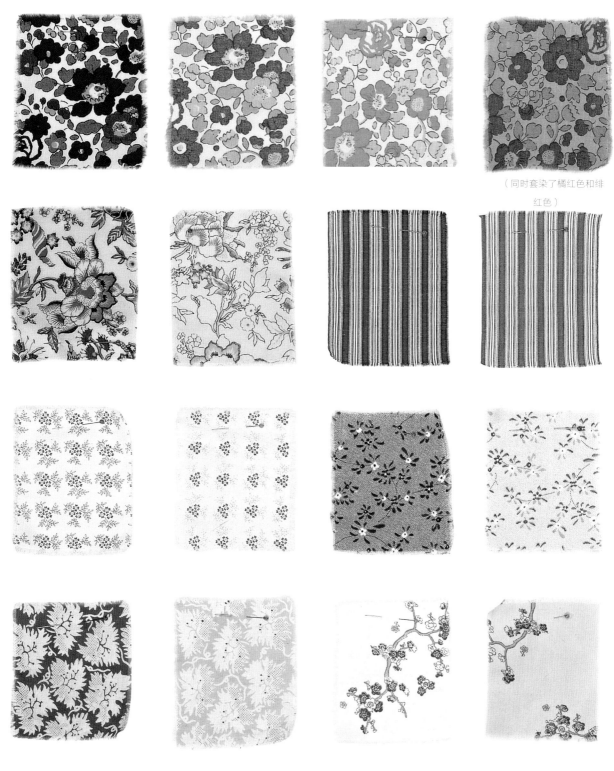

（同时套染了橘红色和绯
红色）

（同时套染了粉色）

渐变图案染布法

　　"渐变染"译自法语"Ombre"，原意为"渐变色"，是一种实现颜色由浅入深，形成渐变效果的染布方法。色调的变化强度成为这种技法的特有标志，其魅力正在于成品效果的不确定性。通过对色调的混合调配，我们几乎可以打造出无限量的独创色。白色或浅色市售面料及自制面料均可用于渐变染。

　　为了呈现出亮丽的色泽，这里选用了纤维活性染料。这种染料需要添加苏打粉稳定剂（也称为"碳酸钠稳定剂"），以提升染剂溶液的碱性，从而有利于固色。苏打粉稳定剂通常在染色的最后阶段添加，但这里改为先行添加，这是因为在染制过程中，面料没有完全均匀浸入染剂。请牢记，面料每经过一次清洗，便会产生轻微褪色。在下面介绍的染色方法中，染色剂的调兑比例适用于226.8克面料，如面料重量增加至453.6克，请将盐、水、染剂和苏打粉稳定剂的用量同比翻倍。

　　一块四重渐变染亚麻布板便足以成为一幅魅力四射的艺术展板。图上的四块布板全部采用淡蓝底色，但经过套染后，每一块又分别呈现出鲜明的个性。染制类似布板的方法：按照画布框（美术用品店有售）尺寸裁剪面料，四边需在实际边长基础上各增加15厘米；将面料横向对折，以便在顶部和底部形成相同的渐变效果；用珠针固定各层面料，标记出渐变色基准线，然后按照对页说明进行染制；将晾干的面料熨平，用钉枪固定到画布框上即可。

浸泡面料 使用专业纺织品洗涤剂清洗 100% 天然纤维面料并晾干。将工作台面和地板遮盖塑料罩布。取 226.8 克面料用水浸湿，拧干至不再滴水即可。将面料展平。

固定面料 确定好渐变色带的宽度，用珠针沿面料左右两侧直线固定，标记出基准线（请确保精准定位）。将待染色区域平均分为五份，用珠针标明间隔。分隔区域越多，渐变色段越细微；分隔区域越少，不同色调间的分隔线越明晰。

准备染剂 在水池或浴盆旁准备一个宽大且不会参与反应的塑料收纳箱，用于盛放染料溶液。先在收纳箱中倒入 5 升温水，然后兑入 362 克非碘盐搅拌至溶解（建议溶液深度至少达到 10cm）。佩戴好橡胶手套和防护面具（有的染剂可能有毒性），量出 7.5 毫升纤维活性染料，并将其倒入一个不会参与反应的小碗中。加入 5~10 毫升温水，使用一件不会参与反应的工具搅拌至糊状。缓缓加入 236 毫升温水，继续搅拌至染料完全溶解，混合液形成浆状。将浆状液体倒入染色盆，搅拌至完全混合。量出 2 汤匙加 40 克苏打粉稳定剂，倒入另一个不会参与反应的碗中。缓缓加入 473 毫升温水，搅拌至完全溶解（由于稳定剂具有腐蚀性，应严格避免液体喷溅）。将苏打粉稳定剂混合液加入染料溶液，

搅拌约 30 秒，或按照厂家说明书操作。调好的染料溶液时效为 1 小时，不得重复使用。

染制面料 将准备好的面料向下缓缓浸入染料溶液，浸没至最高层珠针处为止；保持浸泡 30 秒（浸湿的面料易于上色，从而形成模糊的渐变层）。向上提升面料，直至溶液表面与第二组珠针对齐；保持浸泡 1 分钟。继续向上提升至第三组珠针；保持浸泡 5 分钟。剩余两层珠针同样操作，各浸泡 5 分钟。去除珠针。

漂洗面料 将染好的面料小心转入一个宽大且不会参与反应的水池或浴盆。注入凉的自来水，轻轻搅打漂洗，拧干。重复操作，直至漂洗后的水完全清澈为止。利用专业纺织品洗涤剂将面料热水机洗，去除多余染料。机器甩干或自然晾干。

印　花

　　将优美图案转化为纺织品以提升织物表面图案和边饰的美观度，这种行为可谓体现了人类亘古不变的装饰欲望。由于仅采用了最简单最基础的工具和材料，色调上自然不够完美，不够统一，但这种难以避免的结果反而为面料增添了独到的美感。所有不完美恰恰是对手作最朴实无华的印证，难以伪造。事实上，正是这种手工印花技法中呈现出来的不规则性使得此类作品魅力倍增。

　　本章为您讲授的技法仅需使用最基础的材料和可洗颜料，具体包括模压印花、雕版印花和漏板印花。利用这些技法，您便可以亲自为窗帘等商店购买的布艺用品添加与众不同的装饰，或者在缝制作品前先对市售面料进行个性化改造。

　　当我们选择印制图案的面料时，请聚焦于天然纤维面料。一定要对面料进行预洗处理，以彻底去除胶料（一种临时封涂面料，使其更具光泽度的处理工艺），因为胶料会阻碍色素的吸收。无论利用本章介

绍的哪种技法进行印花，面料事先均需熨烫平整；即使最微小的皱褶也会导致图案扭曲变形。此外，建议您选用平纹织布，这种面料有助于实现最清晰可控的模压、雕版或漏板印花图案。

　　手工印花面料之所以能够凭借色彩和色度上的细微变化而广受喜爱，部分原因在于这些元素能够展现出创作者的艺术表现力。不过，如果当您精心完成作品，准备小小炫耀下自己的手艺时，却没有人相信这是您亲手创作出来的，也不要过于惊讶哦！

内容包含：

+ 面料印花基础工具

+ 面料压模印花法

+ 面料雕版印花法

+ 面料漏板印花法

面料印花基础工具

1. **切割垫板** 在裁切漏板和模板时，需使用这种既柔韧又坚固的垫板。

2. **纸胶带** 纸胶带坚韧耐用，可用于将模板、漏板和面料彼此固定，或固定到工作台上。与胶纸不同，纸胶带撕除后不会留下任何余胶。

3. **模板** 我们可以利用模板制作面料印花漏板或创作橡皮砖的雕刻图样。有关模板制作与使用的更多方法，请参见第 30 页。

4. **水纸** 利用模板制作面料印花漏板时，可使用这种特殊纸张（也可使用聚酯胶带"Mylar®"）。

5. **手工刀** 手工刀尖锐锋利，便于操作，尤其适合裁切精细的漏板图案和模板。

6. **布彩颜料** 水基布彩颜料色彩缤纷，压模、雕版和漏板印花均可使用。详细介绍请参见左下角文本框。

7. **橡皮章** 利用橡皮章可轻松雕刻出无穷无尽的装饰图案，方便您为面料添加独特韵味。植物图案，如树叶印制到面料上尤显优雅。为了实现最佳印花效果，印章最好选用线迹分明的图案。

8. **布彩印台** 布彩印台专门用于面料印花，这种墨水需配合熨斗加热定型。

9. **天然海绵** 质地柔软且自带纹理的海绵可高效吸收颜料，在面料上轻轻拍打，便可形成漏板印花图案。

10. **工艺画笔** 雕版印花时，鬃毛排刷最适合用来在雕刻好的橡皮砖上涂抹颜料。

11. **调色刀** 调色刀可在添加颜料或混合颜料时使用。

12. **泡沫工具** 使用泡沫软刷和滚子在不同物品上涂抹印花颜料十分便捷。

13. **调色板** 在调色和印花时，这种包裹塑料裱膜的白色厚纸板可用于盛放颜料。

布彩颜料

与劣质颜料相比，优质布彩颜料和墨水的优势在于印花效果的持久性。多数家用布彩颜料均为水基颜料，利用熨斗在面料背面熨烫即可实现热定型。一旦定型，便会形成永久性的印花图案。未经稀释时，这种颜料可形成不透明的颜色，适合在黑色面料上印花。不过，这种颜料也可通过无色体质颜料（美术用品商店有售）稀释为半透明状。布彩颜料在常态下带有金属质感和夜光功能，可混合出个性化的色彩。如果在调色盘上进行调色，为了防止颜料变干，暂不使用时需在调色盘上包裹保鲜膜或装入密封容器内保存。调色过程中，请逐次少量添加颜料，直至得到自己想要的准确色调为止。总而言之，随着颜料变干，色彩的浓度或亮度都会有所变化，因此建议您在正式印花前寻找一片隐蔽区域进行少量试印。可通过手工用品商店和网店购买优质颜料。

面料压模印花法

天然纤维布料、织物或其他任何面料均可添加印花图案。欲打造微风徐徐的夏日场景，可尝试在清透纤薄的印度棉布或巴里纱上印制夏日主题的图案。如需更具质感的效果，可在羊毛毡面料上印制图案。水洗不脱色的布彩颜料将确保您创作出的精美印花持久靓丽。关于构图方式，您既可以选择通版印花，也可以选择边饰印花。若想打造更为醒目的效果，还可以印制单幅图案。

印花面料的最佳选择

总体而言，未经处理的天然纤维面料最适合手工印花。选择面料时需确保布料上未添加防污渍涂层或其他有可能阻碍颜料着色的处理工艺。人造丝或涤纶等合成面料不适合用于手工印花，由于此类面料无法经受高温熨烫，因此不可能在确保面料完好无损的前提下实现布彩颜料或印花墨水的热定型。

遮盖工作台面　在正式动手前，我们需要先用大毛巾或牛皮纸将工作台面遮盖起来。如果您准备使用立体物品印制布料（如图示中的贝壳），可选用毛巾作为遮盖物。如果您准备使用平面物品印制布料，如土豆或苹果切片（参见第115页），可选用纸张作为遮盖物。无论采用何种方式，最终目标都是为后续印制图案时提供一个牢固却又不会过于坚硬的台面，便于布料"吸收"颜色。

准备颜料和布料　将备用的布彩颜料取出摆好。如果您希望通过调色打造出新的色调，建议利用调色盘进行配色。如果印花面积较大，则需改用调色罐。取一片试印用的布料，平铺在毛巾或牛皮纸上。

涂抹颜料　借助泡沫滚子或排刷在用来印花的物品上部分或整体涂刷颜料。

印花　如果用平面物品印制面料，如土豆切片、苹果切片和树叶，可像使用橡皮章一样，直接在面料上压实印花。如果使用立体物品，如贝壳，可能就需要微微滚动物品才能完整印制出图案细节。当您对试印的图案感到满意后，便可将正式印制的面料平铺到毛巾上并开始印花。如果您使用的立体印花模板纹路精细，如橡皮章，可将面料倒扣在印章上，用手指按压，印制出来的图案效果会更为理想。无论采用哪种方法，每印制一次，模板的清晰度就会变弱，需要补充颜料。请按照使用说明将颜料晾干并定型。用于印花的物品需使用温水和洗涤剂进行清洗晾干，然后才能再次使用。

面料雕版印花法

　　虽然传统的雕版印刷技法主要是利用墨水在纸张上印制图案，但布彩颜料的出现使得这种手工艺同样适用于市售布料或布艺品的印花装饰。雕版印花布料可呈现出绝佳的手作风格。利用橡皮砖这项主要工具，我们便可创作出各种自己喜爱的图案。刻刀是用来在橡皮砖上雕刻图案，呈现效果既可以优雅精美也可以简约醒目。这种技法适用于任何平织或无纺类天然纤维面料。

1. 转印模板　　打印橡皮砖印花模板（参见附赠图样），或自行绘制图样，然后剪切（有关模板制作与使用的更多方法，请参见第30页）。将一片转印纸平铺在模板上。用石墨铅笔描拓图样（您还可将待刻除的部分涂为阴影区）。将橡皮砖置于平稳的工作台面上。转印纸绘制图案的一面朝下，平铺在橡皮砖上，借助纸胶带进行固定。利用压痕器（一种装订工具，手工用品商店有售）紧贴橡皮砖摩擦整个转印纸表面。去除转印纸和纸胶带。

2. 雕刻橡皮砖　　手持刻刀，刀刃凹陷一侧朝上，刻除标记为阴影的区域。注意小心慢刻，由浅入深。利用带有 V 形刀刃的刻刀雕刻出图案的轮廓线并处理更多细节。更换 U 形刻刀刻除较大区域。一只手雕刻，另一只手进行引导，辅助清除刀刃前的一切阻碍。

3. 印花　　利用小号鬃毛画笔将橡皮砖未刻除的表面涂满布彩颜料。注意颜料的涂抹笔触尽量保持一致，面料上将隐约可见这些笔触，令图案倍添情趣。如果橡皮砖的缝隙处积聚了过多颜料，可利用纸巾折角将多余颜料吸除。先在纸片上进行试印，然后再转至布料上正式印花。每次印花前请重新加涂颜料。如需更换颜料色彩，先利用湿布将橡皮砖擦净，必要时，还可使用温和无酒精的去污剂。晾置约 15 分钟。根据颜料的使用说明，用熨斗将颜料定型。如面料材质允许，可进行机洗并甩干。

面料漏板印花法

　　适于漏板印花的图案可谓创意无限，而将其融入缝纫和布艺手工作品的方式同样无穷无尽。天然海绵是控制颜料用量的最佳工具。用涂抹颜料的海绵轻拍漏板（注意垂直用力），可以防止颜料从漏板侧边渗出，避免造成印花效果模糊不清。

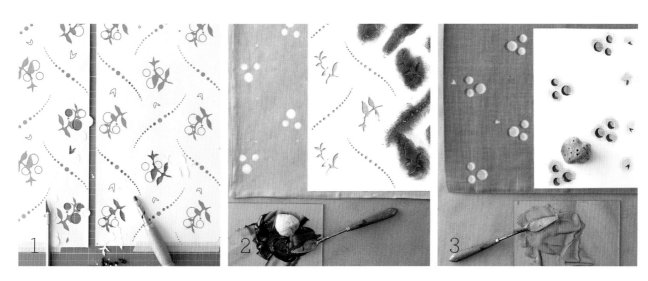

1. 制作漏板　利用纸胶带先将模板贴在防水纸上，再将其固定到切割垫板上（上图为漏板印花的亚麻枕套，分别套印了白色和粉色圆点以及黑色树叶，成品请参见第295页）。裁剪模板图样；利用手工刀切刻出树叶和 V 字形图案，利用日式打孔机（配有不同规格的打孔附件）打出渐变圆点。取下模板丢弃，留下的防水纸便可当作漏板使用。

2. 印制非透明图案　以牛皮纸遮盖工作台面，利用纸胶带将面料固定在铺好的台面上。漏板置于面料计划装饰的区域。用纸胶带固定。将布彩颜料挤到调色板上。如果您希望调配个性化的色调，此时可在调色板上进行调和。使用一块干净的天然海绵，将颜料轻拍到漏板镂空内。一般而言，最好按照从左至右、从上至下的顺序上色。晾置约 3 分钟。按照需要，以相同方法印制面料的其他区域。范例中，先印制了白色圆点，待颜料晾干后，再分

次印制黑色树叶和渐变圆点。在完成漏板印花后，根据颜料使用说明用熨斗将颜料加热定型。

3. 印制半透明图案　为了打造出图案的半透明套印效果，可利用无色体质颜料对布彩颜料进行稀释。范例中，浅粉色圆点便套印在非透明的白色圆点上（这种效果的调配比例为 1 份粉色颜料、仅起到提亮作用的少量橙色颜料和 3 份无色体质颜料，在调色盘上混合调匀）。如需继续套印其他漏板印花图案，先将漏板对齐图案，然后微微偏移，形成错位效果。使用一块新海绵，在漏板上轻拍颜料。晾置 3 分钟。移动漏板，重复印制，直至完成所有图案。根据颜料的使用说明用熨斗将颜料加热定型，机洗并自然晾干。

作　品

作品：
动物玩偶（*Animals*）

与全球大批量生产的玩偶相比，手工制作的填充动物如同一缕新风，广受喜爱。这种手缝小物耗材极简却个性十足，仅需一个周末便可轻松完成且充满乐趣。开始时，我们可以先尝试用男装面料缝制一对小兔子，或根据孩子的画作缝制一款独一无二的小怪物。还可以赋予旧衣物重生的机会：将几乎抛到脑后的旧毛衣经过机洗毡化处理和简单裁剪，制作成毛茸茸的农场小动物，找不到另一半的单只袜子则可以轻松转化为不同品种的可爱狗狗。

无论摆放在家用婴儿车上、双层儿童床上，还是野营帐篷里，这些让人忍不住想拥入怀中的小动物都是送给至亲好友的绝佳礼品。感觉这些动物缝制起来难度很大吗？再想想。这其中的许多作品简单到小孩子都可以亲手制作，而且任何奇奇怪怪的不完美之处都只会令作品魅力倍增。所以，在认真学习如下制作方法的基础上大胆进行变通吧。面部表情尽可以夸张搞笑。废旧的面料尽可以自由混搭。最最重要的是，尽管让各种奇思妙想成为自己的创意源泉吧！

内容包含：

+ 男装兔　　　　　　　　　　+ 手绘填充精灵

+ 毛毡动物　　　　　　　　　+ 袜子狗狗

男装兔（对页）：这对人见人爱的填充兔是利用传统的男士细条纹和人字纹图案羊毛法兰绒面料制作而成的；耳朵则选用配色协调的纯棉衬衫布作为内衬。眼睛和鼻子只需利用多股丝绵绣线简单平缝一针即可。

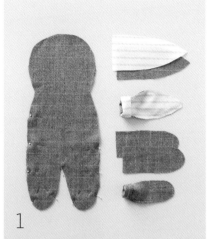

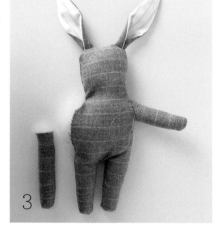

男装兔 <small>参见第 83 页图片</small>

　　制作甜蜜可人的兔子玩偶时，老式服装面料是一种非常规但却别具魅力的选择。耳朵内亮丽的纯棉衬衫布带来了颜色上的跳跃感，效果出人意料。

制作材料：

　　基础缝纫工具、男装兔图样、男装面料（如羊毛法兰绒和纯棉衬衫布）、填充棉、丝绵绣线、绣花针。

制作方法：

1. 打印图样（参见附赠图样）并裁剪。利用羊毛法兰绒剪出两片兔子身体、四片手臂、两片耳朵。再利用纯棉衬衫布裁剪两片耳朵。将两片手臂正面相对，用珠针进行固定；沿 0.6 厘米缝份进行缝合，保留底部作为翻口。另外两片手臂同样缝合，再缝合耳朵，一片羊毛布和一片衬衫布拼合为一只耳朵，底部作为预留翻口。将手臂和耳朵均翻至正面。缝边熨烫平整。将两片身体正面相对，用珠针固定。在领口下方，一侧预留 2.5 厘米开口，另一侧预留 5 厘米开口，用于拼接手臂。

2. 沿 0.6 厘米缝份缝合身体领口以下部分。利用剪刀，在双腿交接区域打剪口。将耳朵内折，使底边微微交叠，用珠针与身体固定。珠针固定并将头部缝合。

3. 将身体翻至正面。身体和手臂分别塞入填充棉。将手臂与身体手工缝合，多余翻口藏针缝合。最后用珠针标记眼睛和鼻子的位置；利用丝绵绣线，以一针平针缝勾勒出表情（参见效果图）。

毛毡动物

如果您最喜欢的羊毛衫出现了破洞或机洗缩水的现象，可将其进行机洗毡化处理，然后缝制成1~2只农场小动物。机洗毡化方法参见第86页，小猪和小鸡的制作方法参见下页。

毛毡小羊

一只费尔岛图案的毛绒小羊是送给宝宝或小朋友的完美礼物。

制作材料：

基础缝纫工具、毛毡小羊图样、经机洗毡化处理的羊毛衫（可多件）、填充棉。

制作方法：

1. 打印图样（参见附赠图样）并裁剪。在毛毡布料上剪出下腹部。为了使羊腿能够站立，先沿实线后折，再沿虚线缝合。然后剪出一片侧面，翻转图样，再裁剪另一片侧面（形成镜像）。将一片侧面与下腹部正面相对，沿0.3厘米缝份在底部缝合，由颈部向尾部，调整下腹部曲线与之对应。将另一片侧面与下腹部的另一边缝合，从而将下腹部夹缝在两片侧面之间。裁剪两片尾巴，正面相对缝合，底部预留翻口。将尾巴翻至正面并塞入填充棉。

2. 在嘴部缝一道褶。将尾巴朝内，夹在两片侧面之间，珠针固定。沿小羊顶部缝合侧面，在背部和头顶各预留一处开口。剪出四片耳朵和一片脑门。每两片耳朵为一组，正面相对缝合，底部预留翻口；翻回正面。封盖头部：先用珠针将一只耳朵固定到头部，尖头朝前夹在脑门与头部之间。由正面开始，沿头顶缝合，至背部结束。珠针固定另一只耳朵，继续沿头部缝合。将小羊翻至正面。将填充棉撕成小片后填入小羊，以防形成肿块状棉团。藏针缝合背部翻口。利用蒸汽熨斗整理小羊，调整形态并使填充棉更加蓬松。

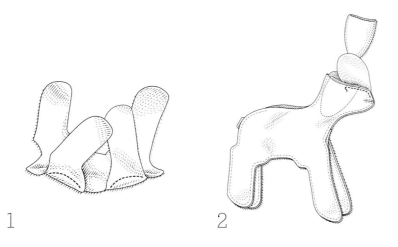

1

2

毛毡小鸡

　　任何旧毛衣都可以化身为圆鼓鼓的可爱小鸡，第85页图中的成品便是利用一件经过机洗毡化处理的扭花针织毛衣缝合而成的。一件小毛衣大概可以缝制两只小鸡，较大的毛衣则可缝制更多动物。

制作材料:

　　基础缝纫工具、毛毡小鸡图样、经机洗毡化处理的羊毛衫（可多件）、干豆子、填充棉。

制作方法:

1. 打印图样（参见附赠图样）并裁剪。在毛毡布料上剪出一片侧面；翻转图样，剪出另一片侧面，与第一片形成镜像。裁剪下腹部。正面相对，在下部区域沿 0.3 厘米缝份将一片侧面与下腹部缝合，由颈部向尾部调整下腹部曲线与之对应。

2. 将另一片侧面与下腹部的另一边缝合，从而将下腹部夹缝在两片侧面之间。裁剪出肉髯和鸡冠。

3. 将肉髯和鸡冠朝内，分别夹入头顶和颈部之间，用珠针固定。沿顶部缝合，预留出添加填充棉的开口。

4. 将小鸡翻回正面。在毛毡上剪下四片翅膀。正面相对，缝合两片翅膀，顶部预留一处小翻口。翻回正面，手工缝合翻口，然后与身体衔接缝合。用相同方法缝合另一只翅膀。利用毛衣碎片缝制一个小袋，装入一把干豆子并缝合。将袋子塞入小鸡底部，用于增加底部重量，使小鸡保持平衡。将填充棉撕成小片后填入小鸡，以防形成肿块状棉团。用藏针缝缝合翻口。利用蒸汽熨斗整理小鸡，调整形态并使填充棉更加蓬松。

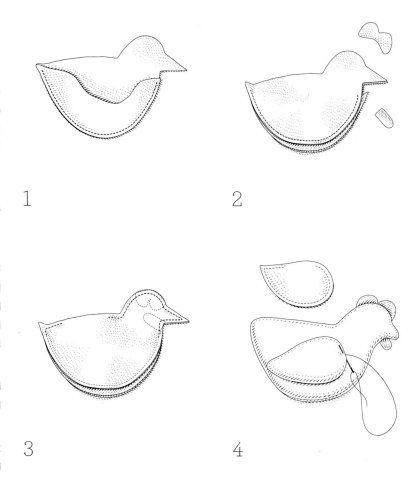

1

2

3

4

机洗毡化处理

　　羊毛经热水机洗并甩干后纤维将会相互缠结，形成柔软厚实的毛毡。机洗毡化的羊毛衫是绝佳的手工材料。您可以选用自己穿旧的羊毛衫，也可以选用二手店里被丢弃的羊毛衫。机洗毡化的方法是先用热水机洗羊毛服饰，然后再高温甩干。为了防止毛衫对洗衣机和甩干机造成伤害，可将衣物放入洗衣袋中清洗（您可能需要经过多轮清洗和甩干）。当面料被剪刀剪开后不再脱线时，便说明已经毡化。如果毛衫上带有图案，可以将图案呈现到作品当中。

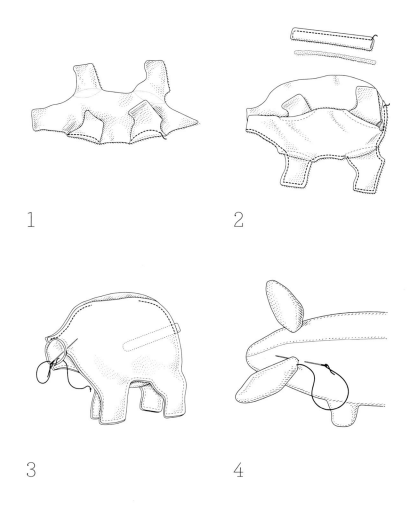

1

2

3

4

毛毡小猪

　　相信在任何一群动物中，第 85 页上的红灰双色菱形纹小猪都一定能够脱颖而出。我们可以利用扭扭棒塑造出小猪独有的螺旋尾巴形态。

制作材料：

基础缝纫工具、毛毡小猪图样、经机洗毡化处理的羊毛衫（可多件，毡化方法参见对页文本框）、扭扭棒、填充棉、铅笔。

制作方法：

1. 打印图样（参见附赠图样）并裁剪。在毛毡上剪出下腹部。为了使腿部能够站立，先沿实线向后折，再沿虚线缝合。

2. 裁剪一片侧面；翻转图样，剪出另一片侧面，与第一片形成镜像。将一片侧面与下腹部正面相对，沿 0.3 厘米缝份在底部缝合，由猪的吻部向尾部调整下腹部曲线与之对应。将另一片侧面与下腹部的另一边缝合，从而将下腹部夹缝在两片侧面之间。剪出尾巴，纵向对折，从而使正面相对，由一端沿边线缝合，直至将另一端开口处缝合封闭。翻回正面。将一根扭扭棒插入尾巴；开口端缝合。

3. 将尾巴朝内，夹在两片侧面之间，用珠针固定。沿小猪顶部缝合，在吻部和背部预留开口。裁剪鼻头并将其与吻部正面相对，手工缝合。

4. 将小猪翻回正面。将填充棉撕成小片后填入小猪，以防形成肿块状棉团。用藏针缝缝合背部。剪出四片耳朵。每两片一组，正面相对缝合，每只耳朵的底部留作翻口；翻回正面并将翻口缝合。将耳朵底部对折，疏缝固定。耳朵与头部手缝衔接。将尾巴环铅笔缠绕成螺旋状。利用蒸汽熨斗整理小猪，调整形态并使填充棉更加蓬松。

填充棉

　　填充玩具大多有着毛茸茸、圆鼓鼓的身体。您可以在手工用品商店、布料商店和网店购买填充玩具（或其他填充作品，如枕头）所需的填充棉。最常见的品种为涤纶棉，不仅价格亲民，而且可以机洗。如果您更偏爱天然材料，也可选用纯棉或羊毛填充物。与涤纶棉相比，天然棉花质地更为紧实，但也可机洗；羊毛填充物则更适合制作儿童玩具，因为羊毛具有天然保暖、阻燃和抗菌作用。羊毛填充动物需要冷水手洗，自然晾干。

手绘填充精灵

任何用画笔绘制到纸上的形象，无论是真实的还是想象中的，都可以制作成填充玩具。小孩子们尤其喜爱将自己的绘画作品转化为立体玩偶。大人们可以帮助小宝宝缝制出他们的涂鸦作品，而大一点的孩子则可以自己绘图并亲手缝制。这种作品是充分利用各种碎布头的绝佳途径。

制作材料：

基础缝纫工具、纸张、水笔或铅笔、各式棉布和毛毡布、填充棉、扭扭棒、毛线、丝带和纽扣（可选）。

制作方法：

绘制出一个形象，等比例扩印或缩印。仅裁剪出需要填充的部位；可根据自己的设计将耳朵和四肢更换为其他材料，分别缝合衔接。图样正面朝下，用珠针固定在双层面料上。利用水消笔绘制图样，整周添加 0.6 厘米缝份；将双层面料同时裁剪。取下珠针。将五官和装饰缝合到一片面料上（该片面料将作为正面使用）。将两片面料重新用珠针固定，带有五官的一面朝内。将两片面料沿0.6 厘米缝份缝合，手缝或机缝均可，为填充棉预留一处开口。翻回正面，塞入填充棉，手工缝合翻口。分别添加耳朵、四肢和其他毛毡布装饰、扭扭棒、毛线、丝带或纽扣等。

袜子狗狗

制作方法见后页

袜子狗狗

只需利用一个下午和一些基础的缝纫工具，就可以使一双穿坏的袜子变身为一只友善的小狗。不同类型的袜子适合制作不同品种的狗狗：棕色及膝袜适于制作腊肠狗，波尔卡圆点袜则是缝制斑点狗的天然好材料。只需稍加改变，就可以为狗狗的形态带来诸多变化。例如，尝试把腿变短，把尾巴变长，或者把耳朵懒懒地耷拉下来。扭扭棒可以使耳朵或尾巴硬挺起来，便于塑形。如果希望狗狗保持坐姿，可以将后腿前折，并在身体下方略微缝合固定。

制作材料：

基础缝纫工具、袜、填充棉、扭扭棒（可选）、纽扣。

制作方法：

1. 将一只袜子翻至反面。脚踝部分将用作后腿。剪下袜口：剪掉的部分越多，狗狗的腿就越短。

2. 将袜子展平，脚跟朝上。由袜边向脚跟处，将脚踝部分一分为二剪开。分别缝合开口，形成两条后腿。在脚跟处预留一个小开口，用于塞入填充棉。

3. 将袜子翻回正面，添加填充棉。一边塞入填充棉，一边拉伸塑型，整理好身体与后腿的形态。

4. 颈部向后折，缝合固定姿态。将爪部开口处缝合；弯出爪子形态并缝合固定。边对边缝合开口处。

5. 根据图示，将第二只袜子裁剪为五个部分。若需改变耳朵、腿和尾巴的长度，可对标记线进行调整。

6. 将头部套在颈部上并缝合固定。将填充棉撕成小片，以防形成肿块状棉团，然后由狗鼻开口处填入。

7. 缝合鼻部。将袜边内折，形成一条弧线，然后再进行缝合。

8. 根据图示，将耳部展平并裁剪。耳朵反面朝外卷折并缝合，底部保留作翻口。翻回正面，缝合翻口，与头部缝合衔接。

9. 前腿分别反面朝外卷折后缝合，底部留作翻口。翻回正面，塞入填充棉，缝合翻口。将两条前腿与身体缝合衔接。弯折前爪并缝合固定形态。

10. 尾巴反面朝外卷折并沿边线缝合，底部留作翻口。翻回正面并塞入填充棉，或插入一根扭扭棒，使尾巴保持挺直，然后与臀部缝合固定。

11. 带有双扣眼的纽扣最适合用作眼睛。选用不同颜色的缝线进行缝合，塑造出瞳孔图案。选取带柄纽扣或带有两个大扣眼的纽扣作为鼻子。

牛头犬版本

（第89页，右上图）

将头部（含脚趾部分）与身体缝合衔接，足跟朝前；足跟部位将作为口鼻部，脚趾部位将作为耳朵。沿脚趾边缘裁剪出耳朵形状，与头部衔接的两只耳朵应呈尖头形态。头部塞入填充棉，下颌部需额外加大填充量。沿耳部将剪口缝合。口鼻部向内推塞，缝合固定中心折线。按照左侧所述方法完成狗狗的缝制。

腊肠犬版本

（第89页，左下图）

由于这款狗狗修长的身体裁剪自及膝袜的腿部，因此腊肠犬的裁剪和缝制方法自第4步起将有所不同。剪掉袜口，取袜子足部的中间位置，剪掉脚趾部分。足部剩余的部分将作为狗狗后腿。将足部一分为二剪开，剪至足跟底部为止。沿开口边线分别缝合，形成后腿。由身体开口处塞入填充棉。按照左侧第5步的方法缝制头部。在第6步中，将头部套在身体开口一侧并缝合。依照所述方法继续缝制狗狗。制作耷拉的长耳朵时，在袜子脚趾部位裁剪两片长长的椭圆形。将耳朵正面相对进行对折。缝合并在底部预留翻口翻回正面，缝合翻口，将耳朵与身体缝合衔接。按照左侧所述方法完成狗狗的缝制。

斑点狗版本

（第89页，左上图）

剪下袜子脚趾部分，一分为二裁开。沿长边缝合（底部留作翻口）。耳朵与头部缝合衔接。按照左侧所述方法完成狗狗的缝制。

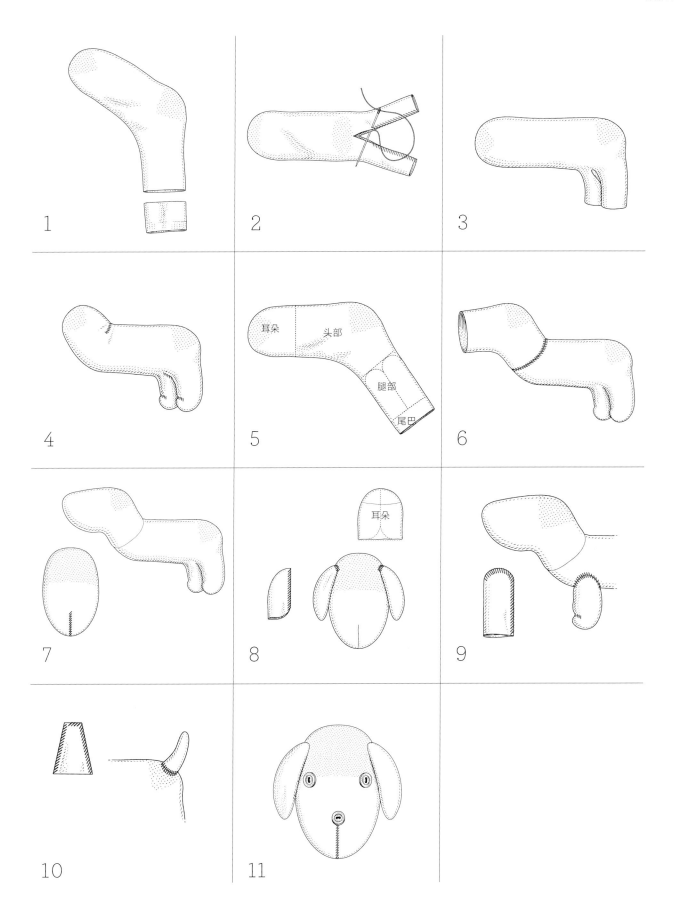

1

2

3

4

5 耳朵 头部 腿部 尾巴

6

7

8 耳朵

9

10

11

作品：
围 裙 (Aprons)

　　围裙算是最适合速成的缝纫作品了，因而我们可以留出更多时间来尝试各式各样的创意装饰。这里介绍的围裙款式大多带有实用的口袋，方便盛放一些必备工具和材料，如木勺、种子和铲子、画笔等。由于各种款式仅需简单线条和基础结构，所以无须丰富经验同样可以实现。

　　对页图中展示的基础款亚麻围裙便是最理想的起步作品。这款围裙在款式上刻意采用了极简设计，便于搭配各种简约装饰，如可以考虑添加刺绣或贴布字母，也可以添加其他图形。事实上，您可以根据自己的喜好随意修改本章中的任何围裙款式，添加（或缩减）口袋或钉缝固定环，以搭配可调节式系带。

　　在面料选择方面，最好选用可机洗材质，如强韧的帆布、棉布；或易擦洗的面料，如油布。当然，开始时还可选用久经考验的厨房主力军——洗碗巾。总而言之，如果您计划亲手为经验丰富的园艺师、新手厨师、手工匠人或自己缝制一条围裙，相信在无穷无尽的款式中总有一款适合您。

内容包含：

+ 基础款亚麻围裙
+ 手工围裙
+ 儿童油布围裙
+ 洗碗巾围裙

+ 可调节围裙
+ 烘焙围裙
+ 仿木纹花艺围裙

基础款亚麻围裙（对页）： 带有一个大口袋的围裙是厨房中最方便实用的防护服。这款设计也可轻松转化为手工围裙、花艺围裙，甚至是木工围裙。

基础款亚麻围裙 参见第 93 页图片

下面将为您讲解一件基础款围裙的制作方法，这款围裙长及小腿，您可以根据自身需要通过修剪图样来调整围裙的长短。

制作材料：

基础缝纫工具、基础款亚麻围裙图样、透明胶带、1.8 米中等厚度面料（如亚麻、棉或牛仔布）。

制作方法：

1. 预洗、晾干并熨平面料。打印图样（参见附赠图样），用胶带固定后剪出图样。面料正面相对进行对折，用珠针将图样固定在面料上并裁剪。

2. 展开围裙面料，对袖孔边缘进行双褶边处理：翻折 0.6 厘米，熨烫压实，再次翻折 0.6 厘米，熨烫压实，车边线。对各侧边进行双褶边处理：翻折 1.3 厘米，熨烫压实，再次翻折 2.6 厘米，熨烫压实，车边线。

3. 对围裙顶边进行双褶边处理：翻折 1.3 厘米，熨烫压实，再次翻折 2.6 厘米，熨烫压实，车边线。

4. 下面制作围裙系带，先裁剪两条 5 厘米×68.5 厘米的长布条作为颈部系带，再裁剪两条 7.5 厘米×81 厘米的长布条作为腰部系带。在每条系带的短边各翻折 0.6 厘米，熨烫压实。翻折长边 1.3 厘米，熨烫压实（图 a）；然后再将另一侧长边同样处理。将布条沿纵向对折，在距离熨烫边线 0.3 厘米处车边线。在距离围裙背面顶角向下 2.5 厘米处，用珠针固定颈部系带，使系带末端与顶部褶边的底线对齐（图 b）。以盒形缝纫法将系带与围裙衔接起来。同样利用盒形缝纫法将腰部系带缝合固定在围裙背面弧形线下方，使系带末端与侧面褶边对齐（图 c）。

5. 对口袋顶边进行双褶边处理：顶边翻折 1.3 厘米，熨烫压实，再次翻折 1.3 厘米，熨烫压实，车边线（两端回车缝进行加固）。沿口袋侧边和底边翻折 1.3 厘米并熨烫压实，用珠针将口袋固定到围裙上。沿侧边和底边车边线，与围裙缝合衔接，保留顶边开口不缝合。上下拐角处回针加固。测量并利用划粉或水消笔标记出口袋的中心线。沿中心线进行缝合，使口袋形成两个分隔区。

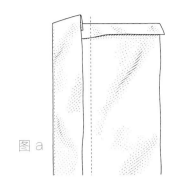

图 a

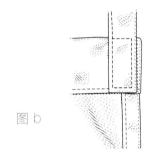

图 b

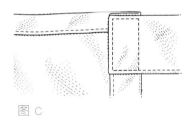

图 c

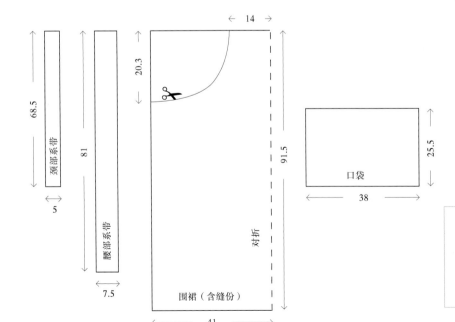

（单位：厘米）

小贴士

您可以根据自己的风格对围裙进行个性化装饰，如利用彩色斜纹带制作系带，口袋处改用不同材质的面料，或在正面添加贴布图案等。

手工围裙

配有一系列褶裥口袋的半身围裙可为全身心从事手工艺的匠人们随身携带五花八门的各式工具提供更多位置，这其中也包括玛莎·斯图尔特生活全媒体公司的设计总监梅根·李（Megen Lee）先生。

制作材料：

基础缝纫工具、手工围裙图样与口袋图样，透明胶、45.5 厘米帆布（幅宽 127 厘米）、1.5 米斜裁带（幅宽 10.6 厘米）、翻带器。

制作方法：

1. 预洗并晾干面料。打印图样（参见附赠图样），用胶带固定并裁剪。利用珠针将图样固定到面料上并裁剪。使用水消笔将缝合线与口袋图样中的褶线标记到面料上。用珠针固定 0.6 厘米褶裥，沿口袋底边缝合。对口袋顶边进行双褶边处理：翻折 2 厘米，熨烫压实，再次翻折

2 厘米，熨烫压实，在距离底部褶边 0.3 厘米处车缝。将口袋与围裙缝合衔接，沿标记线一边缝合，一边添加口袋间的分隔区。用斜裁带夹住围裙外边，沿斜裁带边缘向内折缝 0.3 厘米，注意针头须同时穿缝过斜裁带的底层。继续利用斜裁带沿围裙进行包边处理。

2. 缝制腰部系带。裁剪两条 6.5 厘米×86 厘米的帆布长条。布条正面相对，纵向对折。将两条系带各沿开口的一条长边和一条短边缝合，缝份为 0.6 厘米。借助翻带器将缝合好的布条翻回正面。将布条开口端的布边塞入 0.6 厘米；手工缝合翻口，系带缝制完成。将腰部系带紧贴围裙顶部褶边下方，与围裙交叠 5 厘米。采用盒形缝纫法，在系带与围裙交叠处明线缝合固定（对页，图 b）。

儿童油布围裙

　　款式简洁实用的围裙是下厨必备的制服，即便是家中年纪最小的厨师也应该配上一件。这款围裙的面料选用色彩亮丽、图案活泼的油布。由于这种材质具有防水功能，任何泼洒或飞溅上来的污渍均可轻松擦除。

制作材料：

　　基础缝纫工具、68.5 厘米油布（或其他质地强韧的面料，如牛仔布或帆布）、约 2.75 米斜裁带。

制作方法：

1. 裁剪围裙主体面料，将油布正面相对对折，压实折线，裁剪出一个 58.5 厘米×28 厘米的长方形（长方形展开后的实际尺寸应为 58.5 厘米×56 厘米）。先沿面料长边利用划粉在距离底边 30.5 厘米处进行标记，再沿顶部短边在 12.5 厘米处进行标记。然后在两个标记点间连接弧线，如下图所示进行裁剪。

2. 缝制口袋时，先将剩余面料正面相对对折。压实折线，裁剪出一个 33 厘米×28 厘米的长方形（长方形展开后的实际尺寸应为 33 厘米×56 厘米）。沿口袋顶边缝制 2.5 厘米褶边；将口袋沿侧边和底边与围裙缝合，缝份为 0.6 厘米。

3. 在口袋正面，距离两侧边各 $\frac{1}{3}$ 处，各车缝一条直线，形成口袋的分隔区。

4. 在围裙顶边缝制一条 3.8 厘米的褶边。利用斜裁带在围裙的弧线处进行包边处理。先在两条弧形边线处分别用珠针固定斜裁带，两侧顶端各预留出 30.5 厘米的长度，用作颈部系带，底部预留出 61 厘米的长度，用作腰部系带，沿斜裁带整体锯齿缝。

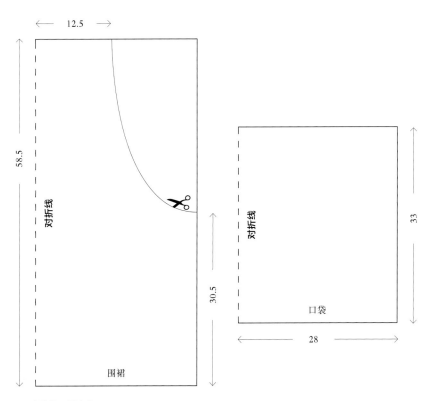

（单位：厘米）

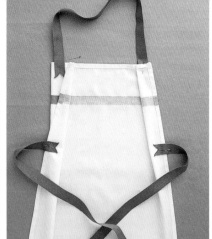

洗碗巾围裙

利用一块洗碗巾和几条宽边斜纹带，几分钟内便可缝制出这样一条款式简约的不带图案的围裙。由于无须进行褶边处理，这款作品尤其适合缝纫新手。

制作材料：

基础缝纫工具、洗碗巾（40.5厘米×61厘米）、约1.8×2.5厘米斜纹带。

制作方法：

裁剪三条斜纹带（一条51厘米长，用作颈部套环；两条61厘米长，用作腰部系带）；每条斜纹带两端各剪出一个三角形缺口。洗碗巾左右两侧边各向内翻折7.5厘米。将颈部套环两端分别置于距折边0.6厘米处。剩余面料再反向回折盖住套环两端，用珠针固定。在洗碗巾长边上，将两条腰部系带的一端分别用珠针固定在距离顶边23厘米处。缝合固定斜纹带各端。

可调节围裙

这款通用型围裙在腰部和颈部缝制了可调节系带，因而任何人均可穿着。您既可以从商店购买的普通围裙上直接取用现成的系带，如下图所示，也可以按照第94页基础款亚麻围裙中介绍的方法自制系带。

制作材料：

基础缝纫工具、围裙、3.6米纯棉斜纹带（2.5厘米宽）。

制作方法：

从围裙上剪下颈部系带。裁剪出10段6.5厘米长的斜纹带；面料翻折并熨烫压实，在两端各车缝一条0.6厘米的褶边。沿围裙背面两侧边，在距离侧边约0.3厘米处，各用珠针固定五段斜纹带，注意间隔保持均匀。车缝两端短边固定。缝制系带时，只需将剩余的斜纹带两端各进行0.6厘米的双褶边处理即可；将系带穿入斜纹带套环中。

烘焙围裙

这件条纹款围裙特意格外延长了裁剪长度，从而可通过向上翻折面料后在腰部系带下方缝合固定的方式，形成一个深深的口袋。该款式原本是为玛莎·斯图尔特生活全媒体公司的美食编辑萨拉·凯里（Sarah Carey）而设计的，她是一位狂热的烘焙爱好者。

制作材料：

基础缝纫工具、烘焙围裙图样、透明胶带、1.8 米厚棉布（如帆布）、翻带器、两个 2.5 厘米 D 形环、拉链压脚。

制作方法：

1. 打印图样（参见附赠图样），用胶带固定并裁剪。将图样固定到面料上并完成裁剪。

2. 使用水消笔，以图样缺口为标记（一处距离底边 51.5 厘米，另一处与第一条标记线相隔 40.5 厘米，绘制出底边的两条平行线。将围裙折叠，使两条标记线重叠对齐，形成一个口袋。熨烫压实。

3. 使用水消笔标记两条垂直线，分别距离两侧边 27cm。在每条线左右两侧进行缝合（相距约 0.3cm），形成分隔区。

4. 除底边外，沿围裙各边进行双褶边处理：将布边翻折 0.6 厘米，熨烫压实，再次翻折 0.6 厘米，熨烫压实，在距离褶边 0.3 厘米处车缝。沿底边进行双褶边处理：将布边向上翻折 5 厘米，熨烫压实，再次翻折 5 厘米，熨烫压实，在距离褶边顶部 0.3 厘米处进行车缝。

5. 缝制颈部和腰部系带，先从面料上裁剪四条 6.5 厘米宽的布条：一条 25.5 厘米长（用作颈部 D 形环连接带），一条 85 厘米长（用作颈部长系带），两条 86 厘米长（用作腰部系带）。将布条纵向对折，正面相对。

每条系带均沿开口的一条长边和一条短边缝合，缝份为 0.6 厘米。借助翻带器将系带翻回正面。将开口处布边向系带内塞入 0.6 厘米；手工缝合开口，系带缝制完成。将两个 D 形环分别穿入颈部 D 形环连接带。将连接带对折，使 D 形环位于中心线。利用拉链压脚，紧贴 D 形环下方将系带缝合固定。将围裙顶边夹在 D 形环连接带两端之间，连接带将围裙压盖住 5 厘米。在连接带

与围裙的交叠处，采用盒形缝纫法进行固定（参见第 106 页，图 b）。将颈部长系带与颈部 D 形环连接带平行放置，且与顶边保持等距，同样将围裙压盖住 5 厘米。以盒形缝纫法固定。在围裙两侧边分别测量并标记出腰部系带的位置（注意两边保持同一水平线）；腰部系带应与围裙交叠 5 厘米并用珠针固定。以盒形缝纫法在围裙两侧分别将腰部系带缝合固定。

仿木纹花艺围裙

　　虽然这款围裙选用了仿木纹（原木纹理）的油布材质，但实际上，任何油布或其他经久耐用的面料，诸如厚帆布或牛仔布，均可使用。该设计采用了天然纹理图案，其创意源自玛莎·斯图尔特生活全媒体公司的花艺编辑总监安德鲁·贝克曼（Andrew Beckman）。

制作材料：

　　基础缝纫工具、仿木纹花艺围裙和口袋图样、透明胶带、1.4 米油布、1.4 米纯棉绒面呢、约 5.5 米斜裁带（0.6 厘米宽）、45.5 厘米帆布、胶纸、翻带器、四个 2.5 厘米 D 形环。

制作方法：

1. 打印图样（参见附赠图样），用胶带固定并裁剪。在油布上裁剪一片围裙主体，再从纯棉绒面呢上裁剪一片围裙主体，用作里衬。围裙与里衬反面相对，叠放对齐，沿 0.3 厘米缝份缝合。将围裙边缘夹在斜裁带之间。沿斜裁带边缘按照 0.3 厘米缝份缝合，注意确保缝针同时穿缝各层面料（包括斜裁带底层）。继续包缝斜裁带，直至完成围裙的整体包边处理。

2. 利用口袋图样在帆布上剪出一片口袋布片。使用水消笔标记出各条分隔线（以及形成较大口袋的褶裥）的位置。用珠针固定所有 0.6 厘米宽的褶裥，沿底部缝合固定。利用斜裁带包缝口袋底边和侧边，如上图所示，然后在口袋顶边包缝斜裁带。多余部分剪除。

3. 使用胶纸将口袋固定到围裙上。沿侧面和底边将口袋与围裙缝合衔接。一边缝合、一边撕除胶纸。沿水消笔标记线车缝分隔线，形成不同分隔区。

4. 下面缝制系带和束带环，先裁剪 6.5 厘米宽的帆布条：21.5 厘米长一条（用作腰部 D 形环连接带）、101.5 厘米长一条（用作腰部长系带）、25.5 厘米长一条（用作颈部 D 形环连接带）、85 厘米长一条（用作颈部长系带）、9 厘米长两条（用作束带环）。将布条正面相对，纵向对折。沿每条系带开口端的一条长边和一条短边，按照 0.6 厘米缝份进行缝合，两条束带环仅沿长边，按照 0.6 厘米缝份进行缝合。借助翻带器将缝合后的系带翻回正面。最后将翻口处的布边向内塞入 0.6 厘米，手工缝合，系带缝制完成。将束带环横向对折，在开口端沿 0.6 厘米缝份缝合衔接。束带环外翻，将缝合线置于内侧，束带环缝制完成。衔接 D 形环连接带：将一对 D 形环穿入腰部 D 形环连接带。连接带对折，使 D 形环位于中心线。使用拉链压脚，紧贴 D 形环下方车缝固定。如图所示，将围裙夹在腰部 D 形环连接带两端之间，连接带将围裙压盖住 5 厘米。在连接带与围裙的交叠区域沿四边缉面线，形成盒子形状，缝合固定。按照相同方法在围裙顶边上添加 D 形环连接带。将腰部长系带置于腰部 D 形环连接带相对的一侧，同样压盖围裙 5 厘米。采用上述盒形缝纫法，将腰部长系带与围裙缝合固定。颈部长系带与颈部 D 形环连接带平行放置，且与顶边保持等距，同样将围裙压盖住 5 厘米。与围裙缝合固定。将束带环套入长系带，缝合线置于系带后侧隐蔽起来。

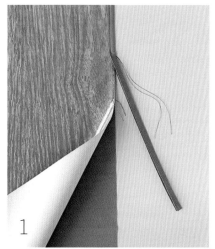

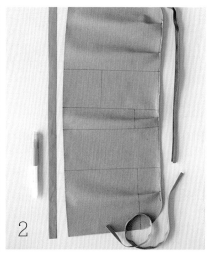

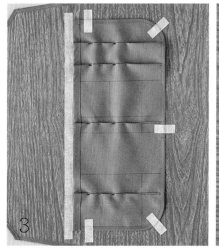

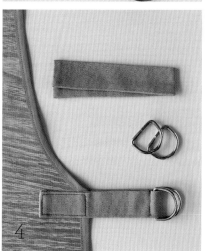

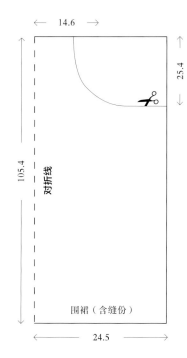

围裙（含缝份）

14.6

25.4

105.4

对折线

24.5

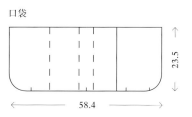

口袋

23.5

58.4

（单位：厘米）

作品：

包 袋（*Bags*）

　　大号手提包（又称托特包）的内部结构或许更注重实用性，但外表一定可为您提供充足的创意表达空间。无论从自制书包还是成品书包开始着手尝试，相信均可发挥出您的无限创作潜力——随着或多或少的热情与精力注入其中，作品便就此留下了您的个性化烙印。您尽可以大胆尝试不同的装饰方法，如拉菲草刺绣、贴布或印花，抑或在书包上简单热转印一些标签或字母，作为书包用途或所有者的标记。带有多功能分隔袋的宽大托特包更是逛超市、泡图书馆或外出游玩时不可或缺的装备，您可在书包内、外侧自行添加口袋，当然也可以双管齐下哦！

　　自己动手缝制布艺书包还有其他理由吗？当然！那就是布艺书包可以重复利用，与杂货店提供的塑料袋相比，更加有利于环境保护。总而言之，着手行动吧！

内容包含：

+ 布袋托特包   + 束口袋
+ 拉菲草刺绣包   + 十字绣剪影手提包
+ 基础帆布包   + 油布便当包
+ 海星印花贴布包   + 苹果印染包
+ 迷你毛毡小挎包   + 枕套包
+ 绣花毛毡手提包   + 多功能收纳包
+ 四款装饰包作品：热转印剪影包、
   标签与字母包、刺绣圈圈包、渐
   变染手提包

布袋托特包（对页）：内外多层口袋，便于存放大量琐碎物品，令硕大的托特包变得井然有序。这款包以印花面料和斜纹带提手作为个性化装饰。

布袋托特包

　　这款成品帆布包的一大特色是采用极其巧妙的方法为包包配置了分隔袋：利用一条儿童围裙的口袋部分嵌缝在书包内。书包外层也额外添加了大号口袋（将一块面料缝合在书包一侧），方便快速拿取常用物品。最后，利用与表布色调搭配的斜纹带替换了原来的提手，令人眼前一亮。

制作材料：

　　基础缝纫工具、32 厘米×48.5 厘米的帆布托特包、45.5 厘米用于缝制外侧口袋的的面料、布料专用胶（或珠针）、3 厘米宽的斜纹带或罗缎丝带、配有口袋的儿童围裙。

制作方法：

1. 利用拆线器将书包的原装提手拆除。下面缝制外口袋，先裁剪两片布料，宽度应比书包宽度窄 15 厘米。其中一片的高度比书包高度短 5 厘米，另一片短 12.5 厘米。顶边各翻折 0.6 厘米，进行褶边处理。将较短的一片与较长的一片叠放，底边对齐。面料在书包上居中放置，借助布料专用胶或珠针固定，沿底边车缝。接着缝制提手，先裁剪两段斜纹带，长度应比书包高度的两倍多 51 厘米。使用布料专用胶或珠针进行固定，压盖住口袋侧边。另一侧的提手同样摆放固定。沿每条斜纹带两侧边车缝固定。在书包顶边和底边对提手分别车缝加固。

2. 衔接内部分隔袋：裁剪掉围裙上半部并置于一旁。顶边翻折 0.6 厘米。在书包长边一侧，用布料专用胶或珠针将分隔袋固定在顶边上，缝合固定。

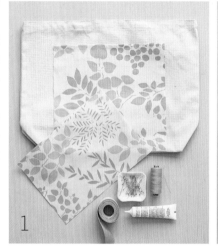

拉菲草刺绣包

拉菲草是指酒椰属植物的叶子，酒椰属植物由20多个棕榈树品种构成，其中包含多个现存最大的树种。这种线材在许多手工用品商店均有售，而人造拉菲草的色泽更为丰富亮丽。在这款书包中，设计者另辟蹊径，将拉菲草出人意料地应用于帆布托特包。图中的帽子则利用彩色拉菲草球进行装饰，经丝绵绣线衔接固定。拉菲草球需使用3.8厘米制球器辅助制作；在制作成形后，借助钳子将花艺铁丝在中心缠绕紧实，然后将长度修剪至1.3厘米即可。

制作材料：

基础缝纫工具、大号帆布托特包、圆规（可选）、缝针、三色拉菲草。

制作方法：

1. 利用水消笔在托特包上绘制圆形，每个圆形代表一处四射的阳光（范例中的尺寸为直径3.8~12.5厘米。您可以利用圆规绘制圆形图案，也可以借助圆形的家居用品直接描绘，例如饼干模具或玻璃水杯）。

2. 标记出圆心点 A 和圆周上的任意一点 B（参见左下方图示）。将选定颜色的拉菲草穿入大号针眼的缝针内，先在一端打结，再以法式结粒绣配合茎绣完成图案的绣制；由点 A 出针。将拉菲草在缝针上缠绕三圈。收紧缠好的拉菲草，将缝针由点 B 轻轻引至反面，形成一针法式结粒绣（法式结粒绣的具体方法，参见第42页）。

3. 重复第二步骤，一律由点 A 出针，然后逐次移动0.6厘米，由点 B 入针（参见右下方图示），直至完成整圈阳光的绣制。

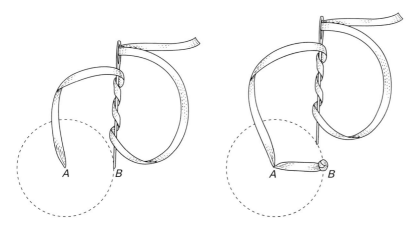

基础帆布包

本章中的许多作品均涉及对成品帆布托特包的个性化改造。这里将为您介绍自己动手缝制托特包的具体方法。

制作材料：

基础缝纫工具、0.9 米中等厚度帆布（亚麻或牛仔布亦可）。

制作方法：

1. 先裁剪出两片尺寸为 45.5 厘米×51 厘米的帆布，再裁剪 66 厘米×11 厘米的两片布条。将其中一片布条纵向对折，熨烫压实。然后展开布条，将两边向内翻折，至中心线相接对齐。再次纵向对折，沿两侧长边车缝固定。两侧短边采用锯齿缝固定。另一片布条按照相同方法操作。

2. 将 2 片较大的面料叠放，沿两侧短边和一侧长边用珠针固定。沿珠针固定好的各边，按照 1.3 厘米缝份缝合。将缝份展开熨平，最后利用锯齿剪刀或锯齿缝对缝份进行处理（参见第 26 页）。

3. 书包主体仍保持反面朝外，展开一个底角，使底部缝合线与相邻侧边的缝合线对齐。利用珠针将对齐后的缝合线进行固定。从底角顶点向内 6.5 厘米取一个点进行标记，然后经过该点绘制一条底边缝合线的垂直线。沿垂直线车缝固定，然后利用锯齿剪刀，在距离垂直线 1.3 厘米处将缝合线外的底角剪除（图 a）。另一个底角按照相同方法处理。

4. 顶边进行双褶边处理：顶边翻折 1.3 厘米，熨烫压实，再次翻折 2.6 厘米，熨烫压实。用珠针固定，沿顶边整圈车缝固定。将书包展平（仍保持反面朝外），在距离两侧边 15 厘米处各标记一点。将提手较短的两端分别与两处标记点对齐，用珠针固定（注意提手切勿缠扭）。采用盒形缝纫法衔接固定（图 b）。按照相同方法处理另一侧的提手。将书包翻回正面。

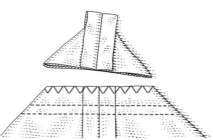

图 a

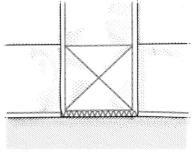

图 b

海星印花贴布包

在方方正正的天然原色托特包上点缀着印花海星图案。由于书包面料过于厚重，印花图案需先印制到较薄的帆布上（棉布亦可），然后再贴缝到指定位置，营造出宜人的立体感。您可以利用橡皮砖（手工或美术用品商店有售）进行印制，也可以利用海边拾到的贝壳或石头等纪念物进行印制（其他海洋印花图样，请参见第 206页的枕套和第 168 页的纱笼作品）。装饰后的书包不仅堪称海滨度假的完美配饰，而且无论走在任何城市街头，均可呈现出极佳的时尚感。

制作材料：

基础缝纫工具、布彩颜料、23 厘米薄帆布或棉布（用于印花）、帆布托特包、用于印花的海星或其他物品、海绵刷、旧毛巾或铺纸（用于保护工作台面）。

制作方法：

按照第 78 页介绍的面料印花技法，在薄帆布或棉布上印制几个大小不一的海星（如果海星的底面呈凹陷状，可能会很难将纹理印制清晰。此时，可将海星正面朝下，利用橡皮砖的印制技巧，以手指向下按压面料）。裁剪出印制好的海星图案，整圈预留出 1.3 厘米边沿，用作缝份。将裁剪好的一片海星用珠针固定在布包上。环绕裁片进行贴布缝（手翻贴布法请参见第 31 页）：如果裁片很大，可能需要预先疏缝固定。由海星触手的一端开始贴布缝，将裁片边缘向下塞入 0.6 厘米。利用针线沿折边贴缝，针脚尽量细密。重复操作，下个触手同样沿边缘向下塞入 0.6 厘米并缝合固定。沿裁片轮廓继续贴缝，直至完成整个裁片的缝合。相同方法处理其他裁片。

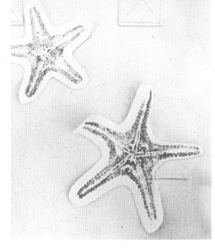

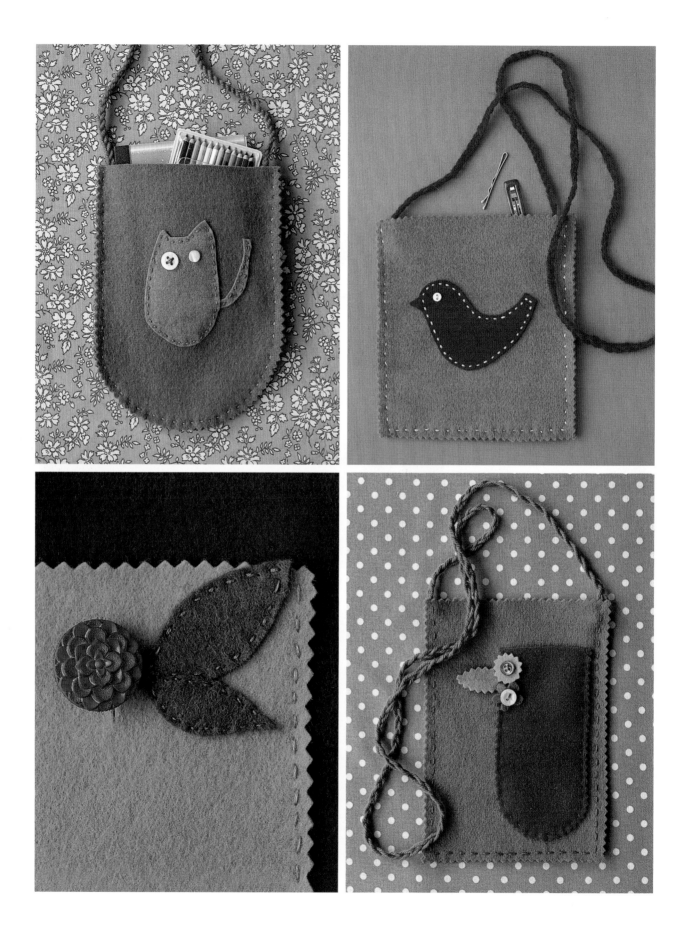

迷你毛毡小挎包

相信各年龄段的时尚达人都会热衷于为自己和朋友们缝制小巧精致的挎包。这种可爱又简单易做的小包包（第 108 页）最适合用来盛放各种琐碎的随身物品，如迷你画笔、发卡、手机、钥匙、零钱等。每款挎包均以双层毛毡布为基础缝制而成（也可利用一片长方形面料对折缝制）。

制作材料：

基础缝纫工具、两片毛毡布（每片约 12.5 厘米×18 厘米）或一片长条状面料（约 12.5 厘米×35.5 厘米）、毛毡布边角料和纽扣（用作细节装饰）、丝绵绣线、绣花针、0.9 米毛线或市售绳链（用作书包包带）。

制作方法：

1. 利用锯齿剪刀裁剪毛毡布，选择圆底造型或方底造型均可。如想在挎包上添加原创手绘装饰，可选用互补色或漂亮的对比色毛毡布边角料，利用水消笔在上面绘制自己喜欢的图案，然后进行裁剪，再配以丝绵绣线，在挎包单面或双面平针缝固定。

2. 将书包带用珠针固定，完成其他所有的细节装饰，例如钉缝可爱的纽扣，最后同样利用丝绵绣线将双层毛毡布平针缝合。

绣花毛毡手提包

并非只有手工刺绣才具备感染力，象牙白毛毡手袋上活泼有趣的线圈图案便采用了缝纫机上的一种装饰线迹。侧边缝合线上点缀的法式结粒绣仍为手工绣制而成。酒红色手提袋则是依据一幅儿童画，采用锁链绣技法手工绣制而成的。两款手提袋均选用了简约美观的罗缎丝带作为书包提手。

制作材料：

基础缝纫工具、宽条毛毡布（长方形的长度应足以对折后形成手提袋）、丝绵绣线、绣花针、罗缎丝带（用作提手）。

制作方法：

利用锯齿剪刀修剪长条状毛毡布的短边。将书包面料对折，锯齿边对齐后用珠针固定。利用水消笔，将单面或双面待刺绣的图案绘制出来。取下珠针，进行机绣（亦可手工刺绣，视个人爱好而定）。将书包面料重新对折并用珠针固定，沿侧边 0.6 厘米缝份车缝固定，由书包内侧起针，沿缝合线以均匀间隔手工绣制法式结粒绣。分别从左右两侧，将罗缎丝带与包体交叠数英寸缝合固定，用作书包提手。

四款装饰包作品

热转印剪影包

　　时尚简约的剪影图案可将朴实无华的帆布包化身为充满文艺气息的新潮配饰。您可通过图书查阅无版权限制的剪贴画,也可通过网络下载图样。在为手提包选购热转印纸时,注意根据不同作品选择购买浅色棉布转印纸或黑色棉布转印纸。根据使用说明将图案印到转印纸上并进行剪切。切记沿图样精准裁切(建议利用手工刀提高精准度),避免出现毛边。图样正面朝上,摆放并确定图样位置,预览装饰效果(切记最终图案将呈现镜像效果)。在准备好正式熨烫后,图样应正面朝下摆放。熨烫图样表面,由每片图样的边缘开始用力均匀地小心熨烫,以免图样滑动;切勿前后挪动熨斗,否则图样易模糊不清或缩拢起皱。当热转印纸冷却后,撕除衬纸。还可依据个人偏好,利用同等长度的彩色斜纹带替换书包的手提带或在手提带表面覆盖丝带装饰。

标签与字母包

　　只需添加一个粗体字母或一幅鲜明图案,低调的纯色帆布包立刻就会备受瞩目,而且极具个性。这种变化仅需依赖一种简单技法:热转印图样(无须刺绣,具体方法参见左侧热转印剪影包)。通过图案和字母的变化便可为不同家庭成员或专项活动个性定制手提包。例如,大写字母可表示书包主人的姓氏,而各种标签(如"图书"或"编织")则可为不同爱好指定专用书包。

刺绣圈圈包

这款旅行提袋既时尚又耐用，只需借助不同颜色和质地的线材便可塑造出包体上经典简约的平针圈圈图案。如果您也希望自制一款类似的大旅行袋，只需使用水消笔在一只纯棉帆布提包上绘制圆形图案（玻璃水杯便是极好的模板），可覆盖整个包体，随机画满圈圈。然后沿圆形图案进行平针缝（第21页），每个圆圈改用一种不同颜色的线材即可（图示中的旅行袋采用了亮晶晶的细毛线，材质包括真丝、亚麻、竹纤维和金属色系的丝绵线）。

渐变染手提包

一款普通帆布包经过浸染后打造出橙色渐变效果，即刻化身为活力四射的沙滩包，同时也可作为各种场合的时尚配饰。选取一款纯色帆布托特包，采用第70~71页介绍的渐变染技法进行染制。首先，利用珠针将双层包体进行固定，标记出渐变层。使用装订夹将提手固定在书包顶部，以防提手浸入染色剂，然后依照技法说明染色即可。注意在选用帆布等厚重面料时，面料各渐变层在染色剂中浸泡的时间应长于质地较薄的面料。

束口袋

任何缝纫新手均可轻松掌握束口袋的缝制方法。只需几道简单的直线缝，再学会顶边束口的缝制方法即可（范例中，均采用一对布绳来拴系袋口）。这种小口袋用途极广，可缝制任何尺寸，从换洗衣物到小巧的婴儿鞋，方便收纳各种物品。图示中的束口袋选用了男装面料，您也完全可以依据自己的风格选择面料。

制作材料：

基础缝纫工具、各式面料（面料用量取决于束口袋的尺寸，范例中选用了毛呢面料和纯棉衬衫布）、宽度为1.3厘米的斜裁带（也可略细）、人字织带或绳链（可选）。

制作方法：

1. 利用两种互补色面料，裁剪出两片长方形（一片用作表布，一片用作里衬）。不同规格束口袋的面料用量为：洗衣袋（图示中未展示）48厘米×140厘米（成品尺寸：43厘米×66厘米），鞋袋38厘米×94厘米（成品尺寸：33厘米×43厘米），内衣袋26厘米×71厘米（成品尺寸：20.5厘米×28厘米），首饰袋23厘米×43厘米（成品尺寸：18厘米×18厘米）。将长方形面料正面相对，用珠针沿长边固定，沿1.3厘米缝份缝合。翻至正面，熨烫平整。下面缝制束口，将上下两侧各短边同时进行双褶边处理：先翻折1.3厘米，再翻折2.6厘米，在距内沿0.3厘米处车缝固定。将束口袋对折，使上下褶边在顶部相交对齐。沿0.6厘米缝份缝合两侧长边，在距离褶边2.5厘米处保留开口不缝合（便于束口保持舒展平整）。

2. 制作束口系带时，可直接选用成品斜裁带、人字织带或绳链。如果您有兴趣，也可自制束口系带：裁剪两片5厘米宽的长布条，长度应为束口袋顶边长度的2倍加37.5厘米。两边向内翻折，在中心线相交，熨烫压实。将长条再次纵向对折，熨烫压实。沿0.3厘米缝份车缝固定。利用安全别针挂住一条束口系带的一端，由左至右穿过两侧的束口。另一条束口系带则按照相同方法，由右向左，反向穿入。将束口系带打结，收紧袋口。

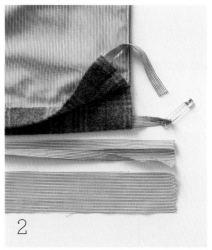

十字绣剪影手提包

　　配有装饰剪影的书包，其意义已不再局限于携带物品这种实用性功能，而可以被视作一种传情达意的方式。任何个人剪影，无论是宝宝的、自己的，还是朋友的，都可以扩印后当作模板使用。初学者可以采用成品粗麻提包，也可自制手提包，搭配人字织带或树枝造型提手。这款提包的绣线选用了丝光棉线，这是一种与丝绵绣线类似的线材，规格偏粗，质地光滑，可为您带来顺畅的刺绣体验。由于选用的绣线规格与编织粗麻面料的线材规格近似，成品效果如同将图案织入面料当中一般。刺绣前，先利用水消笔将头部和项链轮廓绘制出来，然后再用十字绣填满。范例中的小鸟和树枝图案是由双色绣线绣制而成的。您也可以全部采用黑色绣线，打造出鲜明的维多利亚风格。

制作材料：

　　基础缝纫工具、照相机、马克笔、薄纸板、粗麻手提包（如自制书包，则需准备粗麻面料）、人字织带或树枝（用作提手，可选）、丝光棉线（黑色和蓝色）、缝针、绣绷、装饰珠和项链坠（可选）。

制作方法：

1. 为指定人选拍摄侧影。复印照片，用马克笔将轮廓线涂黑，扩印至所需尺寸并裁剪。将图片转印至薄纸板上，剪出模板。将纸板平放在手提包或面料上；用水消笔描绘轮廓线。补充绘制各处细节，如项链。

2. 利用黑色丝光棉线、缝针和绣绷（如必要），先环绕轮廓线进行十字绣（第40页），每两针构成一针完整的十字绣。然后按照从左至右、由下至上的顺序，利用黑色十字绣进行填充；更换蓝色丝绵绣线，完成项链图案的十字绣。最后，您还可依据个人喜好，在手提包上添加珠坠装饰。按照相同方法绣制小鸟图案，可以先制作模板，描绘出小鸟轮廓，也可以直接手绘小鸟（和树枝）。

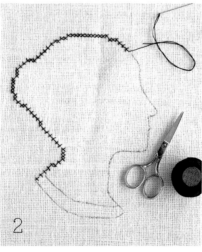

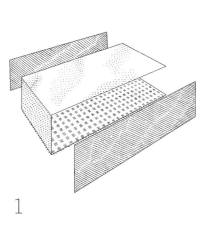 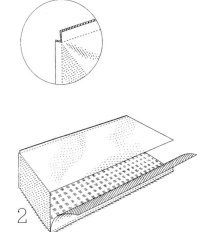 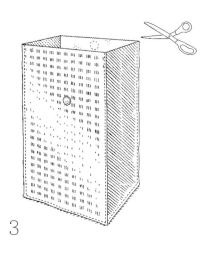

1　　　　　　　　2　　　　　　　　3

油布便当包

　　用来铺盖厨房餐桌的同款油布也可用来盛放孩子的校园午餐或成年人的工作便当。利用边角料制作这种可重复利用的午餐包是降低材料损耗的好办法；只需一块湿海绵便可轻松擦除油布上的污渍（请勿机洗）。您既可以整个便当包仅选用一种图案的面料，也可以在包体侧身处改用互补色图案或其他纯色面料。便当包的封口处可添加小片魔术贴或利用晒衣夹进行固定。

制作材料：

　　基础缝纫工具、45.5 厘米油布魔术贴（可选）、晒衣夹（可选）。

制作方法：

1. 裁剪一片尺寸为 75 厘米×20.5 厘米的主体，两片尺寸为 31 厘米×12.5 厘米的侧身。长片主体面料反面朝外，折成 U 字形，底部预留宽度为 12.5 厘米。

2. 在主体和侧身面料的底角处分别剪开 0.6 厘米剪口，使包体的折角处更为舒展平整。如图所示，缝合包体两边的侧身面料，缝份为 0.6 厘米。

3. 翻回正面，沿袋口以 0.3 厘米缝份整圈缝面线。如需要，可在图示标记的圆圈处钉缝魔术贴。

苹果印染包

　　将苹果一分为二，将横切面涂满颜料后，便可用来在布料上印制可爱迷人、活泼有趣的图案了。

制作材料：

　　苹果，水果刀，中号笔刷，丙烯颜料（范例中选用了红色和橙色），帆布午餐包、背包或托特包，彩色马克笔或布彩颜料。

制作方法：

　　将苹果由上至下切开，一分为二，注意确保横切面平滑。利用笔刷将颜料均匀涂抹在苹果的横切面上。苹果切面朝下，开始在面料上印制图案。每次印染后，颜料的清晰度都会减弱，因此需要及时补涂颜料，或者利用另一半苹果进行替换。如有需要，还可预备更多苹果切面用来印制不同颜色。利用黑色和绿色马克笔绘制苹果把儿和叶片。

枕套包

　　枕套不仅色彩纷呈，而且图案种类繁多，令人赏心悦目，无疑是创作缝纫作品的绝佳材料。范例中，一只落单的枕套经过改造在主人的肩头重新找到了归宿。您可以使用家中的旧枕套，也可购买新枕套专门用于背包改造。这款休闲感爆棚的夏日背包可谓缝纫新手最为理想的入门作品，仅需最基础的工具和技法便可轻松完成。

制作材料：

基础缝纫工具、枕套。

制作方法：

1. 将枕套封口端剪除 0.6 厘米，然后沿对角线将枕套对半剪开，如图所示。进行双褶边处理：将裁剪后的四条对角斜边分别翻折 0.6 厘米，然后再次翻折 0.6 厘米，用珠针固定并车缝。

2. 将其中半片枕套塞入另一半，底边对齐；用珠针固定，将面料前片缝合（手缝或机缝均可）至面料交叠处，缝份为 0.6 厘米。另一侧重复操作。面料外翻，反面朝外，将枕套剪开的底口打褶边缝合。利用锯齿剪刀修剪褶边。枕套重新翻回正面，将两端顶角打结固定。

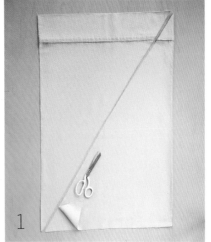

多功能收纳包

　　这款手工包为收纳各种必备物品并进行细致分类提供了理想处所。各个独立口袋统一利用斜裁带衔接缝合，完成了包边处理的同时，又与基础面料形成了鲜明的对比配色效果。

制作材料：

　　基础缝纫工具、多功能收纳包模板、中等厚度的纯棉帆布（总共需要 0.9 米，可选用一整片单色面料，也可选用多片不同颜色和图案的面料）、5.5 米斜裁带（成品或自制均可；制作斜裁带的具体方法请参见第 359 页）。

制作方法：

1. 打印各页模板（参见附赠图样）并裁剪。在面料上分别裁剪两片提手、两片书包主体、一片小口袋和一片大口袋。

2. 分别对每条提手的两侧长边、大小口袋的顶边和两片书包主体的顶边进行包边处理。按照第 359 页介绍的斜裁带缝制方法，完成端口处理。

3. 将一对提手两端各向内翻折 1.3 厘米并熨烫压实，然后利用珠针将熨烫好的提手末端与两片书包主体分别进行固定，提手折边朝向主体面料的正面，与主体顶边的距离为 11.5 厘米，与两侧边的距离分别为 10 厘米（如图所示，提手呈扭转状）。利用两道水平缝线将提手与包体车缝固定，两道缝线与折边的距离分别为 0.3 厘米和 1.3 厘米；以回针缝进行加固。

4. 下面缝制书包前片，先将小口袋叠放在大口袋上方，侧边对齐；利用珠针将两片口袋同时固定到书包主体面料的正面。由书包底边开始，车缝各层，同时沿口袋中心线进行缝合；用回针缝加固。

5. 将书包前后片叠放，反面相对，各边对齐。利用斜裁带对前后片进行包边处理，缝合固定后对包边端口进行回折处理（详见第 359 页）。

作品：

沐浴用品（*Bath Linens*）

只需添加几样手工缝制的布艺用品，浴室环境便会愉悦明快许多，效果惊人。采用自己最喜爱的色系，亲手缝制并装饰高品质的纺织用品，定会令自家的盥洗室或浴室显得生机勃勃。至于浴室内的各种装饰物，哪怕只是进行一些细微改造，也足以令这处小小的空间恢复活力，无论视觉还是质感上都给人焕然一新的感觉。

我们可以借助斜裁带、丝带或简单的机缝线迹为浴巾和其他沐浴用品添加色彩亮丽的条纹图案。装饰浴帘时，可不要小瞧各式新颖面料的魅力；如果购买现成的镂空蕾丝，一条精美的蕾丝浴帘很快便可缝制完成。此外，亚麻系列可以给人清爽透气的感觉，如三色拼接图案就令人赏心悦目，而在黄色防水面料上贴缝一组口袋作为浴帘，则能营造出儿童雨衣般的趣味效果。

在选购材料的过程中，记得多多关注可机洗、不褪色的装饰花边和面料。当然，纯白系列配饰也是不错的选择；为浴室搭配这种清爽、干净的色系绝对不会出错。

内容包含：

+ 机绣浴室用品套装
+ 亚麻浴帘
+ 斜裁带装饰浴巾
+ 毛巾玩偶
+ 连帽浴巾

+ 雨衣浴帘
+ 丝带镶边防滑垫
+ 双面镶边浴帘
+ 镂空浴帘

机绣浴室用品套装（对页）： 在浴帘上锯齿缝六道彩色条纹，覆盖整个底边，贴缝时注意将针脚密度设置为最短，幅度设置为最宽。由于针脚极为紧密，可形成近似缎面绣的效果。绣花线还可进一步提升装饰条纹的光泽度。您还可以在浴巾和防滑垫上添加同色系条纹。切记紧贴提花织面（浴巾或防滑垫的底层平面）缝制，以免缝针被线圈缠套。

亚麻浴帘

活力四射的三色分层浴帘美观而实用。亚麻材质要比纯棉面料更加强韧厚重，不仅更具垂感，而且更加耐洗。范例中缝制的两片式浴帘刚好将贵妃浴缸环绕遮挡起来；您也可以仅选用一片单色面料缝制单片式浴帘。

制作材料：

基础缝纫工具、两片橙色亚麻面料（122 厘米×188 厘米）、两片桃红色亚麻面料（45.5 厘米×188 厘米）、两片褐色亚麻面料（58.5 厘米×188 厘米）、规格为 2.5 厘米的索环安装工具。

制作方法：

1. 利用法式缝份处理法（第 26 页），将橙色面料与桃红色面料缝合衔接：面料反面相对，沿长边对齐，按照 0.6 厘米缝份进行缝合。将面料沿缝份向后翻折，使面料正面相对；沿 1.6 厘米缝份缝合，将第

一道缝份封闭其中。按照相同方法，将褐色与桃红色面料沿长边缝合衔接。

2. 对浴帘左右两道侧边进行双褶边处理：每条侧边均翻折 1.3 厘米，熨烫压实，然后再翻折 2.6 厘米，熨烫压实并车缝固定。对浴帘底边（褐色亚麻）进行双褶边处理：翻折 1.3 厘米，熨烫压实，然后再翻折 7.5 厘米；熨烫压实并车缝固定。浴帘顶边（橙色亚麻）同样进行双褶边处理：翻折 1.3 厘米，熨烫压实，再次翻折 3.8 厘米，熨烫压实并车缝固定。按照索环安装工具的使用说明（或参照第 360 页说明），沿顶边打孔，孔间距为 15 厘米，起止点应与两侧边至少保持 2.5 厘米距离；安装索环。按照相同方法缝制剩余面料，完成另一片浴帘的制作。将浴帘与防水衬层悬挂起来。

斜裁带装饰浴巾

色彩缤纷的自制斜裁带可为纯色浴巾添加鲜明个性。一组叠放整齐的浴巾套装利用相同图案的布条打结包装，便足以成为一套别具一格的乔迁礼物。

制作材料：

基础缝纫工具、不同规格的毛巾、0.9 米中等厚度的梭织面料（如纯棉拼布面料或亚麻），规格为 5 厘米的制带器。

方巾制作方法：

1. 将方巾的褶边剪除。利用制带器制作两条斜裁带，宽度应足以包裹方巾厚度，两端各预留 1.3 厘米余量，用于端口处理（有关斜裁带的制作方法，参见第 359 页）。

2. 利用斜裁带裹套方巾侧边，两端各预留 1.3 厘米余量。珠针固定。在距离斜裁带一端 2.5 厘米处起针，沿 0.3 厘米缝份包缝，注意缝针须同时穿缝斜裁带底层。在距离斜裁带另一端 2.5 厘米处停止包缝。

3. 在方巾两端，如同打开书本一般展开斜裁带，将斜裁带末端向方巾侧边翻折（参见第 359 页），再将斜裁带闭合，缝合固定。

浴巾制作方法：

1. 首先需要增加斜裁带的宽度，在面料上裁切出两条 20.5 厘米宽的布条，使其足以包裹浴巾厚度，两端各预留 1.3 厘米余量，用于端口处理。

2. 将面料未经处理的长边向内翻折，在中心线相交对齐，熨烫压实。再次纵向对折，熨烫压实。

3. 按照方巾的包边方法，由第二步开始进行包边处理。

毛巾玩偶

　　一对毛巾布动物擦澡巾无疑是最惹人喜爱的沐浴伙伴。用来制作动物五官的材料，建议选用可水洗的毛毡布，这种面料质地为 100% 腈纶，可避免缩水问题。

制作材料：

　　基础缝纫工具、毛巾玩偶图样、透明胶带、手巾（粉色或白色）、可水洗毛毡布、布料专用胶、丝绵绣线、绣花针。

制作方法：

　　将手巾对折，褶边对褶边。打印图样（参见附赠图样），通过缩印或扩印调整至所需尺寸。将玩偶轮廓线绘制到对折后的毛巾上，小心裁剪。在可水洗毛毡布上裁剪出小猪鼻子或小狗斑点；利用布料专用胶黏合固定。以缎面绣针法（第 38 页）绣制动物五官。将毛毡布耳朵插入双层毛巾面料之间（小猪耳朵需先将侧边向内翻折）。利用锯齿缝沿玩偶车缝一周。

连帽浴巾

这款带有大帽子的浴巾是由一条手巾（用作帽子）和一条长毛绒标准浴巾共同构成的，最适合作为新生儿礼物，既美好暖心又经久耐用。您还可以利用带有图案的斜裁带对浴巾边缘进行装饰（范例中选用了格子图案）。

制作材料：

基础缝纫工具、手巾、浴巾、装饰斜裁带。

制作方法：

先制作帽子：将手巾展平，横向对折，使较短的两端相交对齐。按照 0.6 厘米缝份，沿折边缝合至外拐角侧边。帽子外翻至反面朝外，将帽子展开，使缝份居中，如左图所示。将帽子紧贴大浴巾的长边居中摆放，用珠针固定。按照 0.6 厘米缝份将两条毛巾缝合。用斜裁带包裹连帽浴巾边缘。用珠针固定后，沿 0.3 厘米缝份包缝，注意缝针须同时穿缝斜裁带底层。斜裁带两端搭接后，将外侧一端向内翻折 0.6 厘米，缝合固定。

雨衣浴帘

这款色调欢快的浴帘是由双色防水面料背对背缝合而成的,瞬间便提亮了宝宝的整间浴室。范例中的浴帘选用鲜黄色哑光黑胶面料搭配复合牛仔布。由于这款浴帘不透光,因此仅将浴缸遮挡四分之三即可,以便为浴缸区域保留一定的光线。浴帘底边贴缝了一行大口袋,可以用来收纳沐浴玩具。利用夹扣将两行索环锁紧,固定到浴帘挂杆上即可。

制作材料:

基础缝纫工具、4 米宽幅 137 厘米黄色哑光黑胶面料、3.6 米幅宽 137 厘米复合牛仔布、纸胶带、规格为 2.5 厘米的索环安装工具(配有 16 个索环)、8 个夹扣(杂货店有售)。

制作方法:

1. 从哑光黑胶面料较短的一端裁剪 0.4 米,用作口袋。剩余的 3.6 米哑光黑胶面料与复合牛仔布正面相对,用胶带固定。按照 1.3 厘米缝份将其沿四边缝合,在一侧预留 30.5 厘米翻口不缝。将浴帘翻回正面。利用翻角器或闭合后的剪刀尖将四角顶出。翻口处的侧边向内翻折 1.3 厘米,用胶带黏合固定。

2. 采用防粘压脚压缝面料,更换与黑胶面料形成对比色的缝合线,沿四边车缝两行明线固定。

3. 下面缝制口袋:将用作口袋的黑胶面料两端各裁去 15 厘米,然后将一侧长边翻折 2.5 厘米,缉面线。翻折口袋的两条侧边,然后再翻折另一侧长边,各 1.3 厘米,用珠针固定并缉面线。将两侧短边修剪至所需宽度。口袋与浴帘粘贴固定并缉面线(如需要,可沿侧边和底边车缝两道明线,作为口袋的细节装饰)。将整个口袋平均分为三等份并标记垂直分割线。在每条分割线的任一侧边加缝一道明线,形成四个分隔区。

4. 将布组悬挂到浴帘挂杆上,使面料两侧保持舒展,水平对齐。先标记出浴帘的中心线,然后从距离中心线左右两侧数厘米起,开始分别标记索环的位置,起点和终点应距离侧边 2.5 厘米左右(共需标记 16 个索环,中心线左右两侧各 8 个)。将布组在平面上展开铺平。检查索环位置是否保持均匀间隔并前后对齐,应确保布组悬挂到挂杆上时,所有索环能够呈直线排列。按照索环工具的安装说明在面料上打 16 个孔,安装索环(第 360 页)。

5. 夹扣穿过索环锁死后,将浴帘悬挂起来。

丝带镶边防滑垫

　　为了打造出心目中理想的浴室，借助漂亮丝带来改造成品防滑垫是将批量化产品转化为个性定制产品最简便的方法。您需要先选购一款带有内圈装饰线但不带橡胶底衬的防滑垫。然后再选出能够完美呈现装饰效果的丝带，宽度应与内圈装饰线宽度一致。

制作材料：

　　基础缝纫工具、防滑垫、丝带（预洗并晾干）、可机洗的速干布料专用胶。

制作方法：

　　首先测量出覆盖防滑垫内圈装饰线所需的丝带总长度。以装饰线的一角为起点，利用布料专用胶将丝带黏合固定；在处理拐角时，先将丝带沿带边回折，然后再进行翻转（如左图所示）。继续利用专用胶沿装饰线黏合，同时处理其余拐角，直至将整圈丝带黏合固定（在此过程中还可利用珠针辅助固定）。最后，将多余丝带剪断，末端向下沿45°角翻折，形成整齐的折角，黏合固定。待专用胶晾干后，沿丝带两条侧边车缝固定，注意拐角处需沿对角线进行加固。

双面镶边浴帘

利用双面镶边来装点成品浴帘可以使浴室在不同季节呈现不同变化。一面选用方格纹棉布，适用于春夏两季；另一面选用条纹灯芯绒面料，适用于秋冬两季。将纽扣直接钉缝在浴帘上，便可与镶边顶部的扣眼扣合衔接。您需要使用带有镶边绣针迹和锁扣眼压脚的缝纫机来缝制扣眼。

制作材料：

基础缝纫工具、2.3 米灯芯绒、2.3 米方格纹棉布（或其他薄花布）、标准的 183 厘米×183 厘米成品浴帘、锁扣眼压脚、19 粒纽扣。

制作方法：

1. 裁剪两片 185 厘米×48.5 厘米长方形，一片为条纹灯芯绒面料，一片为方格纹棉布。将长方形灯芯绒和方格纹棉布正面相对，用珠针固定后，按照 1.3 厘米缝份沿四边车缝固定，在其中一边保留 30.5 厘米翻口不缝合。四角打剪口并将镶边翻回正面。利用翻角器或闭合后的剪刀尖将四角顶出。将镶边的四边熨平压实，翻口处未缝合的布边向内翻折 1.3 厘米。利用藏针缝（第 21 页）将翻口缝合。缝纫机调整为镶边绣针迹，由外侧边开始，在距离镶边顶边 1.3 厘米处，每隔 10 厘米缝制一个扣眼。

2. 在距离浴帘褶边上方 44.5 厘米处，由外侧边开始，每隔 10 厘米钉缝一个纽扣，与扣眼逐一对齐。将双面镶边与浴帘扣合。

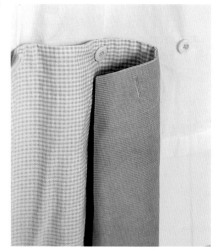

镂空浴帘

轻快透气的长款镂空浴帘不仅气质优雅，而且可以充分吸收浴室窗户投射进来的温暖阳光。您可以依据实际情况确定布组片数，裁切浴帘长度，并视需要进行褶边处理。选用某些镂空图案时（包括范例中选用的图案），您可以直接裁切面料，因其绣花图样同时具有镶边效果。挂环穿过顶边的挂孔，将浴帘悬挂起来。建议利用防水衬对面料进行保护。

作品：
床 品 *(Bed Linens)*

　　无论卧室的条件如何，只要有了主人精心设计并缝制的床品，这里便会成为最适合休憩的避风港。各式纯色床单、被罩、枕套和靠垫套的平坦表面如同最理想的空白画布，可以任由我们发挥无限创意和技法，肆意装点美化。您可以依照季节来设定床品的颜色和质地，也可以重点考虑自己希望卧室传递出怎样的情感。您甚至可以按照服装搭配的思路来设计床品，专注于自己最欣赏的风格，经典、浪漫，仰或现代。如果您希望缝制仅需小规模装饰的大幅布艺作品，床品改造将成为再适合不过的起点。

　　本章介绍的大多数设计作品均由成品改造而成。您可以在亚麻面料上印制贝壳图案，添加简单的花边，手工绣制法式结粒绣或贴缝几何剪切图案。无论您缝制的床品将应用于主卧还是客房，这种独具特色的装饰总会营造一种宁静感，使任何踏入房间的人瞬间就会放松下来。

内容包含：

+ 做旧床单套组
+ 镂空盖毯
+ 镂空枕套
+ 四种简单的床品装饰方法：之字绣、贝
　壳印花、法式结粒绣边饰、荷叶边装饰
+ 亚麻枕套

+ 男装面料床品套装
+ 色块拼接被罩
+ 床单拼缝被罩
+ 平针绣床品
+ 刺子绣边饰枕套
+ 贴布被罩与枕套

做旧床单套组（对页）：将布满樱花图案的崭新床单与同款枕套浸入稀释后的漂白剂中进行做旧处理，然后再利用粉色布彩颜料上色，形成复古效果。花布抱枕和简约的窗帘布经过简单的个性化装饰，均可呈现出些许年代感。关于面料做旧与套染的具体方法，请参见第 72 页。

镂空盖毯

　　浅灰色蜂巢状镂空图案搭配修剪整齐的刺绣花边，使得这款床罩的表布尽显宁静安逸。您可以在无须缝纫的前提下，完成一条单人床盖毯（直接选用 152.5 厘米的面料）的制作，更大的床铺则需进行拼接缝合。建议选用带有连续刺绣图案的镂空面料，这样便不会出现散边问题。范例中的抱枕采用深褐色镂空枕套作为装饰。枕套的具体制作方法请参见第 200 页。

制作材料：

　　基础缝纫工具、成品床罩、镂空面料（用量取决于床铺尺寸）。

制作方法：

　　测量出成品床罩的长度和宽度；镂空表布的四边应比床罩四边略短。小心裁剪镂空面料的边缘，注意切勿剪断刺绣图案。如需为标准、大号或特大号双人床缝制床罩，可将面料的长边进行缝合衔接，注意缝合线应与底层薄垫顶边平行对齐。只要将缝合线两侧的图案相互对准，就几乎看不出拼接的痕迹。

镂空枕套

　　成品枕套在镂空蕾丝的装点下呈现出美丽而清新的姿态，足以令任何房间随之鲜活起来。范例中一段段的镂空蕾丝花边被用来重点装饰套口部位，而利用镂空蕾丝缝制的套筒则被用来整体遮罩两个枕套。

1. 枕套 ① 的套口是利用 5 厘米宽的镂空花边装饰而成的。先测量出枕套套口的周长，在此基础上增加 1.3 厘米，然后按照该长度裁剪三段镂空花边。利用珠针将三段花边分别固定在套口处，尾端交叠，将位于上层的尾端向下翻折 0.6 厘米。沿每条镂空花边的中心线直接将花边与套口车缝固定。

2. 枕套 ② 和 ④ 均被镂空蕾丝面料缝制的套筒遮罩起来，每个套筒的一侧均带有扇形花边。套筒的长度比枕套略短，因此镂空边饰的效果愈显突出。先测量出枕套的宽度。将该宽度翻倍后外加 2.5 厘米缝份。

计算套筒长度时，在枕套长度的基础上减 5 厘米即可。按照测量结果裁剪一片长方形镂空蕾丝面料，将带有扇形花边的一侧作为长边。长方形面料对折后，反面相对，将扇形花边对齐。按照 1.3 厘米缝份，沿底边和侧边车缝固定。

3. 制作枕套 ③ 时，将两段镂空花边缝合到枕套套口即可，两段花边均一侧为直边，另一侧为扇形边。根据所需长度，测量并裁剪出两段花边（约 122 厘米）。利用珠针将镂空花边固定到枕套套口处，直边对直边，沿镂空花边分别车缝固定。

四种简单的床品装饰方法

之字绣

车缝之字绣线迹可谓装点成品床单和枕套最简便的方法之一。范例中利用多道不同颜色的针迹为床单和枕套添加了极为细腻精致的绣花装饰。您既可以按照此处呈现的效果进行绣制，也可以改用适合自家亚麻色系的线材进行机绣。

制作材料：

基础缝纫工具、枕套和床单、四色绣线（图中含绿色、粉色、黄色和咖啡色）。

制作方法：

在每个枕套上，测量并利用水消笔标记出三组横条纹，每组由四条绣线构成。缝纫机首先穿入绿色绣线，采用之字绣针迹（或放飞创意，选择其他装饰针迹），在每一组中刺绣一行。相同方法重复操作，在每一组中添加一行粉色线迹。然后再刺绣黄色，最后刺绣咖啡色线迹。进行床单装饰时，按照同样的机绣图案，依序逐行刺绣两轮（共计八行，而非四行）。

贝壳印花

炎炎夏日里，在清爽的白色被单上印制海贝边饰，这使得整套床品显得别具魅力。扇贝壳的形状具有天然美感，而精挑细选其中最完美的贝壳更是乐趣无穷。为了达到最佳印花效果，建议采用100%纯棉被单，这种材质对颜料的吸收度要优于混纺面料。有关布料印花的具体方法，请参见第77页。

制作材料：

毛巾、试印布料、布彩颜料、扇贝壳、海绵刷、适用的枕套和床单。

制作方法：

利用毛巾遮盖工作台面，在毛巾上平铺试印面料。使用海绵刷将布彩颜料直接涂抹到扇贝壳上，但需注意慢慢分次涂抹，以免颜料填满贝壳上的凹槽。将贝壳在面料上平压，视需要微微滚动贝壳，以实现完整图形的印制。耐心进行试印，直至可以连续印制多个贝壳图案，并确保所有图案成行整齐排列为止。将床单或枕套平铺在毛巾上并正式印制（关于提升色牢度的方法，请遵照颜料使用说明操作）。

法式结粒绣边饰

法式结粒绣构造出的精美藤蔓边饰赋予了成品床单浪漫、复古的气质。法式结粒绣的具体绣制方法请参见第 42 页。

制作材料：

法式结粒绣边饰模板（可选），水消笔，亚麻、棉或法兰绒床单套组，选定颜色的纯棉绣线（图中选用了绿色、橙色和棕色）。

制作方法：

打印模板（参见附赠图样）并裁剪，或手绘出自己喜爱的图案。使用一根大号缝针，沿模板线迹等距戳出圆孔。将模板平铺在面料上，使用水消笔在每条枕套和床单的褶边上标记出圆点。利用六股丝绵绣线，以法式结粒绣的方法，按照自己喜欢的颜色，绣制茎秆、叶片和花朵。为了绣品背面尽可能干净整洁，建议绣花针和绣线在构成枕套褶边的双层面料之间进行穿缝。如果您选用的枕套或床单未进行双层褶边处理，则尽量确保作品背面走线整洁有序即可。

荷叶边装饰

如果您希望制作能够快速完工的装饰床品，可以考虑随处可见且价格亲民的荷叶花边。您既可以利用荷叶花边来装点标准枕套的套口内边，也可以为中式枕套添加活泼可爱的边饰。一套色调一致的枕套便可成为一份出色的礼品。

制作材料：

基础缝纫工具、西式枕套或中式枕套、荷叶花边。

制作方法：

用于枕套套口装饰时，先测量并裁剪出装饰枕套套口所需的花边长度，在此基础上增加 1.3 厘米，用于尾端处理（标准枕套通常需要 114 厘米）。利用珠针将花边固定到枕套套口内边并车缝固定。用于中式枕套装饰时，先测量并裁剪出装饰枕套四边所需的花边长度。利用珠针将花边固定到枕套四边，拐角处沿 45°角翻折；车缝固定。再测量并裁剪出装饰枕套内圈装饰边线所需的花边长度，在此基础上增加 1.3 厘米，用于尾端处理。利用珠针将花边沿枕套现有的缝合线固定并进行车缝。

亚麻枕套

我们可以在天然原色系床品及其配套的柔和亚麻枕套上注入更具冲击力的色彩，例如中性色调的西瓜红、橘红或其他鲜亮色调。在为枕套主体选定一种颜色后，枕套套口便需选用另外一种颜色。这里提供的尺寸规格仅适用于标准枕套。

制作材料：

基础缝纫工具、0.9米宽127厘米的亚麻面料（作为枕套主体）、45.5厘米宽127厘米的另一色亚麻面料（作为枕套套口）。

制作方法：

将亚麻面料预洗、晾干并熨平。利用尺子和划粉在较大的亚麻面料（主体面料）背面量出一片61厘米×101.5厘米的长方形，小心裁剪。接着，在较小的亚麻面料（套口面料）背面，量出一片28厘米×101.5厘米的长方形；小心裁剪。将套口面料与主体面料正面相对，用珠针固定，沿101.5厘米长边对齐。按照1.3厘米处缝份，沿这条长边车缝固定。展开面料，褶边导向套口面料一侧熨平。沿套口面料101.5厘米长毛边锯齿缝。将面料对折，正面相对，使短边相交对齐；保留套口一侧不缝合，车缝另外两条侧边。将套口翻折，令锯齿装饰将两片面料的衔接缝遮盖住1.3厘米。熨烫压实并用珠针固定。枕套翻回正面，直接在两片面料的缝合线处车缝，对套口进行加固。

男装面料床品套装

男士衬衫面料配色美观大方，图案细腻精致，堪称纯色亚麻床品的绝美搭档。范例中，床单与一组不同面料进行了混合拼接，同时又采用相同面料组合来装点枕套套口。礼服衬衫抱枕套的制作方法请参见第 223 页，暖水袋保温套的制作方法请参见第 184 页。

制作材料：

基础缝纫工具、轮刀、尺子、切割垫板、纯棉条纹衬衫布组合、成品床单和标准枕套。

制作方法：

1. 利用尺子、轮刀和切割垫板测量并裁切出 20.5 厘米的长方形面料组合（长度可自行调节）。床单的缝制方法：选取足够的长方形面料拼缝为一长条，长度应在床单宽度的基础上增加 2.5 厘米。长方形面料正面相对，珠针固定后，按照 1.3 厘米缝份车缝固定。缝份展开熨平。沿长边向下翻折 1.3 厘米并熨烫压实，短边重复操作。拼接好的长条面料纵向对折并熨烫压实。

2. 利用对折并熨烫压实的长条面料包裹住床单顶边，珠针固定。按照 0.3 厘米缝份，沿长条面料的三条折边车缝固定，注意确保缝针同时穿缝底层面料。枕套的制作方法：拼缝一片 20.5 厘米宽的长条面料，长度应在枕套套口周长的基础上增加 2.5 厘米。面料正面相对，按照 1.3 厘米缝份将短边缝合，形成环状并熨烫压实。沿长边向下翻折 1.3 厘米并熨烫压实，如左图所示。将其套住枕套侧边。沿套口珠针固定并车边线，完成褶边处理。

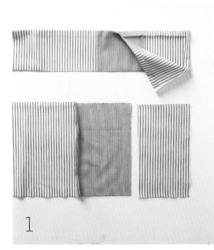

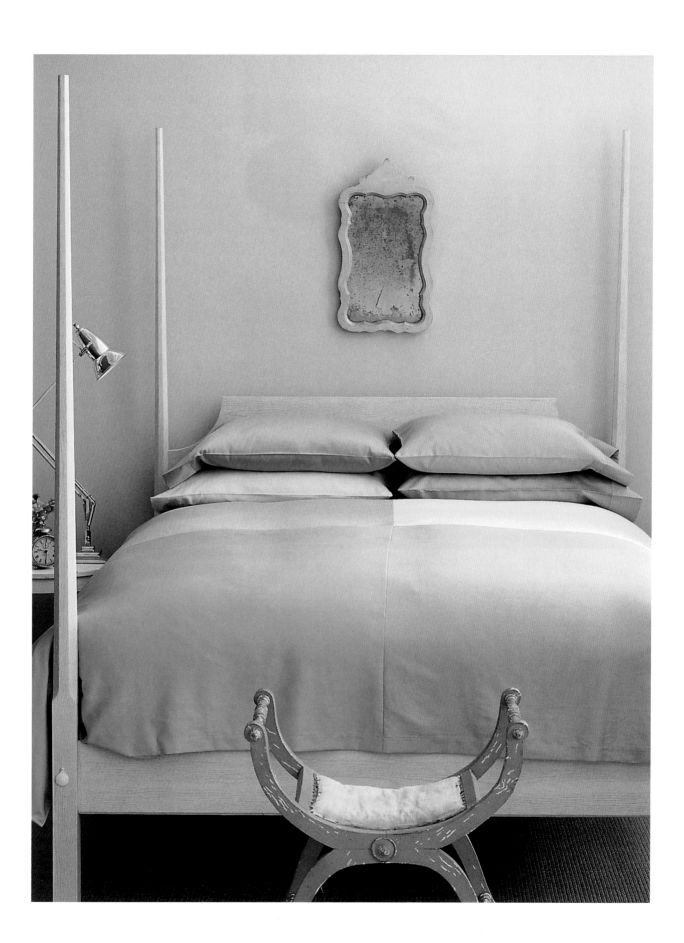

色块拼接被罩

浅色拼接块具有低调朴素之美，可瞬间彰显房间的优雅简约。范例中，利用超大号床单（图中选用了浅棕色、灰白色和淡淡的紫罗兰色）完美拼接而成的大被套，与床上堆叠的同色系枕套浑然一体，相得益彰。如果改用纯白或纯蓝色系，按照图示方法摆放，搭配效果也会同样惹人喜爱。在选购和裁剪床单之前，请首先确定好拼接块的尺寸。

制作材料：

基础缝纫工具、四条不同颜色的单人或双人床单（用量取决于拼接块尺寸）、被芯、斜纹带。

制作方法：

1. 将床单预洗、晾干并熨平。利用床单裁剪出八片同等尺寸的拼接块，具体尺寸取决于所选被芯的规格。计算拼接块裁剪尺寸时，先测量出被芯的长短边，然后将长短边尺寸分别除以 2，在此计算结果上各加 2.6 厘米作为缝份（例如，如果您选用一条尺寸为 223.5 厘米 × 229 厘米的双人被芯，则需裁剪八片 114 厘米 × 117 厘米的长方形面料）。根据测量尺寸，您可能需要将每条床单一分为二。

2. 缝制被罩表布时，将长方形面料两两一组，正面相对，沿 1.3 厘米缝份拼接缝合。将缝份展开熨平，然后利用锯齿剪刀修剪布边（参见第 26 页）。将左右两组拼接好的面料正面相对，缝份对齐，用珠针固定。沿 1.3 厘米缝份拼接缝合。将缝份展开熨平，利用锯齿剪刀处理毛边。按照相同方法重复操作，完成被套里布的拼接缝合，四片拼接块可依照相同顺序排列，也可更换为不同的配色组合方案。

3. 将表布和里布正面相对，用珠针固定，按照 1.3 厘米缝份，沿被罩的三条侧边车缝固定。在第四条侧边上，从两个拐角处分别向内缝合 0.6 米，在中心预留一处开口。将缝份展开熨平，然后利用锯齿剪刀修剪毛边。被罩翻回正面。将开口处的毛边向内翻折 0.6 厘米，熨烫压实，再次向内翻折 0.6 厘米，熨烫压实后，沿内边以 0.3 厘米缝份车缝固定。最后缝制系带，先裁剪 12.5 厘米长的斜纹带（沿被罩开口，每隔 15~20.5 厘米钉缝一对系带，请据此测算所需裁剪的斜纹带数量）。将斜纹带一个接一个钉缝在开口内边上。系带逐对打结，收紧被罩开口。

床单拼缝被罩

市面上售卖的成品被罩不仅价格高昂，而且颜色或图案还有可能无法全面满足您的需求。事实上，只需将两条床单简单拼缝在一起，缝制出完全个性化的被罩，便可轻松解决这些难题。

制作材料：

基础缝纫工具、两条尺寸相同且与被芯匹配的床单、斜纹带。

制作方法：

将床单预洗、晾干并熨平。两条床单正面相对，在距离两侧底角向内 0.6 米处分别沿底边进行标记。按照 1.3cm 缝份，沿四边车缝，仅保留两处标记间的一段作为开口不缝合。将被罩翻回正面。最后缝制系带，先裁剪 12.5 厘米长的斜纹带（沿被罩开口，每隔 15~20.5 厘米钉缝一对系带，请据此测算所需裁剪的斜纹带数量）。将斜纹带一个接一个钉缝在开口内边上。系带逐对打结，收紧被罩开口。

平针绣床品

只需通过颜色和图案的翻新变化，最基础的平针绣便可令整套床上用品的格调统一起来。范例中借助平针技法进一步强化了几款枕套现有图案的魅力，同时也利用这种技法在床单、枕套和羊毛床罩等纯色床品上塑造出多款温馨的图案。有关平针图样的专业术语介绍请参见第 44 页。

装饰枕套

利用条纹或方格面料缝制的枕套最适合改造为范例中的砖石图案。采用 6 股丝绵绣线时，绣制的线条较粗，如需绣制较细的线条，减少绣线的股数即可。

制作材料：

基础缝纫工具、各色丝绵绣线、绣花针、利用条纹或方格面料缝制的装饰枕套。

制作方法：

1. 取一段 45.5 厘米长的丝绵绣线穿入绣花针，一端打双结。后排砖石图案抱枕的绣制方法：绣花针由后向前入针，在面料的条纹间等间距绣制垂直线，在对比色纹理间上下穿缝（范例中，红色丝绵绣线压盖住白色条纹，由蓝色条纹底部穿缝而出）。切勿用力拉拽绣花针，以免面料缩拢起皱。

2. 中间抱枕的绣制方法：在面料的方格图案间，沿对角线方向，以 45°角平针绣，注意同样保持等间距。

3. 前排枕套的绣制方法：首先在丝绵绣线中分离出三股线，然后利用三股线沿条纹平行绣制较细的平针线迹，在枕套两端短边处各形成 7.5 厘米宽的装饰带。

床罩

一行行长长的白色平针绣线迹令整条纯红色床罩鲜活起来。建议选用与罩毯形成对比色的真丝线或毛线。

制作材料：

划粉、尺子、羊毛床罩、缝针、真丝线或毛线。

制作方法：

利用划粉和尺子，在罩毯上标记出均匀间隔的绣线轨迹。剪取一段毛线，长度比罩毯长度略短，穿过缝针后在一端打结。缝针在毯子上由后向前入针。缝针沿划粉标记线上下平针穿缝，注意每次在毯子上的挑针位间距保持均匀一致，可在缝针上穿缝数针后再一次性引线（轻引缝针，切勿拉拽，以免罩毯缩拢起皱）。在每行绣制完成后，毛线打结并剪除多余线头。

锯齿图案床单套组

平针绣并非仅允许沿直线刺绣，范例中的平针绣锯齿图案便被用来装饰枕套和床单。您可任意调整针脚的长度。

制作材料：

床单套组、对比色丝绵绣线、绣花针、尺子（可选）。

制作方法：

沿枕套和床单褶边刺绣锯齿图案，而非直线图案。针间距为 0.6 厘米左右。您可视个人偏好，利用枕套或床单上已有的针迹作为导引，来保证均匀的刺绣针距。这种针法同样可用于罩毯装饰。

刺子绣边饰枕套

范例中的卧室陈设宁静安详，一对标准尺寸的枕套侧边，利用彩色条状面料进行装饰，上面布满精致的刺子绣图案。有关日式刺子绣的具体介绍，请参见第45页。

制作材料：

基础缝纫工具、刺子绣边饰枕套模板、0.9米质地顺滑的白色或灰白色114厘米宽纯棉或亚麻面料、45.5厘米蓝色或棕色亚麻纯棉混纺面料、刺子绣绣针、刺子绣绣线或丝光棉线。

制作方法：

预洗、晾干并熨平面料。打印模板（参见附赠图样）并裁剪。在白色面料上裁剪两片53.5厘米×74厘米的长方形。在彩色面料上裁剪一片53.5厘米×43厘米的长方形。按照第45页介绍的刺子绣技法，选择其中一种刺子绣图案作为样板，在彩色的长方形面料上完成刺绣。将一片白色长方形面料与绣制完成的长方形面料正面相对，沿53.5厘米长的侧边珠针固定；在距离毛边1.3厘米处车缝固定。将刺绣完成的面料另一侧边与第二片长方形白色面料按照相同方法完成接缝。两侧缝份均展开熨平，以锯齿缝处理法固定缝份侧边（参见第26页）。将接缝好的布组正面相对对折。沿长边珠针固定，在距离毛边1.3厘米处车缝固定。缝份展开熨平，以锯齿缝处理法固定缝份侧边。下面对枕套剩余的毛边进行双褶边处理：先将面料翻折2.5厘米，熨烫压实，再次翻折2.5厘米，熨烫压实。车缝褶边。将枕套翻回正面。

贴布被罩与枕套

这套成品被罩及其同款中式枕套采用机缝贴布图案进行装点，放射状的大片花瓣为整套床品注入了勃勃生机（您还可以根据第 137 页介绍的方法，自己动手缝制被罩）。由于被罩尺寸较大，而贴缝的图案又较为精细复杂，完成这款作品可能会耗时较长。然而，您完全没有必要因此而心生胆怯，因为整个缝制过程会十分有趣，您尽可以依据自己的节奏来安排时间。建议在缝制间歇，不要将半成品整理收藏起来，而是一直摊放在工作台上即可，这样您便可以随时拿起针线，继续未完成的工作。

制作材料：

基础缝纫工具、贴布被罩和枕套模板、透明胶带、成品亚麻被罩和中式枕套、转印纸、描迹轮、卡纸或纸板、1.8 米薄亚麻面料（用作贴布面料）。

制作方法：

1. 打印各片模板（参见附赠图样）并用胶带贴合。先将床罩展平铺放在平面上，再将转印纸铺在床罩上；您需要用胶带将几层材料固定起来。将模板铺在转印纸上，将放射状的花瓣摆放好后，使图案一直延展到被罩侧边处。利用描迹轮将花瓣轮廓转印到被罩上（如果标记线部分缺失也无须担心；标记线只起到为模板定位的作用）。接下来，在卡纸上打印花瓣模板图样，或者利用转印纸将模板转印到纸板上，然后剪切（如果希望标记线足够清晰牢靠，可沿模板多描刻几次）。使用水消笔将模板描绘到贴布面料上并进行裁剪。

2. 用珠针固定，然后按照第 32 页介绍的机缝贴布技法，逐一贴缝每片花瓣（相对于一开始便固定好所有花瓣，每固定一片便贴缝一片更要加方便操作，且可相对减少工作量，否则易导致面料磨损散边）。剩余花瓣按照相同方法贴缝，直至完成整幅图案；最后再按照自己需要的尺寸裁剪几片花瓣，在中式枕套上进行贴布装饰。

被罩系带简便钉缝法

被罩可以起到保护被芯的作用，使其免于沾染油点、污渍或受到日常磨损。为了便于罩套被芯（同时确保被芯在被罩内不易发生位移），可以尝试这样一个小小的改动：在被罩的四个内角处各钉缝两根 5 厘米长的布条；手执被芯一角，将填充棉向中心推送，然后利用布条缠绕被角并绑系牢固。

作品：
围 嘴（Bibs）

　　围嘴最适合作为小孩出生时或周岁生日的礼物，而自己亲手缝制或装饰的围嘴无疑更具意义。在进行一些基础刺绣或其他快手缝纫技法的演练时，围嘴同样是最理想的起步作品：在小小的平面上，只需添加一两处精心绣制的图案或细节装饰，便足以令人眼前一亮。您可以用心缝制一条独一无二的围嘴作为纪念品，也可以快速缝制一打基础款围嘴，放置在厨柜、出行包、婴儿车或幼儿园里，方便随时取用。在这一章里，您将学习如何通过不同面料和装饰方法的选用来满足不同需求，几乎涵盖了宝宝成长的各个阶段，例如由纯棉面料缝制而成的纯白围嘴（与宝宝皮肤接触时触感细腻舒适），只需利用简单刺绣或斜裁带边饰便可装点出活泼可爱的图案和色彩。对于刚刚开始学习自己吃饭的幼童来说，更适合选用配有口袋的油布围嘴，这样便可接住掉落的食物，避免弄脏地板。范例中的防水围嘴均可直接擦除清理，这对于忙碌的父母而言可是帮了大忙。

内容包含：

+ 苹果刺绣围嘴

+ 斜裁带装饰围嘴

+ 油布口袋围嘴

苹果刺绣围嘴（对页）："A"代表"苹果"（Apple），还可以代表"可爱迷人"（Adorable）呢！围嘴上的苹果和字母采用了缎面绣和回针绣技法（第38页），绣品经久耐用，可反复洗涤。制作方法：先打印苹果刺绣围嘴模板（参见附赠图样）并裁剪，利用尖利的热转印笔将图案描刻到转印纸上（这样描刻的线迹较细）。然后转印纸正面朝下，利用熨斗将图案转印到围嘴上。采用丝绵绣线，以缎面绣绣制苹果图案，以回针绣绣制字母即可。

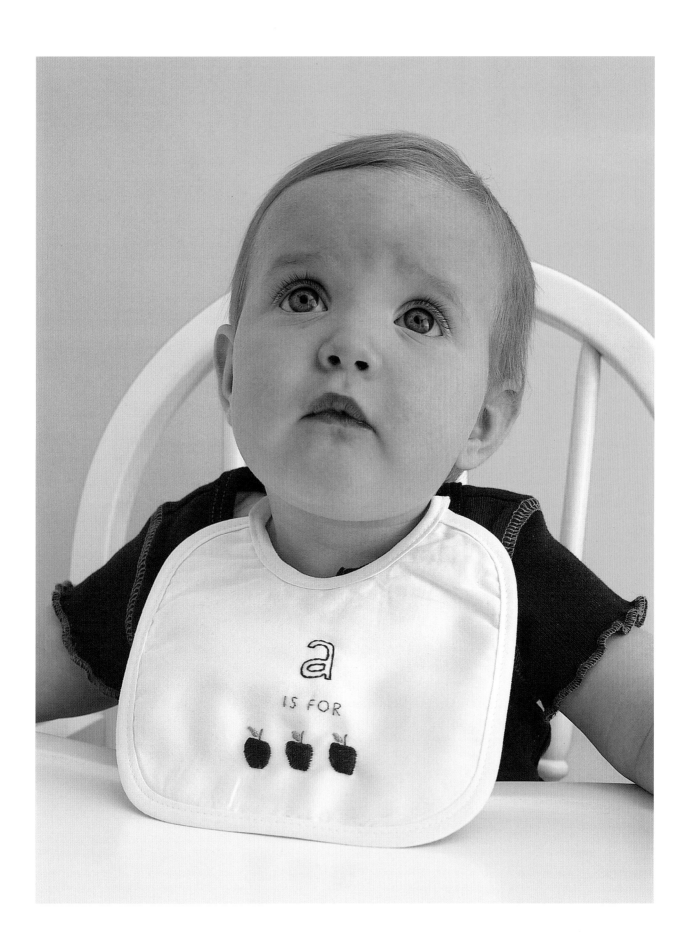

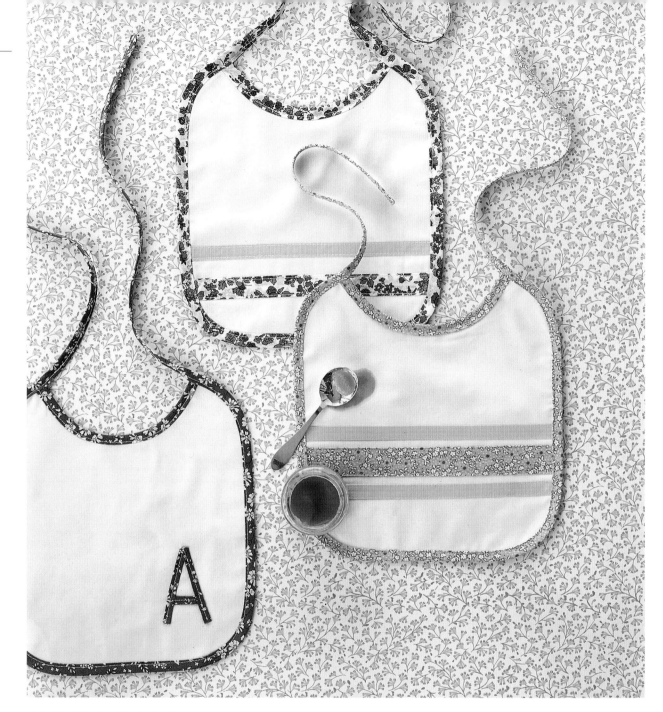

斜裁带装饰围嘴

由印花布、方格布、波尔卡圆点布或条纹布缝制而成的斜裁带可以将纯白色围嘴快速装点一新。您可以选用自制斜裁带（参见第 359 页），也可以选用手工商店里售卖的成品。几条斜裁带经过组合，还可形成简单的贴布字母图案。

制作材料：

基础缝纫工具、斜裁带装饰围嘴图样、透明胶带、白色纯棉面料、1.8 米任意宽度的单折斜裁带（注意为条纹、字母或其他装饰图案备足余量）。

制作方法：

1. 打印图样（参见附赠图样），用胶带固定并进行裁剪。在白色面料上裁剪围嘴。采用条纹图案时，沿斜裁带顶边和底边各 0.3 厘米处分别车缝固定。采用字母图案时，先摆放出字母造型，然后将斜裁带与围嘴车缝固定，末端向下翻折缝合，以免散边。将斜裁带沿领口车缝，剪除多余部分。

2. 下面进行围嘴外侧轮廓的包边处理并缝制系带。首先裁剪一段 127 厘米长的斜裁带，然后由斜裁带末端起量出 29 厘米，将其散置一旁即可（用作系带）。由领口一端开始包缝斜裁带，按照 0.3 厘米缝份环绕围嘴整圈车缝，直至到达领口另一端为止。自此缝点起，再量出 29 厘米作为另一根系带，多余部分剪除。沿整条系带纵向车缝，末端采用回折处理法（第 359 页）收尾即可。

油布口袋围嘴

　　防污渍油布是缝制围嘴的完美材料（同样适用于围裙，参见第96页）。油布色彩艳丽，图案丰富，同时也有纯色面料可供选择。您可以同时选用两种不同图案的面料，一种用于围嘴主体，另一种用于缝制口袋（不配口袋亦可）。为了使围嘴更加经久耐用，可利用绗缝线或涤棉线，在围嘴四周包缝斜裁带。

制作材料：

　　基础缝纫工具、围嘴和围嘴口袋图样、透明胶带、油布、1.3厘米单折斜裁带、绗缝或通用缝线、四合扣、魔术贴（可选）。

制作方法：

1. 打印图样（参见附赠图样）并进行裁剪。将图样转印到油布正面并裁剪。按照0.3厘米缝份沿围嘴侧边包缝斜裁带，端口处向下翻折缝合，以免散边。

2. 将口袋与围嘴底边对齐，沿底边缝合线车缝固定。在口袋两侧各安装一颗四合扣（这样便可在餐后打开四合扣，向下翻折口袋，进行冲洗），最后可同样安装四合扣，也可钉缝魔术贴来控制领口开合。

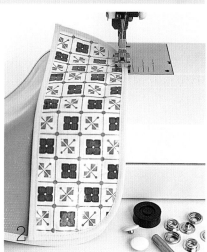

作品：

毯 子（*Blankets*）

　　毯子简直就是舒适的代名词。无论是随意搭在椅子上，还是用它把自己捂得严严实实，毯子带给我们的温暖舒适总是深得人心。谁都可以轻松完成毯子的缝制，因此不要被此类作品巨大的尺寸所蒙蔽。您可以先从质地柔软却结实耐用的羊毛或纯棉面料着手，然后再逐步进行装饰，直到自己满意为止。

　　本章为您列举了各式毯子的缝制方法，包括送给新生儿的婴儿毯与可以世代传承的麦尔登呢床罩等。无论您选择什么样的作品，其出众的颜色和质地总会带来令人心满意足的成品效果。无论您预备在休息时利用盖毯来取暖，还是将其送给亲朋好友，这幅优美作品都足以证明您的精湛手艺。

内容包含：

+ 绣花边饰基础毯　　　　　+ 法式结粒绣毛毯

+ 丝带边饰毯　　　　　　　+ 毡化毛衫拼布毯

+ 流苏盖毯　　　　　　　　+ 双面婴儿毯

绣花边饰基础毯（对页）：如果您计划缝制一张既温暖又经典的大床罩，可以利用中粗棉线，以锁边绣技法，沿麦尔登呢或其他中等厚度的面料进行锁边装饰。

绣花边饰基础毯 参见第 147 页图片

由于绝大多数面料的宽幅都不足以直接用作标准、大号或超大号双人床的罩毯，因此您多半需要利用明包缝技法将两幅面料衔接起来，第147 页的覆盆子色羊毛羊绒混纺毛毯便采用了这种拼缝结构。

制作材料：

基础缝纫工具、两幅相同尺寸的麦尔登呢或其他中等厚度的羊毛混纺面料（面料的总尺寸应比计划缝制的罩毯尺寸长、宽各多出 7.5 厘米）、大号绣花针、中粗棉线。

制作方法：

1. 以明包缝技法将两幅面料衔接起来：其中一片面料平铺在另一片面料上，正面相对，沿一侧长边珠针固定。沿 6.5 厘米缝份车缝固定。缝份展开熨平，然后再倒向一侧熨平。将下层被掩盖的缝份修剪至 0.6 厘米。上层缝份向下翻折 1 厘米并熨平压实，将上层缝份均匀压盖住修剪好的底层缝份，用珠针固定。沿 0.3 厘米缝份车缝折边，使其与毯子缝合固定，缝合线应与前一道拼缝线保持平行。熨平压实。

2. 利用缝针和棉线，沿缝份十字绣（第 40 页）。毯子反面朝上，缝份朝向自己。由顶端开始，缝针自反面向正面出针，起针点应紧贴缝份左侧边线。然后缝针沿对角线向右下方，紧贴缝份右侧边线入针，再保持水平方向穿至左侧出针。沿对角线向右下角刺绣第二针，注意与第一针保持平行，且针间距始终保持与缝份等宽。继续沿缝份完成整行斜向“浮针”或回针的绣制。到达另一端时，调转方向。

3. 按照相同针法由近及远绣制，始终由右向左运针。新的一列浮针将遮盖住原有浮针，形成一系列“X”形。

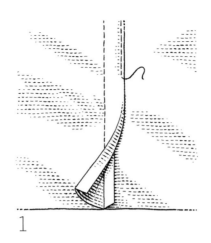

1

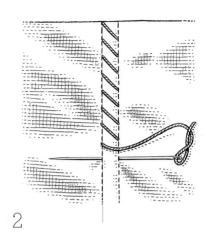

2

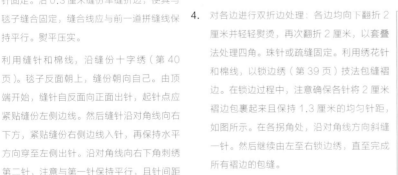

3

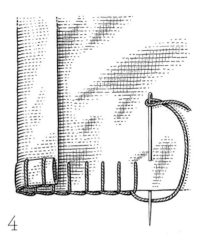

4

4. 对各边进行双折边处理：各边均向下翻折 2 厘米并轻轻熨烫，再次翻折 2 厘米，以套叠法处理四角。珠针或疏缝固定。利用绣花针和棉线，以锁边绣（第 39 页）技法包缝褶边。在锁边过程中，注意确保各针将 2 厘米褶边包裹起来且保持 1.3 厘米的均匀针距，如图所示。在各拐角处，沿对角线方向斜缝一针。然后继续由左至右锁边绣，直至完成所有褶边的包缝。

毯子的基本尺寸

虽然毯子并没有统一的标准化尺寸，但以下常用尺寸可供您作为参考：

盖毯：152.5 厘米×137 厘米

单人床罩毯：152.5 厘米×229 厘米

标准双人床罩毯：203 厘米×229 厘米

大号双人床罩毯：229 厘米×229 厘米

超大号双人床罩毯：266.5 厘米×229 厘米

丝带边饰毯

丝带包边不仅能够在外表上对毯子边框进行修饰，而且还能够为毯子侧边带来细腻顺滑的质感。建议您在起步阶段先选用大号羊毛毯进行练习。如果为了使毯子达到自己所需的尺寸，需要将两幅毯子进行拼接，请采用明包缝技法（对页，第一步）。

制作材料：

基础缝纫工具、麦尔登呢或其他中等厚度的羊毛混纺面料、对比色罗缎丝带、缎带或斜纹织带（至少 10 厘米宽）。

制作方法：

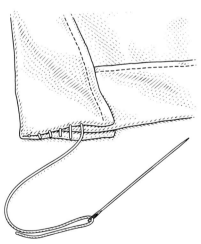

裁剪四条丝带：其中两条在毯子短边长度的基础上增加 2.5 厘米，另外两条在毯子长边长度的基础上增加 2.5 厘米。将丝带反面相对，纵向对折，熨烫压实。利用划粉将对折后的丝带宽度标记在毯子两端短边处。毯子翻面并按照相同方法进行标记。利用对折后的丝带分别包裹住毯子两端短边，使丝带侧边与划粉标记线对齐，丝带两端应比毯子各长出约 1.3 厘米。用珠针固定。将两端长出的部分分别向下翻折，使其与毯子侧边对齐。用珠针固定，调整褶边，确保毯子两端的包边宽度一致。在距离丝带侧边 0.6 厘米处车缝固定，注意同时穿缝三层面料。按照相同方法处理毯子长边。如左图所示，手工缝合毯子四角。

流苏盖毯

缝制盖毯的一种简便方法是选用一块质地柔软、编织纹理较为松散的面料，然后在侧边添加流苏装饰即可。范例中的盖毯选用了马海毛材质，宽条十字绣图案令其更具设计感。

制作材料：

基础缝纫工具、1.4 米宽 152.5 厘米的马海毛面料、绣花针、对比色马海毛线（范例中选用了白色线）。

制作方法：

只需沿面料的剪裁边抽出一些编织纱线，便可形成流苏效果，然后沿流苏顶边锯齿缝（参见右侧图示），防止边缘散线。利用马海毛线和绣花针，以十字绣针法绣制三行大号"X"图形（纵横各跨越八条纱线为一针，具体针法参见第 40 页）。

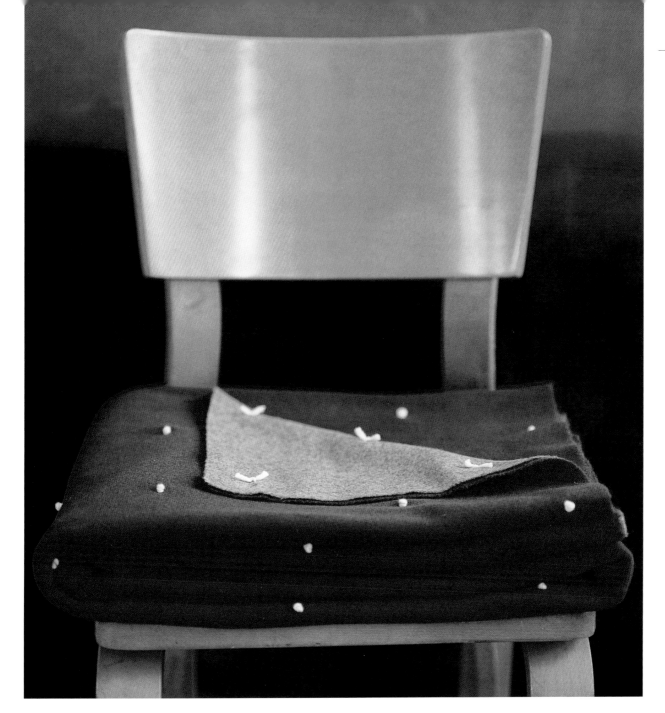

法式结粒绣毛毯

利用毛线，以均匀间隔绣制法式结粒绣（第 42 页），从而将双层羊毛面料固定起来，形成整张盖毯。均匀分布的一颗颗结粒为图案注入了一抹温馨，同时可防止上下层面料发生位移。如果您希望省去褶边处理的麻烦，直接选用毛毡面料即可。

制作材料：

基础缝纫工具、两条 1.2 米×1.8 米对比色羊毛面料或其他不散口面料（范例中选用了红色和灰色面料）、绣绷、自选颜色的中粗毛线（范例中选用了白色）、织补针。

制作方法：

1. 利用安全别针固定双层面料，防止面料发生位移。为了确保结粒均匀分布，先利用尺子和水消笔绘制网格，各结点即为结粒绣位置。图中盖毯的结粒间距为 20.5 厘米。

2. 将毯子部分区域绷入绣绷，开始刺绣法式结粒绣：在标记点位置，穿好线的绣针由后向前入针，面料背面保留 5 厘米的线尾。一手将线收紧，另一手执线在针上缠绕两圈。针头重新穿入面料，入针点尽可能贴近首次出针点。在将针完全穿出面料前，先将线收紧，确保线结紧贴盖毯。将针完全穿至面料背面，形成结粒。在反面打结固定并将多余的线头对齐剪断。

毡化毛衫拼布毯

　　将各式经过机洗毡化处理的象牙白色系毛衫剪裁为正方形、长方形和三角形拼接片，然后便可将其拼缝为甜美的毛毡毯。所选用的毛衫（可分为绞花或阿伦图案）均经过热水机洗和高温甩干处理，使得纤维相互缠结，形成质地柔软、厚实的毛毡面料（有关机洗毡化处理的具体方法，参见第 86 页）。在选取拼缝材料时，厚度和颜色接近的针织衫最为理想；不同图案的组合可进一步丰富视觉和纹理效果。

制作材料：

　　基础缝纫工具、毛衫。

制作方法：

　　将毛衫进行高温机洗和甩干处理（为了保护洗衣机和甩干机，建议将毛衫放入洗衣袋内洗涤甩干）。只有当毛衫经过裁剪不会散边时，才算达到毡化效果（您可能需要进行多轮机洗和甩干处理）。裁剪并摆放拼接片，使其形成一张图案温馨的毛毡毯（范例中的毛毡毯尺寸为 1.1 米×1.5 米）。以 6~9 毫米摆幅锯齿缝针法拼缝裁剪好的毛衫。注意拼接片之间切勿发生交叠，拼接片应并排置于压脚下。在排列拼接片顺序时，毯子四边尽量由经过褶边处理的拼接片侧边构成（否则，仍需进行褶边处理）。

双面婴儿毯

如果您希望为家中剩余的漂亮面料寻找新的用武之地，那么可以尝试将这些面料双层拼缝，使其成为可爱的婴儿抱毯。这种抱毯的缝制方法超级简单：先选取一片带有精美图案的薄款天然面料，如花卉图案、波尔卡圆点或泡泡纱面料，再选取一片保暖性良好的薄款绒布面料，组成一对。范例中，两条抱毯经过叠放包装，便构成了一件精美礼品；每条毯子的顶角均被翻折过来，以呈现反面图案。

制作材料：

基础缝纫工具、0.9 米薄款棉布、0.9 米棉绒面料。

制作方法：

裁剪两片 91 厘米 × 114 厘米的长方形面料：一片为薄款棉布，另一片为棉绒面料。将两片面料正面相对，珠针固定。沿 1.3 厘米缝份车缝固定，保留一处 7.5 厘米宽的翻口。在四角打剪口。将毯子翻回正面。四角熨平压实，以藏针锋手工缝合翻口（第 21 页）。

作品：

书 套 (Books)

书的封面与封底之间承载着各种各样的故事，有的是文学性的，如故事书、文学杂志和小说，还有的是实用性的，如家庭轶事、菜谱或相片集等。当然啦，各种留言簿、相簿、园艺手账和日程表，都记录了满满的故事。如果再配以手工缝制并精心装饰的书套，它们定会成为家中最值得珍藏的纪念品。

我们可以选用非同寻常的面料（如毛毡和油布），以经久耐用的技法为经典著作的封面注入时尚感。在为童书制作书皮时，要考虑到宝宝娇嫩的小手，尽量选用质地柔软的面料，帮助宝宝们认识数字，识别农场小动物。园艺手账则更适合披上粗麻外衣，再以缎带绣制的立体蔬菜和水果进行装饰，为四季更替留下一份甜美的记录。

如果希望在周末或晚间享受一段美好的手作时光，缝制书套是您再理想不过的选择，亲手装饰的图书会成为送给亲朋好友最贴心的礼物。所以，您尽可以在促销时多囤积一些刊物和相册，暂时收藏起来。遇到需要送礼的场合，便可随时为对方个性化定制一本令人爱不释手的佳作。

本章内容：

+ 笔记本与支票簿真皮保护套　　+ 油布书套

+ 毛毡书衣　　　　　　　　　　+ 贴布数字书

+ 园艺手账

笔记本与支票簿真皮保护套（对页）： 真皮保护套适用于各种手账、支票簿和笔记本，既经久耐用又美观大方，可供选择的颜色也十分丰富。图中展示的保护套采用了不同的锁扣方式，包括四合扣、系带和松紧带等。

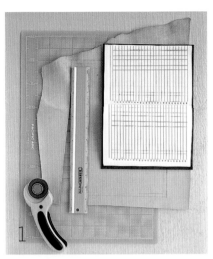

笔记本与支票簿真皮保护套 参见第 155 页图片

真皮面料适于裁剪各种不同形状，质地柔软，经久耐磨，而且不会出现散边脱线问题，因此无须进行褶边处理。建议选用厚度不超过 0.6 厘米的皮革面料，以便利用家庭缝纫机进行车缝。您可通过布料商店、修鞋店和网店购买皮革材料，可供选择的颜色、厚度、纹理和孔眼图案品类齐全，款式多样。

制作材料：

基础缝纫工具，笔记本或支票簿，彩色皮革（厚度在 0.6 厘米以下），切割垫板，防滑尺，轮刀，多功能黏合剂，涤棉线，皮革针，防粘压脚，皮革打孔器（可选），四合扣工具套装、索环安装工具或松紧带（可选），锯齿剪刀（可选）。

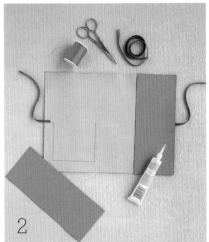

制作方法：

1. 在皮革绒面一侧描绘笔记本或支票簿轮廓线，翻转书本，完整绘制前后面和书脊（注意支票簿的折叠边需额外增加 5 厘米，以便为插笔孔留出空间）。沿四边外扩 0.6 厘米作为缝份。将皮革面料平铺到切割垫板上，用防滑尺压实固定；利用轮刀沿标记线切割。

2. 如果选用系带锁扣法，裁切两条 0.3 厘米宽的皮带；分别粘贴到皮革面料的绒面两侧。下面缝制口袋，先裁切一片长方形皮革面料，将其在封面上居中放置，除顶边外，沿其余各边黏合；等待黏合剂晾干。在车缝前，先根据缝纫机使用说明将张力调高，针脚应比车缝普通面料时略长，以防皮革撕裂（约为 2.5 厘米 8~10 针）；以 0.3 厘米缝边，沿口袋三条黏合边车缝固定。如需为支票簿缝制插笔孔，先裁切一片 5 厘米 ×10 厘米的皮带；纵向对折。保留出直径 1.3 厘米插笔孔的长度，然后将皮带两端黏合；车缝固定。将插笔孔黏合到书脊上。裁切前后两片插套，宽度应覆盖笔记本宽度的四分之三，支票簿则直接裁切 7.5 厘米。将三边进行黏合，等待黏合剂晾干。

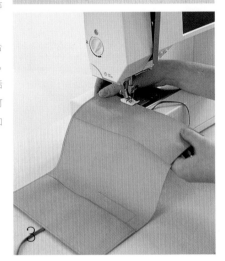

3. 以 0.3 厘米缝份，沿插套三条黏合边车缝固定。若采用四合扣作为锁扣，可借助打孔器为四合扣或索环打孔（按照工具套装要求操作）；然后嵌入四合扣或索环。如果采用松紧带作为锁扣，裁剪一段松紧带，长度应为笔记本或支票簿宽度的两倍。在封底上打一个小孔，松紧带穿入后将两端合并打结。打结后形成的套环折向外侧，用于套系书本。如果采用腰封带作为锁扣，可利用锯齿剪刀裁剪出一条皮革窄带，长度以环绕书本一周为准；采用对比色缝合线车缝顶边和底边，然后利用打孔器为四合扣打孔（按照工具套装要求操作）；最后嵌入四合扣。

毛毡书衣

　　毛毡布质地柔软，纤维的强度又极高，天然便是手工书套的理想选择。这种面料足够硬挺，可令书套看起来格外有形，同时又兼具柔韧顺滑的特性，在车缝时不易拖线或缩拢。由于无须进行褶边处理，缝制毛毡书套所需耗费的时间仅为普通面料的一半。

制作材料：

　　基础缝纫工具、手账或图书、毛毡布、14号缝针、100% 涤纶线、松紧带（可选）、规格为 0.6 厘米的索环安装工具（可选）、纽扣（可选）、布包扣工具套装（可选）。

制作方法：

　　利用划粉在毛毡布背面描绘书本的轮廓线，翻转书本，完整绘制封面、封底和书脊，延长两侧长边，使其涵盖前后插套的尺寸，如图所示；沿各边添加 0.6 厘米缝份。剪下整片长方形。将长方形两侧短边向内折，各形成一个口袋，使封面和封底可以套入其中。折边熨烫压实。将折好的顶边和底边用珠针固定，沿 0.6 厘米缝份车缝固定。如果您计划选用松紧带作为锁扣，在毛毡布封面一侧钉缝一颗纽扣，然后在封底内边钉缝一小圈松紧带套环。如果您计划采用腰封带作为锁扣，可在毛毡布上裁剪一条窄带，长度以环绕书本一周为准，标记出纽扣和扣眼的位置，钉缝毛毡布包扣（有关利用包扣工具制作布包扣的具体方法，参见第 356 页），切开一个割口作为扣眼。下面制作书签，先利用锯齿剪刀在毛毡布上裁剪一条细长的长方形；在顶边安装一个扣眼（按照扣眼工具说明操作），并在扣眼上系牢一条流苏。流苏的制作方法：裁剪一条 15 厘米×5 厘米的毛毡布长条，沿一侧裁剪深度为 2.5 厘米的流苏，然后围绕一条线绳卷紧，钉缝数针固定。线绳的另一端环绕扣眼打结系紧。

毛毡布腰封带

　　这款腰封带可以作为纽扣腰封带的替代版，主要适用于具有特殊意义的书本，如婚礼留言簿或纪念册等。在毛毡布上裁剪一长条，长度在环绕书本一周的基础上再增加 7.5 厘米左右（图中的腰封带宽度为 7.5 厘米，也可以视之为封面高度的三分之一）。将一端剪圆，沿书本缠裹一周。在距离书本侧边约 2.5 厘米处放置一颗纽扣；用手固定住纽扣，慢慢将腰封退出书本。将纽扣与下方的双层毛毡布钉缝固定。再将腰封带套回书本上。

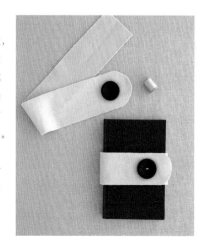

园艺手账

两件布艺书衣将这组园艺手账装点一新，所选面料分别为米黄色洗碗巾和橙色亚麻布，上面绣有立体水果和蔬菜。有关缎带绣的具体方法，请参见第 48~49 页。

制作材料：

基础缝纫工具、园艺手账、亚麻洗碗巾或亚麻面料、刺绣丝带、绣花针、纽扣、包扣工具、蜡绳。

制作方法：

1. 测量手账的高度和长度；测量长度时，须将手账闭合，测量由一条侧边绕经书脊至另一侧边的尺寸。在高度和长度的基础上各加 10 厘米。利用水消笔和尺子，在面料上按照测量结果绘制一个长方形，并进行裁剪。围绕四边进行锯齿缝，以防面料散边。

2. 手账置于面料中心位置，利用水消笔沿手账顶边和底边做出若干标记。将手账移开；利用尺子在底边标记下方绘制一条 0.3 厘米的缝份线，在顶边标记上方同样绘制一条 0.3 厘米缝份线。沿两条新绘制的缝份线翻折面料，熨烫压实。

3. 将面料的右侧边翻折 5 厘米，熨烫压实。将手账封底套入折好的插套内，然后利用面料剩余的长度包裹封面。沿手账封面侧边与面料的交接线做若干标记。将手账移开，在标记处熨烫压实。左右两侧插套珠针固定，按照 0.3 厘米缝份，沿顶边和底边车缝固定。

4. 如需在封面进行刺绣，先利用水消笔标记出水果和蔬菜的位置。根据右侧的针法术语，参照第 48~49 页的具体刺绣方法，绣制自己选定的图案。

5. 如采用纽扣锁扣法，先利用刺绣好的亚麻面料制作包扣（包扣工具的使用方法参见第 356 页），将布包扣钉缝在书套封面处。蜡绳一端缠绕并绑系在纽扣根部，剩余蜡绳围绕书本缠绕一周。

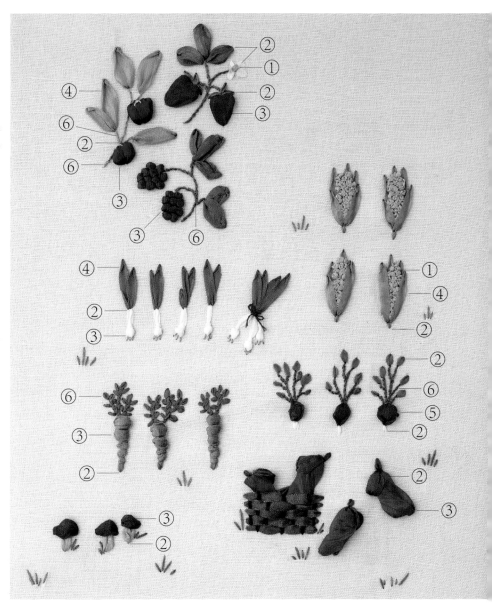

水果与蔬菜刺绣针法术语

创作如此丰富的农产品仅需 6 种基础针法：

① 法式结粒绣

② 直针绣

③ 堆叠直针绣

④ 丝带绣

⑤ 堆叠丝带绣

⑥ 轮廓绣

油布书套

　　我们可以亲手缝制一套经久耐用的油布书套，用来保护菜谱、手工书、笔记本或其他需要防止污渍沾染的书。您还可以利用相同方法，尝试其他防水面料带来的不同效果，例如塑料台布等。

制作材料：

　　基础缝纫工具、书本、油布、回形针。

制作方法：

　　测量出书本的高度和长度，测量长度时，须将书本闭合，测量由一条侧边绕经书脊至另一侧边的尺寸。在高度值的基础上增加 2 厘米，在长度值的基础上增加 10 厘米。利用水消笔和尺子，在油布背面按照最终确定的尺寸绘制一个长方形并裁剪出来。两侧短边各翻折 5 厘米，利用回形针固定住油布。按照 0.3 厘米缝份，沿油布书套顶边和底边车缝固定。书套展开，套入书本即可。

贴布数字书

手缝贴布书既可以用来帮助宝宝识别数字和动物，又可以用来演练自己的贴布技法。图示中的数字书分别用到了水玉波点、印花、格子和条纹方格贴布图形，动物书则融入了刺绣技法。有关贴布的具体方法参见第31页，刺绣针法参见第38页。

制作材料：

基础缝纫工具、贴布数字书模板、透明胶带、各类印花和纯色棉布与毛毡、布料专用胶、丝绵绣线、棉线、镊子、细孔长手缝针（细密针脚专用缝针）、绣花剪刀。

制作方法：

打印模板（参见附赠图样）并裁剪。在纯色面料上测量并裁剪六片33厘米×17厘米的长方形。利用水消笔在印花面料上绘制贴布图形并裁剪。将数字和图形分别摆放到五片长方形面料上，参照第31页的手翻贴布法进行贴缝，随后便可利用刺绣针法进行细节装饰；如果您愿意，还可以在用作封面的长方形面料上缝制贴布图案。将第"5"片和第"4"片长方形面料正面相对，边线对齐。以0.3厘米缝份，沿四边车缝固定，在其中一条侧边预留一处短小的翻口。翻回正面；以藏针缝（第21页）缝合翻口。按照相同方法，第"2"片与第"3"片为一组，第"1"片与封面为一组，分别进行缝合。环绕各页进行布边处理，利用对比色缝线沿各侧边锯齿缝。最后进行所有书页的钉缝，先将封面朝下摆放在桌面上，然后再将第"5"页朝下摆放在桌面上，最后将第"2"页朝下摆放在第"1"页上，沿所有书页的中心缝合线车缝固定。

作品：

服 装（*Clothing*）

　　有人可能会觉得自己裁剪服装未免有些老土，而实际上，即使作为时尚达人，您依然有充足的理由这样做。其一是风格绝对个性化。通过精心挑选自己喜爱的面料、颜色和图案，添加与众不同的细节与装饰，您可以缝制出独一无二的短裙、长裙、裤子及其他服饰，而这些在品牌服装店绝对买不到。穿着舒适合身则是另一个原因。自己缝制服装意味着您可以真正做到量身定制，随时调整裙摆的高低或袖子的长短。

　　本章为您介绍的服装作品，绝大多数简单易做，几小时内便可轻松完成。在制作成人服装时，如裹身裙和束带裤，可以先依照图样缝制出棉布版，确定尺寸无须调整后再尝试其他面料。制作儿童服装时，如可爱的宝宝和服与适合小姑娘的衬衫裙，则完全可以省去这一步骤。

　　当然，自己缝制服装并不意味着一切都要从头做起。在本章中，您还将学习到如何在成品衬衫上添加贴布图案，如何利用面料印花技法来装饰纱笼。无论您是选择自己缝制新衣服，还是在成品服装上进行装饰，相信您都会享受这个可以展现自我个性的机会。

内容包含：

+ 免缝扇形花边裹裙
+ 快手抹胸裙
+ A 字形裹裙
+ 简易纱笼
+ 海洋风印花纱笼
+ 夏威夷图样贴布罩衫

+ 宝宝和服
+ 女童衬衫裙
+ 贴布蝴蝶披肩
+ 贴布花朵衬衫
+ 束带裤

免缝扇形花边裹裙（对页）：这款短裙采用仿麂皮材质，利用燕麦罐绘制出扇形花边，仅需一粒纽扣在背部固定即可。

免缝扇形花边裹裙 参见第163页图片

只要您会钉缝纽扣，便会缝制这款短裙。用于裁剪短裙的长条状仿麂皮可随剪随用，无须进行褶边处理。您可以直接手绘短裙图样，也可以利用附赠的图样。在正式裁剪短裙面料前，建议您先利用价格低廉的棉布制作一条试验版，然后再以这条试验版短裙作为模板，正式裁剪短裙。

制作材料：

基础缝纫工具、免缝扇形花边裹裙图样、透明胶带、1.6米长（114厘米宽）棉布、1.6米长（114厘米宽）且质地厚实的仿麂皮（如需缝制中号以上的短裙、面料的尺寸应为1.8米）、907克燕麦罐、大纽扣（用于固定裙腰）。

制作方法：

1. 如果采用纸样裁剪，先打印（参见附赠图样）并用胶带拼接固定，裁剪纸样。在棉布上依照纸样裁剪，然后跳至第四步继续缝制。如不采用纸样，则需依照如下方法，在不借助图样的前提下缝制试验版：选取一处平整的工作台面，将棉布对折，折后尺寸为76厘米×114厘米，如短裙尺码达到中号以上，则折后尺寸应为91厘米×114厘米。调转面料，使折边位于您的右手侧。利用水消笔，在折边上方（自右下角起）25.5厘米处做一个标记，然后由标记点至左下角连接一条外凸的弧线。

2. 在与折边相对的侧边上，自底边向上，在99厘米处标记一个点。由标记点至右上角（另一侧折边上）绘制一条外凸弧线。沿两条弧线进行裁剪，将面料围绕腰部，以左下角为基点环绕一周，调整尺寸。如果短裙交叠后的余量达不到23~25.5厘米，则需重复步骤一，重新裁剪一片棉布面料，由底边增加弧线的裁剪深度。

3. 利用燕麦罐沿侧边绘制扇形花边（参见下方图示）。先裁剪腰部的扇形花边，注意同时裁剪双层面料。将表层面料向后翻折，沿一端绘制扇形花边。短裙环绕腰部一周并交叠；扇形花边保持自由垂落状态即可。

4. 利用珠针将处理好的棉布版本（可视需要调整尺寸）固定到仿麂皮面料上（对折后的尺寸为76厘米×114厘米或91厘米×114厘米）。利用划粉绘制图样。裁剪面料。短裙环绕腰部一周并交叠，扇形花边保持自然垂落状态即可。利用珠针在底层面料上标记出锁扣位置。在标记点上钉缝纽扣。表层面料上裁切一个小口，作为扣眼使用。

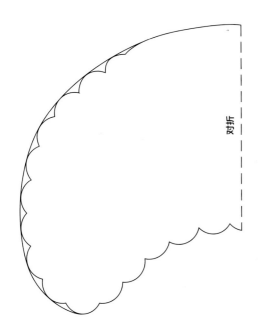

对折

快手抹胸裙

只需 1.8 米面料和 0.9 米长绳，便可在 1 小时内轻松完成这款时尚简约的长裙，实属新手入门的理想选择。如果您计划选用条纹面料，注意一定要使用竖条纹图案。

制作材料：

基础缝纫工具，约 1.8 米长、1.5 米宽的面料（依据测量结果，如果您计划选用 1.14 米宽幅的布匹，则需准备 3.6 米长面料）, 0.9 米装饰绳、窗帘绳或丝带。

制作方法：

1. 预洗、晾干并熨平面料。裁剪两片相同尺寸的长方形。确定宽度时，应环绕身体最宽的位置测量周长，在此基础上增加 18 厘米，然后除以 2。确定长度时，由肩部顶端至您认为合适的裙摆底边位置测量长度，在此基础上增加 12.5 厘米。将两片长方形面料正面相对叠放，沿长边珠针固定。

2. 在两侧长边上，利用划粉由顶边向下 20.5 厘米处标记一点（用作袖孔）；沿其中一条侧边，在距离底边 58.5 厘米处另做一处标记（适用于长度至脚踝的长裙），用作裙摆侧叉。由顶部标记点开始，按照 2.5 厘米缝份，沿侧边向下车缝固定，其中一侧在裙摆侧叉标记点处止缝。

3. 将缝份展开熨平，包括未缝合的侧边。在袖孔和侧叉处，将毛边向下翻折 0.6 厘米，熨烫压实并车边线。

4. 下面缝制穿绳孔，将前后领口处翻折 5 厘米，反面相对，熨烫压实。毛边向下翻折 1.6 厘米，熨烫压实，车边线。装饰绳穿过绳孔并打结。底边翻折 1.3 厘米，熨烫压实，再次翻折 6.3 厘米，熨烫压实，在距离内侧折边 0.3 厘米处车边线。

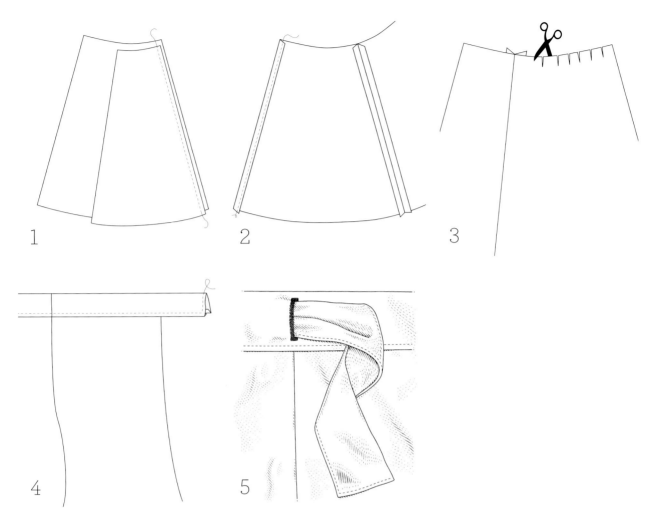

A 字形裹裙

裹裙既可保留广受追捧的 A 字裙款型，又不需要进行复杂的褶裥处理或绱拉链。只需依据图样裁剪五片面料，车缝几道缝合线，便可在数小时内轻松缝制这款短裙。建议选用垂感良好且不易起皱的面料。

制作材料：

基础缝纫工具、A 字形裹裙图样、透明胶带、2.75 米中等厚度的棉布。

制作方法：

1. 预洗、晾干并熨平面料。打印图样（参见附赠图样），用胶带拼接固定，选取适合自己尺寸的轮廓线裁剪图样。面料纵向对折，反面相对。依据图样裁剪短裙面料，将侧片与中心片面料正面相对，用珠针固定。以 1.3 厘米缝份车缝拼接。缝份展开熨平，采用锯齿缝处理法处理毛边（第 26 页）；再次将接缝熨平。按照相同方法拼接另一侧片。

2. 对右前片未处理的直边进行双褶边处理：布边翻折 0.6 厘米，熨烫压实，再次翻折 0.6 厘米，熨烫压实，用珠针固定并车边线。按照相同方法处理左前片未经处理的直边。

3. 为了保持腰带舒展平整，沿裙子的弧形顶边打剪口，每间隔 1.3 厘米距离打一处 0.6 厘米深的剪口（参见第 25 页『弧线与拐角缝合法』）。

4. 下面拼接腰带裁片并缝制腰带：先将裁片正面相对，珠针固定，按照 1.3 厘米缝份，沿一侧短边缝合。将缝份展开熨平。沿腰带长边翻折 1.3 厘米并熨烫压实。腰带两侧短边同样翻折 1.3 厘米并熨烫压实。将腰带对折，长边对齐；熨烫压实。腰带包套短裙顶边 1.3 厘米并珠针固定，腰带接缝与右侧接缝对齐。在距离腰带底边 0.3 厘米处，沿腰带整条长边绲面线。在腰带两端车边线。

5. 在左侧接缝上方的腰带处，利用 0.3 厘米摆幅锯齿缝锁出一处 4.5 厘米的扣眼（第 360 页）。借助小号剪刀剪开扣眼。最后对裙边进行双褶边处理：底边翻折 0.6 厘米，熨烫压实，再次翻折 0.6 厘米，熨烫压实，珠针固定，车边线。

简易纱笼

一条轻薄透气的沙滩裹裙最能勾勒出女性的曼妙身姿。图示中的纱笼采用印度棉裁剪而成，布匹宽幅为114厘米。

制作材料：

基础缝纫工具、全棉巴里纱或其他薄棉面料、122厘米长10.6厘米宽斜纹织带。

制作方法：

首先确定纱笼长度，测量出由腰部至脚踝的长度即可。然后确定纱笼宽度，测量出臀围后乘以2，再额外增加5厘米。将面料预洗、晾干并熨平。依照所需尺寸裁剪面料。对两侧短边和较长的底边进行双褶边处理：两侧边各翻折1.3厘米，熨平压实，再次翻折1.3厘米，熨平压实，珠针固定并车边线。缝制腰带前，先对毛边进行双褶边处理：面料翻折1.3厘米，熨烫压实，再次翻折2.6厘米，熨烫压实，珠针固定并车边线。最后添加系带，先将斜纹织带一分为二剪开，在腰带两端各嵌入一条，车缝固定。

海洋风印花纱笼

对自制或成品纱笼进行个性化装饰时，可以借助贝壳、海星或小鱼在面料上添加印花图案。图中纱笼的印花图案呈现出同色系深浅色调的变化，微妙而精致，所采用的手工卷边法近似于手帕的卷边处理法（第236页）。有关面料印花的具体方法请参见第77页。

制作材料：

基础缝纫工具（可选），旧毛巾，成品纱笼或薄棉面料，布彩颜料，海绵刷，试印面料，贝壳、海星或鱼形橡皮章。

制作方法：

如采用成品纱笼，可依照第78页介绍的方法，利用海星橡皮章或其他印花图案在面料上涂印。依照使用说明等待颜料凝固。如果决定自制纱笼，则需依照自身尺寸裁剪面料，然后印花。等颜料凝固后，再对面料四边进行卷边处理（第236页），或者依照简易纱笼的方法进行褶边处理。

夏威夷图样贴布罩衫

这款贴布亚麻罩衫的设计灵感源自夏威夷拼布中常见的大朵花卉图样，无论穿在身上还是挂在家中，无不是引人注目的焦点。

制作材料：

基础缝纫工具、夏威夷图样贴布罩衫模板、成品亚麻罩衫、棉布（用于贴布图样）、贴布针。

制作方法：

打印模板（参见附赠图样），扩印至方形贴布面料的尺寸并裁剪。将罩衫与贴布面料进行预洗、晾干及熨平处理。裁剪一片方形贴布面料，宽度应足以横跨双肩并垂落至袖子中间位置（此处选用的贴布面料尺寸为边长51厘米的正方形）。按照第60页介绍的方法折叠面料（参见"贴布图样剪裁前的折叠方法"）。将模板放置在折叠好的长方形面料上，模板的"V"形角与面料的左下角对齐。利用水消笔依照模板描绘图样。将轮廓线内的各层面料用珠针固定。利用尖头剪刀沿轮廓线进行剪裁。展开面料，将图样中的四个角剪除一个，放置一边无须使用。选用一张宽大的工作台面，将贴布图样平铺在罩衫上，珠针固定。沿图样边线内侧0.6厘米处，以1.3厘米针脚平针（第21页）疏缝一周。利用贴布针，按照第31页介绍的手翻贴布法，将图样贴缝到罩衫上。去除疏缝线，熨烫平整。

这款宝宝和服衫采用衬衫布面料，以对比色斜裁带包边装饰，肌肤触感柔软细腻，既舒适又轻薄，冬天还可作为内衣打底。对于缝纫新手而言，梭织面料要比针织面料更加易于操作。

宝宝和服

传统日式和服的诸多特性均完美适用于宝宝装。首先，包裹式结构便是宝宝装的理想选择，因为宝宝们最不喜欢穿套头装。短款和服可以作为轻薄、舒适的衬衫，长款则可当作连衣裙或外套穿着。胸部交叠的双层面料提供了更好的保暖性能，这对于学步的宝宝们至关重要。

制作材料：

基础缝纫工具、宝宝和服图样、透明胶带、0.9米轻薄面料（例如纯棉衬衫布或薄羊毛面料）、1.8米单折斜裁带、翻带器、25.5厘米细丝带。

制作方法：

1. 依照所需尺寸打印图样（参见附赠图样），贴合固定并裁剪（如果您计划选用厚面料，如双面织羊毛面料，则需采用大一号的图样）。面料预洗、晾干并熨平。将面料反面朝上，图样平铺在面料上，珠针固定并裁剪（图样中已含1厘米缝份）。利用水消笔在面料上绘制出各标记点。缝制系带：裁剪一段53.5厘米长的单折斜裁带。展开斜裁带，将其对折，正面相对，沿着与折边平行的折痕车缝固定。紧贴缝合线进行修剪。利用翻带器翻回正面，熨烫压平，再将其平均裁剪为三段。将和服主体面料铺平，反面朝上，前片朝向自己。将肩部斜切边掀起，两根系带分别用珠针固定到标记点上，具体位置如图所示。袖口褶边向上翻折一厘米两次；熨平压实，珠针固定并缉面线。

2. 和服前片反面朝上铺平，左侧边向内翻折1厘米两次；熨平压实，珠针固定并缉面线。前片面料铺在和服主体上，盖住右侧袖子，正面相对；将肩部斜切边对齐，系带末端夹在其中，珠针固定。以1厘米缝份沿斜切

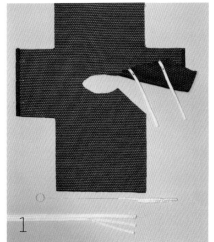
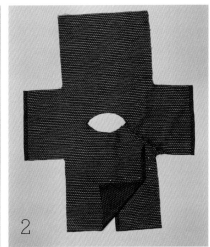
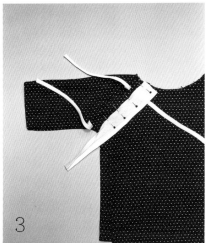

边车缝。布边锯齿缝固定。在肩部斜切边下方，主体侧边向下翻折1厘米两次；熨平压实，珠针固定并沿褶边缉面线。沿肩部和服对折，正面相对。沿侧边和袖子下侧珠针固定。在手臂下方标记点左侧（和服正片朝向自己），珠针固定一段12.5厘米的丝带。在前片侧边的标记点上手缝另1段12.5厘米长的丝带（这两根为内侧系带）。沿珠针固定的侧边车缝，缝份为一厘米，注意同时车缝系带。布边锯齿缝固定。在手臂下方的弧线处，各在缝份上打五个剪口，切忌剪断缝合线。按照袖子的褶边处理方法，处理和服的其余毛边。将和服翻回正面。

3. 如图所示，在和服前片斜切边的标记点上珠针固定第三条18厘米长的系带。裁剪1段20.5厘米长的斜裁带。将斜裁带展开，珠针固定到斜切边上，正面相对，如图所示，由领口开始，沿斜切边对齐，沿顶部折痕车缝，注意夹缝系带。斜裁带包裹住面料侧边，沿折痕重新翻折，沿和服背面手工包缝固定，直至斜裁带末端。熨烫平整。

4. 将超出和服前片斜切边的尖角剪除。裁剪1段30.5厘米长的斜裁带，按照斜切边的包边方法，对领口处的剩余毛边进行包边处理，斜裁带末端向内翻折并打褶边。熨烫平整。

图中男装兔的制作方法请参见第 84 页。

女童衬衫裙

　　妈妈的衣橱并非是用来扮靓小女儿的唯一资源库；无论是爸爸或哥哥的纽扣衬衫，还是为改造而专门购买的新衬衫，都可以轻松变身为直筒连衣裙，一年四季均可穿着。裙边和领口可采用互补色斜裁带进行装饰。范例中的长裙专为 4~8 岁女童而设计。

制作材料：

　　基础缝纫工具、女童衬衫裙图样、透明胶带、男士中号或大号纽扣衬衫、1.8 米长（2.5 厘米宽）的单折斜裁带、22.8 厘米衬衫布（用作系带）、0.9 米长（0.3 厘米宽）的松紧带、安全别针。

制作方法：

1. 打印图样（参见附赠图样），用胶带拼接固定并裁剪。衬衫铺平，利用水消笔描绘图样，注意应沿较高的领口线绘制。裁剪面料，前后各一片。依照图样所示修剪领口。同时可视需要调整裙子长度。

2. 将前后片正面相对，珠针固定，以 1.3 厘米缝份，沿肩部、手臂和下摆车缝衔接。手臂下方弧线处打剪口。缝份展开熨平。利用锯齿剪刀或锯齿缝（第 26 页）处理毛边，以防脱线。如果您缩减了裙长，还需对底边进行双裙边处理：将毛边翻折 0.6 厘米，熨烫压实，再次翻折 0.6 厘米，熨烫压实；珠针固定并车边线。

3. 裙子翻回正面。利用一段 40.5 厘米长的斜裁带包裹住领口，用珠针固定，两端各向下翻折 1.3 厘米，如计划利用衬衫布自制斜裁带，请参见第 359 页。在距离侧边 0.3 厘米处车缝固定斜裁带。下面缝制系带，先裁剪一段 2.5 厘米×56 厘米的斜裁带。将其对折，正面相对，长边相交对齐，沿 0.3 厘米缝份车缝固定；利用翻带器将其翻回正面。在纽扣门襟左侧的斜裁带上剪切一个开口；安全别针固定到系带一端，以开口处为起点，利用别针引领系带穿过整圈领口。下面对袖边进行处理，利用一段 28 厘米的斜裁带分别包裹两个袖口，斜裁带两端各向下翻折 1.3 厘米，用珠针固定。沿距离侧边 0.3 厘米处车缝固定，在袖口底部斜裁带相交处保留开口。为了收拢袖口，需将安全别针固定在一段 28 厘米长的松紧带上，由其引导松紧带穿过袖口包缝的整圈斜裁带；将袖口微微收拢。松紧带两端相互交叠 1.3 厘米，将多余部分剪除后车缝固定。手工缝合开口。

贴布蝴蝶披肩

　　充满奢华感的双宫绸披肩上贴布彩蝶灵动飞舞。这款披肩采用两端敞口的大幅长筒结构，以隐蔽贴布针迹，同时使披肩更加挺阔有型。贴布蝴蝶则选取了在颜色和图案上与披肩形成互补效果的织锦与锦缎面料。

制作材料：

　　基础缝纫工具、贴布蝴蝶披肩模板、各式织锦与锦缎面料（用作贴布蝴蝶）、2.3 米双宫绸面料（用作披肩）。

制作方法：

1.　打印模板两份（参见附赠图样）并裁剪；在其中一片蝴蝶模板上裁剪出上面的三角形。利用水消笔将两种图形分别描绘到织锦与锦缎面料上（图示中的披肩共贴缝四只蝴蝶）。将各片三角形与蝴蝶用珠针固定，采用第 31 页介绍的手翻贴布法，以 0.3 厘米缝份贴缝。下面缝制披肩：在双宫绸面料上裁剪一片 109 厘米×231 厘米的长方形。将贴缝好的蝴蝶珠针固定到披肩上，切记最终缝制好的披肩将进行纵向对折处理。再次采用手翻贴布法将蝴蝶贴缝到披肩上。

2.　披肩对折，正面相对，使两条长边相交对齐。以 0.3 厘米缝份，沿长边车缝固定，形成一条长筒。翻回正面，对两端短边进行双褶边处理：短边向下翻折 0.6 厘米，熨烫压实，再次翻折 1.3 厘米，熨烫压实。珠针固定后车边线。此外，您还可以采用手工卷边法（第 27 页）对短边进行处理。

贴布花朵衬衫

在成品衬衫上添加一朵贴布玫瑰，同时也为这件衬衫赋予了一抹手工的魅力。您可以选用在图案和颜色上与衬衫形成互补的各式面料；范例中选用条纹方格、波尔卡圆点及其他印花与纯色等蓝色系面料，经过组合后对条纹衬衫进行装饰。如果您希望尝试更加有趣的视觉效果，可以采用更多不同面料，分别裁剪花瓣、叶片及花朵的其他部位。

制作材料：

基础缝纫工具、贴布花朵衬衫模板、成品衬衫、各式衬衫布（用作玫瑰和叶片图案）。

制作方法：

1. 打印模板两份（参见附赠图样）。取其中一片模板，沿图案外圈轮廓线裁剪。利用这片轮廓图样来确定花朵在衬衫上的位置。利用水消笔在衬衫上描绘图样；如需添加更多图案，可重复绘制。

2. 在另一片模板上逐一裁剪各片图样，分别绘制到各款衬衫布上，添加0.3厘米缝份，小心裁剪。依照标记位置，将各片图样与衬衫珠针固定，然后采用第31页介绍的手翻贴布法进行贴缝。这里需要提醒您的是，在贴缝小片图样时，最终呈现出的图形可能与图样中的形态有所出入，但每片花瓣和叶片上的这种细微差异，恰恰是手翻贴布技法的魅力所在。

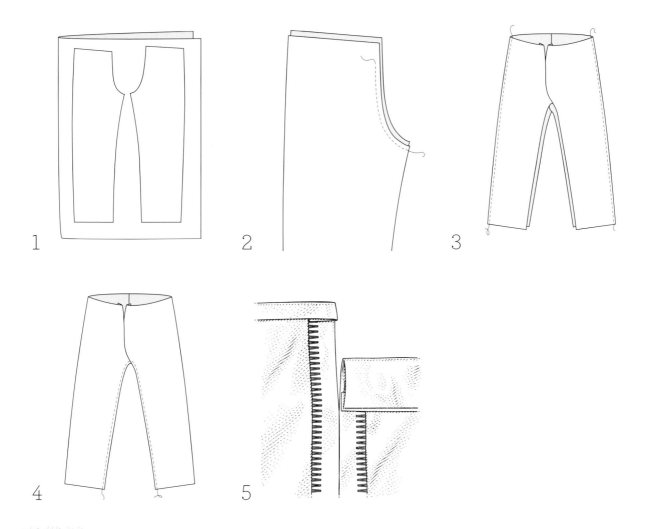

束带裤

　　束带裤是适合我们手工缝制的最简单、最舒适的服装品类之一。简洁的款式适用于所有尺码和款型。您可以利用这款图样缝制法兰绒或纯棉睡裤，也可以选用轻薄的亚麻面料缝制简单的沙滩装。图示中的长裤是由薄款泡泡纱缝制而成的。

制作材料：

　　基础缝纫工具、束带裤图样、透明胶带、1.8 米面料、0.9 米纹带、大号安全别针。

制作方法：

1. 打印图样（参见附赠图样），胶带拼接固定并裁剪。面料预洗、晾干并熨平。沿所需尺寸的标记线裁剪图样。面料对折，正面相对，折边应为面料对折后的长边（布边相交）。如图所示，图样置于面料上，裁剪各片面料。

2. 将两片前片面料叠放，正面相对，沿裆缝珠针固定；以 1.3 厘米缝份接缝固定，在距离顶边 6.5 厘米处止缝。缝份展开熨平，以锯齿缝处理法（第 26 页）锁缝毛边。按照相同方法处理左后片和右后片面料，但裆缝接缝时可一直车缝至顶边。

3. 前后片面料叠放，正面相对，珠针固定，以 1.3 厘米缝份沿侧边车缝固定。缝份展开熨平，以锯齿缝处理法锁缝毛边，再次熨平缝份。

4. 沿前后片下裆缝珠针固定，以 1.3 厘米缝份进行接缝。缝份展开熨平，以锯齿缝处理法（第 26 页）锁缝毛边，再次熨平缝份。

5. 长裤仍保持反面朝外，环绕腰部缝制一条穿系束带的束带孔：顶边向下翻折 1.3 厘米，熨平压实，然后再次翻折 2.6 厘米，熨平压实，在距离双褶边底边 0.3 厘米处车边线，注意开口处需倒缝数次进行加固。安全别针与斜纹带一端固定，引导斜纹带穿过整圈束带孔。在对裤边进行褶边处理前，先将长裤试穿一下。标记出您认为合适的褶边线，并在这条线下方 2.6 厘米处再做一条标记线。将超出最下方标记线以外的面料剪除。进行双褶边处理：将裤边翻折 1.3 厘米，熨烫压实，再次翻折 1.3 厘米。熨烫压实，珠针固定并车边线。

作品：

杯 垫（*Coasters*）

　　杯垫可以在装点桌面的同时对桌面起到良好的保护作用，新手可以从色彩缤纷的圆形和方形布艺杯垫开始尝试。无论您偏爱的风格属于时尚抽象派还是浪漫怀旧派，这种仅需极少面料便可制成的桌面保护垫均堪称完美的快手佳作和出色的馈赠礼品。利用精美丝带扎系一打杯垫作为乔迁礼物或送给女主人的意外惊喜，可谓既简便又暖心。

　　有了缝制一组杯垫这个绝佳借口，我们便可以在各式图案、色彩和质地的面料海洋中肆意畅游。有些面料大面积使用时会显得过于大胆或艳丽，而转为小幅使用时，则令人赏心悦目。在起步阶段，我们可以先利用各种布头进行有趣的尝试，当然也包括款式多样的油布或毛毡布边角料。拼布用品商店里会售卖一种被称作"布组"的小号方形面料，这里无疑也可以作为我们挑选面料的寻宝地；整套布组尺寸小巧，印花图案丰富，色彩搭配既协调又精美。

　　本章中为您介绍的手缝或免缝杯垫均可在几分钟内制作完成。也许您开始只计划制作一套杯垫，但很快便会发现自己灵感不断，进入一套接一套、停不下来的节奏。

内容包含：

+ 油布剪贴杯垫

+ 四款简单布艺杯垫：机绣杯垫、做旧印花布艺杯垫、流苏杯垫、荷叶边杯垫

油布剪贴杯垫（对页）： 在品尝冰镇鸡尾酒时，要应对不断滴落的水珠，花卉防水杯垫绝对是离不开的一款神器。范例中的油布图案带有一朵大幅花卉，直接勾勒出杯垫的形状。沿花朵轮廓线裁剪出杯垫形状，将这片油布置于另一片在颜色或图案上具有互补效果的油布上，反面相对，描绘出轮廓线并据此裁剪杯垫底衬。在反面喷射少量喷雾胶并将双面压实，注意尽量选择在通风良好的室内或直接到户外进行操作。沿边线以 0.6 厘米缝份缉面线。您还可以根据自己的喜好，利用锯齿剪刀修剪花边。

四款简单布艺杯垫

机绣杯垫

在方形毛毡布上进行机绣，便可轻松制作出带有直线或锯齿线（第50页）装饰图案的杯垫。这两种装饰线均为任何缝纫机都配备的标准针迹。

制作材料：

基础缝纫工具、单色或多色毛毡布（将其裁剪为边长 12.5 厘米的正方形）、尺子。

制作方法：

在每片方形毛毡布上，利用水消笔和尺子绘制出网格状图案。沿标记线逐行机绣。

做旧印花布艺杯垫

依照第 70 页介绍的方法，对粉色系夏日风杯垫和台布进行漂白和套染处理。您可以利用同款面料缝制杯垫表布和底衬，也可以选择互补色系的纯色面料，制作双面杯垫。

制作材料：

基础缝纫工具、经过漂白套染处理的印花面料、用作底衬的纯色棉布（可选）。

制作方法：

面料裁剪为边长 12.5 厘米的正方形。将两片面料正面相对，珠针固定，以 0.6 厘米缝份沿四边缝合，在其中一边保留 5 厘米长的翻口。拐角打剪口，杯垫翻回正面；翻口毛边向内翻折并熨烫压实。在距离侧边0.3 厘米处，沿四边缉面线。

流苏杯垫

　　流苏杯垫色彩鲜亮，在其映衬下，一道道开胃菜显得节日氛围格外浓郁。您还可以为开胃菜缝制尺寸更大的餐盘垫，而只利用小号杯垫（如上图所示）盛放精致美味的一口食。

制作材料：

　　剪刀、尺子、水消笔、彩色粗麻布或其他纹理疏松的面料。

制作方法：

　　在面料上测量并裁剪出边长 7.5 厘米的正方形小号杯垫，或边长 12.5 厘米的正方形大号餐垫。制作流苏时，只需沿各边抽拉出面料的机织纱线，四边均形成 1.3 厘米长的边穗即可。

荷叶边杯垫

　　只需借助几滴布料专用胶，在四边装点上红色荷叶边，原本朴实无华的亚麻餐巾便被瞬间点燃了激情。一套八片如此素雅的杯垫一定会成为人见人爱的节日礼物或走亲访友的暖心伴手礼。

制作材料：

　　剪刀、布艺杯垫或鸡尾酒餐巾、1.3 厘米宽荷叶边、布料专用胶。

制作方法：

　　裁剪四条荷叶边，每条的长度均与杯垫边长相等；注意两端对齐。将荷叶边沿方形杯垫四边摆放，四角相交。逐一在荷叶边上涂抹数点布料专用胶，在面料反面沿各边压实黏合。

作品:
保温套（Cozies）

　　温暖,无论是在长达数月的数九寒冬，还是全年任何风雨交加的日日夜夜，始终是我们最渴求的感受。而每当我们感到困顿乏累或身体不适时，同样渴求温暖相伴。保温套，我们通常是指那种没有什么技术含量的保暖用品，多半与茶壶配套提供，可以随时随地帮助我们锁定温暖，并为精致易碎的物品提供额外的保护。保温套可用于罩套暖水袋，保护水煮蛋或温暖我们的怀抱。诚如其名，保温套从头至尾都具有温暖人心的治愈力量，这种质地柔软的手缝小物需要不了多少时间便可制作完成。因此，如果您或您的朋友需要感受贴心的安慰与照顾，无须犹豫，立刻动手缝制一两件保温套吧。

内容包含：

+ 男装暖水袋保温套　　　　　　　+ 咯咯哒水煮蛋保温套

+ 陶瓷珠暖手宝

男装暖水袋保温套（对页）：在羊毛男装面料的保护下，暖水袋可为您带来更持久的温暖舒适体验。保温套前片采用信封翻口结构，使装满热水的暖水袋更加便于取放。

男装暖水袋保温套 参见第 183 页图片

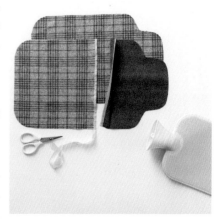

无论身处凉意袭人的室内，还是冰天雪地的户外，包裹在柔软布罩内的暖水袋绝对是最暖心的贴身小物。由于保温套的尺寸不大，制作时只需利用一些毛呢边角料和较大的布头即可。图示中的保温套采用两片互补色面料缝制而成，适用于 1.9 升暖水袋，如果改为单片面料缝制则更加简单快捷。

制作材料：

基础缝纫工具、男装暖水袋保温套图样、透明胶带、0.9 米双色羊毛面料、包边条、1.9 升暖水袋。

制作方法：

打印各片图样（参见附赠图样），用胶带固定并裁剪。在其中一片羊毛面料上裁剪一片前片下半部和一片后片；在另一片面料上裁剪一片前片上半部。利用包边条包裹住两部分前片的直边，沿0.3 厘米缝份车缝固定。将前片上半部面料正面朝上放置，直边向上翻折 2.5 厘米，熨烫压实。将后片与两部分前片面料对齐，正面相对，两部分前片稍有交叠。沿四周珠针固定并以 1.3 厘米缝份车缝。在两侧颈部弧线处打剪口。翻回正面，熨烫平整。将暖水袋由前片翻口处送入保温套。

陶瓷珠暖手宝

在我们堆雪人、清理车道积雪或在冬日漫步的时候，上衣口袋里如果能塞入一对暖手宝，手指触碰到那一份温暖时一定会感到舒适无比。在手缝的小口袋中塞入陶瓷珠，切记选用 100% 天然面料，如图示中选用的羊绒面料。切勿使用合成面料或混纺面料，以免暖手宝在微波加热时熔化。

制作材料：

基础缝纫工具、约 23 厘米 100% 天然面料（例如羊毛或羊绒）、陶瓷珠、丝绵绣线、绣花针。

制作方法：

裁剪两片 7.5 厘米×12.5 厘米的长方形面料（或者依据手掌大小，相应调整长方形尺寸）。将两片面料沿三边缝合固定，缝份为 0.6 厘米；拐角处打剪口。将缝好的口袋翻回正面，填入100 毫升陶瓷珠。翻口侧边向下翻折并珠针固定，然后利用丝绵绣线，以锁边绣（第 39 页）缝合四边。为暖手宝加热时，将其放入微波炉，高温加热 5 分钟（切勿加热过长时间，或者使用传统烤箱进行加热）。

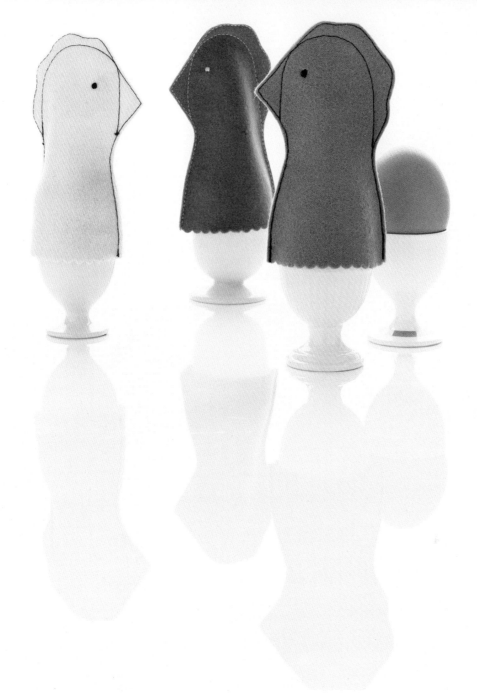

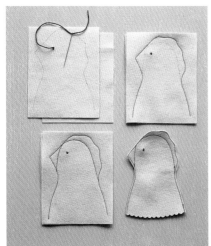

咯咯哒水煮蛋保温套

这款毛毡布鸡蛋保温套色彩缤纷，制作成萌萌的母鸡形态，定会成为餐桌上宾客们关注的焦点。将全熟或半熟的水煮蛋置于蛋托上，再覆盖保温套，可在每个餐位上摆放一只。如果允许宾客们将这款可爱的保温套作为纪念礼品带回家中，相信人人都会满意而归。

制作材料：

基础缝纫工具、咯咯哒水煮蛋保温套图样、约23厘米各色毛毡布（或较大的布头）、绣花针、丝绵绣线、锯齿剪刀。

制作方法：

裁剪2片9厘米×12.5厘米的毛毡布。打印两份图样（参见附赠图样）并裁剪。将两片毛毡布叠放，图样置于表层。利用水消笔描绘轮廓线。在毛毡布上由后向前出针，标记出眼睛的位置。利用绣花针和对比色丝绵绣线刺绣眼睛（逐次在单片毛毡布上进行刺绣）。利用缝纫机和对比色缝线，沿轮廓线将双层毛毡布车缝固定。在另一片图样上沿虚线裁剪。将图样置于保温套一侧，描绘头部。沿标记线车缝。利用裁布剪刀，紧贴轮廓线裁剪出保温套的形状。最后以锯齿剪刀修剪底边。

作品：
窗 帘（*Curtains*）

　　想要改变一下房间的风格吗？换窗帘就对啦！在选择面料时首先要考虑窗户的尺寸。超大幅印花面料或粗条纹图案更适合大户型，而甜美的小碎花或条纹方格图案在面积较小的房间里效果更好。另一个需要考虑的因素是季节。适合春夏季悬挂的轻薄款窗帘会令房间显得格外清新。质地厚实、纹理丰富的窗帘则会带来温暖的感觉，每当冬日临近时尤其受到欢迎。在选择面料时，您不仅可以考虑成匹出售的正规面料，把床单布用作窗帘也能够打造出极其优雅的效果。

　　缝制窗帘的难度并不大，拼接缝均为直线且数量有限。然而，围绕一扇形状简单的窗帘，可以应用的技法却无穷无尽，在顶边缝制一条挂杆孔，或一串窗帘襻。均匀间隔的褶裥可令窗帘更具动感，也可采用打横褶的方式塑造出丰富的纹理和图案。对于新手而言，甚至可以从成品窗帘着手，尝试添加边饰、贴布图形、丝带或印花图案等细节装饰。作品一旦完成，您便可以打开窗户，坐在窗边，静静欣赏自己亲手缝制的新窗帘在微风中翩翩起舞。

内容包含：

+ 双色亚麻巴里纱窗帘
+ 印花窗帘
+ 亚麻边纱帘
+ 丝带条纹纱帘
+ 褶裥条纹半截帘

+ 纽扣襻半截帘
+ 贴花窗帘
+ 斜纹带装饰窗帘
+ 捏褶半截帘
+ 衬衫布桌帘

双色亚麻巴里纱窗帘（对页）： 日光透过轻薄透气的亚麻巴里纱，显得格外美好。如缝制一对双开窗帘，可在淡黄色主面料上添加深黄色边饰（采用法式缝份处理法）：在顶边和一条侧边上拼缝窄边，在底边上拼缝宽边。沿底边进行双褶边处理，顶边每间隔 15.25 厘米打一个捏褶（参见第 196 页）。使用窗帘挂钩进行悬挂即可。

两款漏板印制花卉，倾斜摆放，彼此呼应，在素色亚麻面料的边沿形成装饰。窗帘一旁的沙发椅上，摆放着同款印花装饰的靠枕。

印花窗帘

这款作品需要多个印制步骤。切记在完成一种颜色所有图案的印制后，再继续印制下一种颜色。印好的窗帘可进行水洗和蒸汽熨烫（或高温熨烫）。可利用一小块玻璃片、颜料盘或纸盘作为调色盘。有关漏板印花的具体方法，请参见第79页。

制作材料：

星星花模板，吊钟花模板，整幅窗帘模板，剪刀，四张 28 厘米×43 厘米防水纸，切割垫板，纸胶带，手工刀，四张 28 厘米×43 厘米牛皮纸（用于漏板印花），透明胶带，大头针，两片亚麻等天然面料窗帘布，调色盘，调色刀，黄色、红色、深绿色、浅绿色和白色水溶性长效布彩颜料（每色 142~198.5 克），无色体质颜料，天然海绵，双面胶。

制作方法：

1. 每款花卉模板打印两份（参见附赠图样）并裁剪。将模板逐一粘贴到防水纸上。利用纸胶带将一片带有防水纸底衬的星星花模板固定到切割垫板上；利用手工刀裁切花卉，保留绿叶部分不裁切。从防水纸上取下模板，丢弃即可。取一片吊钟花模板同样操作，仅裁切花朵部分。然后再取出第两片星星花模板，仅裁切绿叶部分。将两片裁切好的星星花绿叶部分粘贴到防水纸上，裁切叶心。暂时将叶心保留在一旁（稍后需要使用叶心部分对叶片进行细节装饰）。取下模板丢弃不用。取出第两片吊钟花模板同样操作，仅裁切绿叶部分。将绿叶粘贴到防水纸上，裁切出茎蔓。暂时保留在一旁。取下模板丢弃不用。

2. 在牛皮纸上打印整幅窗帘模板（参见附赠图样），摆放好各片模板位置并粘贴固定（请依据窗帘尺寸的需要来增减模板页数）。将牛皮纸沿窗帘内边平铺展开，留出一条等宽的边框；利用大头针沿边线固定模板（在漏印过程中，可随时根据需要，取下完成区域

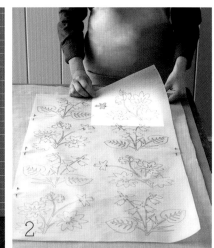

的大头针，重新对待印制区域的牛皮纸进行固定）。

3. 利用调色刀，取适量黄色颜料与适量无色体质颜料进行混合（后续调色中均需加入适量体质颜料）。将星星花漏板（已裁切花朵部分）置于牛皮纸下对齐，向后翻折牛皮纸。利用海绵在漏板上涂抹颜料。将颜料晾置 4 分钟，展开牛皮纸，在牛皮纸下对齐下一组黄色花朵，观察并确定适当的上色位置，涂色。重复操作，可视需要将漏板翻面使用（注意确保反面干爽），直至完成所有花朵的印制。等待晾干。利用红色颜料重复印制过程，直至所有星状花朵印制完成。

4. 将星星花漏板（已裁切绿叶部分）在牛皮纸下对齐，向后翻折牛皮纸。利用双面胶将叶心裁片固定到面料上。选用深绿色颜料，按照步骤 3 的方法进行漏板印花。重复操作，

可视需要将漏板翻面使用，直至完成所有星星花叶片的印制。利用白色颜料和吊钟花漏板（已裁切花朵部分）重复印制过程，然后再利用浅绿色颜料和吊钟花漏板（已裁切绿叶部分）进行印制，注意在涂色前先用双面胶将茎蔓固定到面料上。重新覆盖牛皮纸，重复步骤 2~4，漏板印制第 2 组图案。最后按照说明书上介绍的方法进行颜料固色。

小贴士

可利用无色体质颜料将布彩颜料调至半透明，从而透露出面料底色，同时又不会稀释颜料的浓稠度。

亚麻边纱帘

您所需的薄纱长度至少应比窗户高度长出 35.5 厘米，底边的亚麻边饰可将窗帘长度延伸至地面。

制作材料：

基础缝纫工具、真丝欧根纱、亚麻、窗帘挂环。

制作方法：

首先添加顶边亚麻边饰：裁剪一片长条状亚麻面料，宽度应在窗帘宽度的基础上增加 2.5 厘米，高度应在 2 倍顶边挂杆孔高度的基础上增加 2.5 厘米，各边分别翻折 1.3 厘米，熨烫压实。将面料对折，长边相交，熨烫压实。利用长条状面料夹住挂杆孔，如右图所示，珠针固定并进行车缝。窗帘顶边向下翻折 35.5 厘米，熨烫压实。沿折边钉缝挂环，间距约为 15 厘米。然后添加底部边饰：裁剪亚麻面料，在窗帘宽度的基础上增加 5 厘米，高度在窗台至地面高度的基础上再额外增加 10 厘米。沿顶边翻折 1.3 厘米，熨烫压实。将折边与欧根纱衔接固定，亚麻边饰居中摆放，使两端各长出 2.5 厘米，将底边边饰车缝固定。侧边翻折 1.3 厘米，然后再次翻折 1.3 厘米，熨烫压实并车缝。底边向上翻折 1.3 厘米，然后再次翻折 7.5 厘米，熨烫压实，珠针固定并车缝。

丝带条纹纱帘

丝带装饰是另一种高效便捷的好方法，能够快速将素色窗帘装点一新。范例中，欧根纱丝带在纯棉巴里纱窗帘上塑造出柔和的条纹图案。每片窗帘顶边同样钉缝该款丝带，形成窗帘襻。

制作材料：

基础缝纫工具、纯棉巴里纱、欧根纱宽丝带。

制作方法：

沿宽度相等的褶裥纵向折叠窗帘（范例中的褶裥宽度约为 20.5 厘米），沿折痕熨烫压实。测量出窗帘的长度，然后裁剪一段丝带，长度应在窗帘长度的基础上增加 25.5 厘米。以折痕为中轴线平铺丝带，顶边处预留 18 厘米用作窗帘襻，底边处预留 7.5 厘米用作褶边，珠针固定。在窗帘底边处将丝带翻折 7.5 厘米，熨烫压实。在顶边处将丝带翻折 10 厘米，形成窗帘襻（2.5 厘米丝带覆盖在面料上），熨烫压实。沿窗帘底边和顶边车缝，固定住褶边和窗帘襻。沿丝带两侧边纵向车缝固定丝带。

褶裥条纹半截帘

通过折叠面料并车缝固定的方法可打造出水平方向的装饰褶裥。在测量面料前，需要确定计划缝制的褶裥数量和深度。每增加一个褶裥，面料便需在原高度的基础上增加褶裥深度的两倍。例如，单个褶裥深度为 2.5 厘米，则面料需额外增加 5 厘米的高度。

制作材料：

基础缝纫工具、亚麻面料。

制作方法：

丈量面料时，需在面料基本宽度的基础上增加 5 厘米，用作两侧褶边处理，高度增加 7.5 厘米，用作褶边处理和挂杆孔的缝制；此外还需依据褶裥数量增加面料的高度。利用水消笔在水平线上标记出褶裥的位置（在褶裥缝制完成后，标记线之间的距离会被拉近）。例如，计划缝制 2.5 厘米的褶裥，将面料沿水平线折叠，沿折线熨烫压实。在距离折线 2.5 厘米处车缝一条水平线。展开面料，将褶裥向下熨烫压实；此时折痕成为褶裥的底边，车缝线成为褶裥的顶边。按照相同方法，由上至下缝制剩余褶裥。将窗帘顶边向下翻折 1.3 厘米，打褶边。剩余三条边均先翻折 1.3 厘米，然后再次翻折 1.3 厘米；车缝固定。顶边再次翻折 3.8 厘米，用作挂杆孔；车边线固定。

面料宽度的测量方法

面料的宽度将决定窗帘呈现出舒展平滑还是饱满层叠的效果。如果窗帘的宽度刚好等于窗户的宽度，则窗帘闭合时会完全展平，没有任何碎褶或皱纹。通常，窗帘宽度为窗户宽度的 1.5 倍时，可提供较合理的余量且便于拉动。窗帘与窗户的宽度比越大，窗帘呈现出的褶皱越多。

纽扣襻半截帘

带有顶边襻环的窗帘呈现出清新的风格，适用于任何房间。将纯属装饰效果的纽扣钉缝到襻环上，窗帘便缝制完成。

制作材料：

基础缝纫工具、真丝塔夫绸、装饰纽扣。

制作方法：

先测量窗框尺寸。面料宽度需在窗框宽度的基础上增加八分之一，以形成柔和的褶皱效果；此外，面料宽度还需在此基础上额外增加 5 厘米，用作侧边的褶边处理。面料高度需额外增加 7.5 厘米。下面进行侧边和底边的双褶边处理：各边均翻折 1.3 厘米，然后再次翻折 1.3 厘米。熨烫压实，车边线。在顶边车缝一条 2.5 厘米的双褶边。确定您计划缝制的襻环数量（图示中包含 10 个襻环）。先将襻环总数减 1，然后以窗帘宽度除以差值，从而确定襻环间距与位置。利用珠针标记出间距。下面缝制襻环，先裁剪 6.5 厘米×23 厘米的布条，数量应为纽扣数量的两倍。将两片条状面料正面相对，珠针固定，以 1.3 厘米缝份沿三条边线车缝固定，保留一侧短边不缝合。翻回正面，熨烫平整。开口向下翻折 1.3 厘米，熨烫压实并车缝。按照相同方法缝制剩余的襻环。在距离顶边约 2.5 厘米处，将襻环短边与窗帘车缝衔接。另一端短边珠针固定至窗帘前侧，纽扣置于其上，将纽扣与襻环共同钉缝固定。

贴花窗帘

在成品纱帘上贴缝精美的棉布花朵，状似雪花漫天飘舞。注意贴布花片需选用镂空、水玉等轻薄面料。我们可采用简便的熨烫贴布法来代替手缝贴布法，合衬可将图样直接粘贴到窗帘上。有关熨烫贴布法的详细信息，请参见第33页。

制作材料：

贴布窗帘模板、卡纸、剪刀或轮刀、切割垫板（可选）、真丝欧根纱窗帘布、水消笔、各式薄款白色面料（例如镂空、纯棉蕾丝和水玉布等）、黏合衬、铅笔、特氟龙隔热垫、熨板与熨斗。

制作方法：

1. 利用卡纸打印两份模板（参见附赠图样）并裁剪。使用剪刀或轮刀在其中一份模板上裁切出花片内部的镂空图案。利用水消笔将模板图样描绘到窗帘上，标明花片位置。在棉布背面将黏合衬熨烫黏合，保留纸衬。用铅笔在纸衬上沿模板描绘图样并裁剪。

2. 在熨板上平铺一层特氟龙隔热垫，以防窗帘粘连。取下纸衬，按照使用说明将图样熨烫粘贴到窗帘上。

窗帘的悬挂方法

悬挂窗帘前需要先安装窗帘挂环：有的挂环需要钉缝到窗帘上，而有的挂环只需夹在窗帘顶边即可。窗帘挂钩（主要适用于打褶帘）可插入窗帘褶边，几乎实现隐形效果。您可以在窗框上方的墙壁上安装带有装饰杆头的窗帘杆，或者将窗帘杆嵌入窗框（具体方法参见第196页）。此外，还可以省去安装硬件的麻烦，直接在窗框内架起弹簧伸缩杆。如果您的窗帘带有挂杆孔，需确保其宽度足以穿过选用的窗帘杆。

斜纹带装饰窗帘

只需添加一条斜纹带装饰花边，便可以物美价廉的方式，令基础款亚麻窗帘焕然一新。图中范例选用了希腊回纹图样，若改作任何其他几何图案效果会同样出色。新手可先采用不含任何碎褶或褶裥的素色半截帘进行尝试，自制或成品均可。

制作材料：

尺子、亚麻窗帘（纯棉或羊毛面料均可）、自粘胶热熔胶带、斜纹带、剪刀、熨斗。

制作方法：

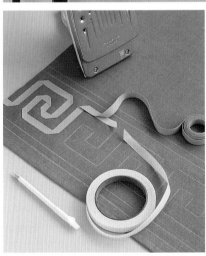

利用尺子、水消笔或划粉在窗帘上绘制图样。借助自粘胶热熔胶带将斜纹带按照设计图案排列并黏合到窗帘上，以图案单元逐次完成；依照热熔胶带的使用说明进行熨烫黏合。注意在拐角处，斜纹带以45°角翻折。如左图所示，热熔胶带需按照对应的角度进行裁切。相同方法重复操作，直至将全部图案黏合完成。

捏褶半截帘

松松捏起的褶裥经缝合固定后，赋予了灰褐色羊毛皱绸窗帘深雕细刻的纹理。在客厅里，优雅的褶裥与其他室内装潢的柔和曲线交相呼应。这款半截帘的特别之处在于，它所选用的嵌入式挂杆直接镶嵌到窗框之内（具体方法参见下方说明）。

制作材料：

基础缝纫工具、羊毛绉绸、窗帘环。

制作方法：

测量窗框尺寸。在基本尺寸的基础上额外加大宽度（为窗帘皱褶的下垂留出空间），然后再增加 5 厘米宽度和 10 厘米高度，用作褶边处理，再依据设定的褶裥数量加大面料的宽幅（图示中每个褶裥需 15 厘米面料；图中窗帘的宽度为窗户宽度的 2.5 倍，可满足褶裥处理与褶皱微微下垂的需要）。根据所需尺寸裁剪面料。下面对侧边和底边进行双褶边处理：将布边翻折 1.3 厘米，然后再次翻折 1.3 厘米，熨烫压实并车边线。沿顶边进行双褶边处理：顶边翻折 3.8 厘米，然后再次翻折 3.8 厘米，熨烫压实并车缝固定。标记出褶裥的位置：先确定所需的褶裥数量，将总数减 1，然后用窗帘的总宽度除以这个差值，用水消笔标记出间隔点。缝制三重褶裥的方法：面料捏折三道褶（每道褶的深度为 2.5 厘米），将三道褶捏合，并在面料相交的位置，沿折边平行方向手缝固定（参见右图）。在距离顶边 3.8 厘米处，沿折边垂直方向回针缝数针固定。在每簇褶裥顶部钉缝一个窗帘挂环。

安装嵌入式支架与挂杆的方法

1. 您需要准备挂杆与支架安装硬件，包括 2 个螺丝、螺丝口连接件、可拧套挂杆的螺纹管。

2. 在窗框一侧标记出您计划悬挂窗帘杆的位置。分别测量出第一个标记点与窗框侧边和底边的距离；在窗框另一侧按照相同距离标记出对应的位置点。在固定连接件之前，先将挂杆对准标记点，查看挂杆是否保持水平状态。将连接件居中放置在标记点上，用螺丝固定拧紧。另一侧按照相同方法进行安装。

3. 先将窗帘穿入挂杆，再将螺纹口支架套在挂杆两端。

4. 将螺纹口支架与连接件拧紧固定。

衬衫布桌帘

　　亮色桌裙为纯朴的乡村风厨房带来勃勃生机。范例中，红白相间的条纹棉布加染了一层深粉色（具体的染布方法参见第69页，这里采用的基础染液调色配方为15毫升红色液体染料加3茶匙淡紫色染料），四边均进行双褶边处理，顶边钉缝黄铜挂环。桌裙穿入桌面下方安装的窗帘杆。您还可以采用相同的方法为窗户搭配同色系半截帘。

作品：
抱 枕（*Decorative Pillows*）

抱枕能够为生活空间注入活力，无论哪里需要点缀，花色丰富的面料均可提供所需的色彩、纹理和图案。锦缎与真丝类面料适用于较正式的场合，而亚麻和软棉面料显得较为休闲。醒目的图案和夸张的装饰则呈现出鲜明的现代感。

无论对于新手还是经验丰富的缝纫爱好者而言，抱枕作品均可实现满满的成就感，因为抱枕的结构虽然简单，但在面料的选择拼接与成品的美化装饰方面，却存在着无限的创意空间。总而言之，抱枕制作简便，效果出众。在本章中，您将学习到如何从零开始缝制抱枕套，包括三种基础封口方式：藏针缝、信封式和拉链式。此外，您还将学习到一些较为精细专业的剪裁方法（如土耳其拐角处理法和绲边处理法），以及对手缝或成品抱枕进行装饰的巧妙思路。

内容包含：

+ 缝制抱枕套的三种基础方法
+ 四种枕套修饰法
+ 抱枕装饰边
+ 贝壳印花抱枕
+ 环绕式抱枕装饰带
+ 餐巾抱枕套
+ 毛球装饰靠垫
+ 捏褶装饰抱枕
+ 毛呢编织抱枕套
+ 小鸟刺绣抱枕
+ 落叶抱枕套

+ 盒状抱枕与枕套
+ 十字绣抱枕套
+ 牙仙枕头
+ 婚戒枕垫
+ 贴线绣抱枕装饰带
+ 手工贴布抱枕套
+ 抽绳长枕
+ 藏针缝长枕
+ 排褶装饰抱枕
+ 礼服衬衫改造款排褶装饰抱枕

三款基础抱枕套（对页）：抱枕套是最易于手工缝制的家居用品之一。无论是藏针缝枕套（上）、信封式枕套（中），还是拉链式枕套（下），均可在1小时内完工。

缝制抱枕套的三种基础方法

如果您决定完全手工缝制抱枕套，可选择如下三种基础缝制方法：藏针缝封口法、信封式封口法和拉链式封口法。虽然在讲解过程中均以正方形抱枕为例，但您完全可以按照相同方法来缝制长方形枕套。

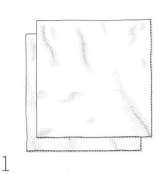
1

2

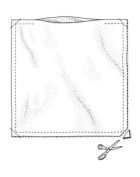
3

藏针缝抱枕套

这款枕套边线简洁流畅，塞入枕芯后的翻口缝合线几乎达到隐形效果。由于翻口完全缝合封死，这款枕套更适合无须经常洗涤的枕芯。如果确实需要连同枕芯一起清洗，尤其当抱枕选用了真丝等较为珍贵的面料时，建议进行干洗。

制作材料：

基础缝纫工具、枕芯、布料。

制作方法：

1. 在枕芯横向和纵向尺寸的基础上各增加 2.5 厘米，用作缝份。利用尺子和水消笔，依照所需尺寸在面料上绘制 2 个正方形；裁剪出正方形面料。

2. 将两片正方形面料正面相对，珠针固定。在顶边上，沿左右两侧边分别向内 7.5 厘米，各标记一个点。以其中一个标记点为起点，沿 1.3 厘米缝份缝合各边，两个标记点之间留作翻口不缝合。

3. 修剪拐角并将枕套翻回正面。借助翻角器或闭合的剪刀将拐角顶出。翻口处的毛边向内翻折 1.3 厘米，将枕套各边熨平压实。塞入枕芯，以藏针缝（第 21 页）缝合翻口。

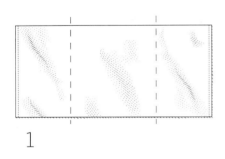
1

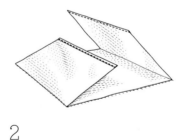
2

3

信封式抱枕套

背面信封式枕套的缝制方法十分简单将一片长方形面料经过翻折，在枕套背部形成开口即可。

制作材料：

基础缝纫工具、枕芯、布料。

制作方法：

1. 测量枕芯尺寸。长方形面料所需尺寸的确定方法：在枕芯的高度上增加 2.5 厘米用作缝份，枕芯的长度乘以 2 再加 15 厘米（例如，一款 45.5 厘米的枕芯所需长方形面料的尺寸为 48 厘米×106 厘米）。利用水消笔和尺子，依据所需尺寸在面料上绘制长方形并裁剪。将长方形面料正面朝下铺平。对左右侧边进行双褶边处理：两边分别翻折 1.3 厘米，熨烫压实，再次翻折 1.3 厘米，熨烫压实。珠针固定，在距离内侧折线 0.3 厘米处车缝固定。

2. 左右两侧边向内翻折，相互交叠 10 厘米。检查折叠后的正方形与您选用的枕芯尺寸是否匹配。

3. 珠针固定顶边和底边，沿 1.3 厘米缝份车缝固定。将枕套翻回正面。借助翻角器或闭合的剪刀将拐角顶出。塞入枕芯。

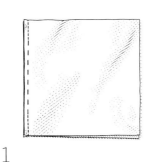

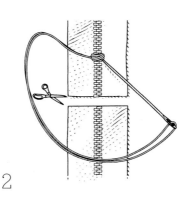

1   2   3

拉链式抱枕套

在枕套上添加拉链可大大提升使用过程中的便捷性；您可以轻松取出枕芯，然后单独清洗枕套，也可直接更换新的枕套。拉链尺寸应与枕套翻口完全一致或略长。建议您选用易于截取不同长度的尼龙拉链。

制作材料：

基础缝纫工具、枕芯、布料、拉链、缝纫机拉链压脚。

制作方法：

1. 在枕芯的纵向和横向尺寸上各增加 2.5 厘米，用作缝份。利用水消笔和尺子，依照尺寸在面料上绘制两个正方形，裁剪出正方形面料。正方形面料正面相对，珠针固定。取任意一边，在距离两侧 7.5 厘米处各标记一点。由一条侧边起，沿 1.3 厘米缝份缝至标记点，回针固定。另一条侧边同样操作。缝纫机设置为疏缝针迹，在两个标记点之间进行车缝（参见虚线部分，这里便是拉链的安装位置）。将缝份展开熨平。利用水消笔，在距离各侧边 7.5 厘米处标记缝份线（越过前面的标记点）。

2. 如果拉链尺寸长于枕套翻口，在拉链上标记出翻口的长度。利用针线，围绕标记点处的链牙绕缝 5~10 圈（防止拉链头滑出链牙）。在距离缝合点 1.3 厘米处剪断拉链。

3. 拉链正面朝下置于翻口处，链牙与翻口对齐。拉链头向上拉，以便在缝合过程中逐步下拉。珠针固定拉链，利用针线沿缝份标记线疏缝拉链带。利用拉链压脚，由距离拉链顶端 5 厘米处开始，环绕拉链车缝一周（距离链牙约 0.3 厘米），直至再次距离顶端 5 厘米处止缝。将拉链头向下拉至 5 厘米标记点处，继续环绕拉链顶部，包括顶边，车缝固定。利用拆线器，沿拉链带和翻口处，剪除疏缝线。拉开拉链。将枕套前后片珠针固定，正面相对，四边对齐。更换压脚，沿 1.3 厘米缝份车缝剩余三条边。修剪拐角并将枕套翻回正面。借助翻角器或闭合的剪刀将拐角顶出。

抱枕枕芯

在本书中，枕套尺寸多与枕芯尺寸完全一致。如果您希望呈现填充物饱满紧实的效果，可令枕套的尺寸比枕芯略小（2.5~5 厘米）；如果需要呈现宽松的效果，枕套尺寸则需略大于枕芯。最常用的枕芯填充材料为羽绒和涤纶棉。枕芯尺寸并没有统一的行业标准，以下仅为您提供一些商店和网店常见的枕芯规格：

方形抱枕 规格多为边长 25.5~91 厘米的正方形。书中作品虽以正方形抱枕为主，但只需对缝制方法稍加调整，便可制作出如下各式抱枕。

卧室靠枕 这种长方形靠枕可起到装饰床品的作用。常见尺寸为 30.5 厘米×40.5 厘米至 35.5 厘米×91 厘米。

长枕 长枕状似圆柱体，既可用作罗汉床或沙发扶手，也可作为舒适的颈枕使用。长枕的尺寸由直径和长度决定，标准枕芯的规格可分为直径 10 厘米、20.5 厘米和 25.5 厘米，长度不一。常用枕芯多为涤纶棉或海绵。

垫腰枕 垫腰枕多为长方形，主要在睡眠时起到支撑下背部的作用，可用其替代沙发靠垫。常见规格为 35.5 厘米×45.5 厘米至 35.5 厘米×91 厘米。

四种枕套修饰法

以下修饰方法可为手工缝制抱枕带来与众不同的轮廓造型与装饰效果。

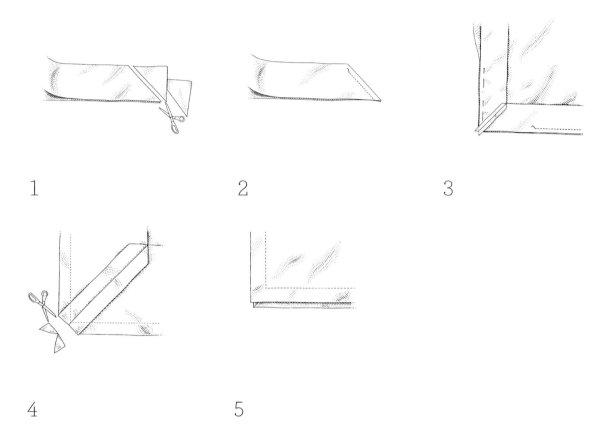

1

2

3

4

5

双层翻边处理法

通过两片延展出来的装饰边（双层翻边），重点强化了对正方形或长方形枕套轮廓线的装饰效果。具体范例参见第 205 页抱枕 4。

1. 裁剪四片长条状面料，尺寸与抱枕侧边相等，外加 2.5 厘米作为缝份。利用拼布尺在每片布条的两端标记出 45°角斜线，沿标记线剪除布条一角。

2. 将两片布条的斜裁边对齐，正面相对，如图所示，沿 1.3 厘米缝份缝合固定。缝份展开熨平。剩余布条按照相同方法操作，形成正方形或长方形边框。

3. 将翻边与枕套前两片正面相对，沿外侧边以 1.3 厘米缝份缝合固定。

4. 修剪拐角，沿缝份中心线涂抹少量布料专用胶，以防翻边脱线。将翻边展开熨平。重复步骤 1~3，按照相同方法裁剪剩余布条，并将其与枕套后片进行缝合。

5. 枕套前后两片反面相对，在距离双层翻边的毛边一侧至少 0.6 厘米处进行缝合，任选一边保留一处翻口，以便塞入枕芯或填充棉。塞入枕芯后，以藏针缝将翻口手工缝合。

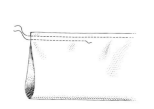  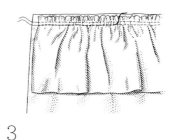

1   2   3

装饰褶边处理法

    装饰褶边不仅可以为枕套边线添加柔和之美，同时还可以重新塑造抱枕的轮廓线。

1. 首先裁剪一片面料，长度应为抱枕周长的 3 倍，宽度应为自行设定褶边宽度的 2 倍，然后再增加 2.5 厘米作为缝份。您可以使用一片长条状面料，也可以将多段面料端对端拼接为一片长条状面料。面料对折，反面相对，长边相交。在距离面料裁切边 0.6 厘米处疏缝固定，针距约为 0.5 厘米。采用相同针距，在距离裁切边 1.3 厘米处车缝第 2 道缝合线。

2. 条状面料收褶方法：由梭芯一侧（底侧）收线，逐步收拢面料，直至

其长度缩短为原来的三分之一为止。褶边两端的缝线打结固定。

3. 将褶边与枕套前片进行衔接：先将褶边车缝后的侧边与枕套前片布料的侧边对齐，珠针固定，然后将两片面料沿第二道车缝线缝合，张力与针脚均设定为常规值，选用 14 号缝针。为了防止褶边收拢不匀，可以一边缝合，一边利用拆线器的尖头将褶皱间隔调整均匀。在完成褶边的缝合后，将未处理的毛边向下翻折 1.3 厘米，以藏针缝手工缝合。将枕套的前后两片正面相对，四边对齐，沿边线车缝固定，保留一处翻口塞放枕芯或填充棉。面料翻回正面，塞入枕芯，以藏针缝手工缝合翻口。

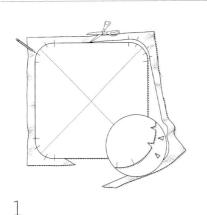  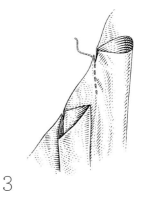

1   2   3

土耳其拐角处理法

    盒状褶可为枕套塑造出弧形边，也称为土耳其拐角。具体范例请参见第 205 页的抱枕 3。

1. 制作一片正方形纸质模板，边长应比枕芯边长多出 1.3 厘米；沿对角线绘制一个 "X" 图形。将正方形对折两次；环绕未折叠的拐角剪弧线，形成四个圆角。将正方形展开，在每个拐角各绘制四条标记线，"X" 两侧的两条标记线间距为 3.8 厘米。依照模板裁剪面料，用作枕套的前后片，沿标记线打剪口。

2. 取出枕套前片，捏合相邻的剪口，珠针固定，形成褶裥。每个拐角处构成两道褶裥。后片按照相同方法处理。

3. 沿各道褶裥分别向下车缝 1.3 厘米。将褶裥熨开，面料侧边向内压入 1.3 厘米。将前后两片面料叠放，正面相对，褶裥对齐。沿 1.3 厘米缝份车缝固定，保留翻口以便塞入枕芯。面料翻回正面，塞入枕芯，以藏针缝手工缝合翻口。

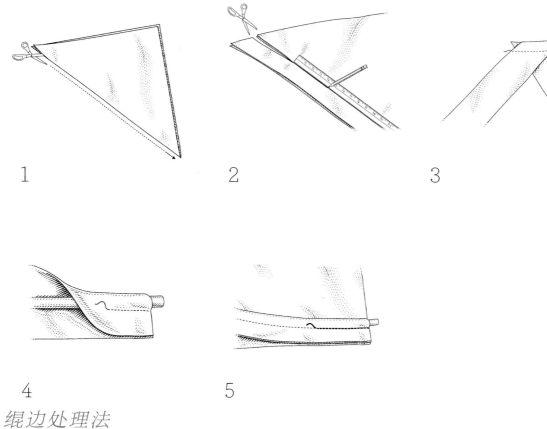

1   2   3

4   5

绲边处理法

　　绲边法（或嵌革法）可在枕套边缘形成支撑，使其更具质感。绲边所采用的包布绳如与枕套面料形成对比色，还可在细节上起到装饰效果。夹绳可在布料店购买。采用绲边法的具体范例，请参见对页抱枕1。您可按照如下方法自制绲边，如采用成品绲边，可直接跳至第5步。

1. 裁剪制作绲边所需的面料：将面料沿对角线对折，沿折痕将面料裁剪为两片三角形。

2. 两层面料保持叠放，利用尺子和水消笔在距离裁切边4.5厘米处绘制一条标记线，沿标记线裁切面料。最终，您将得到两条斜向裁切的布条。继续按照此方法裁切更多布条，直至长度超过抱枕周长为止。

3. 将两片布条末端对接，正面相对，形成交叉。布条沿顶边缝合固定；缝份展开熨平，形成一条又长又直的布条。剩余布条重复操作。

4. 将一段夹绳置于布条反面。布条翻折盖住夹绳，珠针固定。利用拉链压脚沿夹绳车缝固定。

5. 衔接绲边时，先将绲边条的布边与枕套前片面料的正面对齐，然后沿绲边条此前的车缝线将两片面料车缝固定。枕套前后片正面相对叠放在一起，珠针固定，再次沿绲边车缝线缝合固定，为塞入枕芯保留一处翻口。枕套翻回正面，塞入枕芯，以藏针缝手工缝合翻口。

抱枕装饰边

　　装饰花边可为枕套添加丰富多彩的装饰效果。款式多样的同色系面料足以令不同花色的抱枕统一步调，为不同生活空间注入绝妙的设计风格。

1. **绲边长枕**　在法国，类似这款圆柱状的靠垫通常用作卧室抱枕，同时也可放置到沙发背部或两侧，为身体提供支撑。绲边条为范例中的淡金色丝绒长枕提供了更好的塑形效果。利用藏针缝缝制长枕的具体方法请参见第 221 页。

2. **流苏边长枕**　带有绣花的塔夫绸靠垫几乎适用于任何需要点缀的地方。面料上鲜亮的花朵图案使得这款长枕倍显醒目，花色流苏边饰格外别致。

3. **土耳其拐角方形枕**　盒状褶为这款丝锦缎抱枕塑造出柔和的圆形边角。大尺寸设计（约为 56 厘米的正方形）使其成为垫靠休息或拥在怀中的理想之选（土耳其拐角的处理方法请参见第 203 页）。双层毛绒边穗令抱枕更具奢华感。

4. **双层翻边方形枕**　这款印花棉布抱枕沿轮廓线添加了双层翻边装饰。翻边内侧透露出柿子色绸缎面料，浓烈的火焰橙色源自枕套前片缝合的正方形丝带边框，抱枕正面还配有白色与金色相间的装饰带。添加双层翻边的具体方法请参见第 202 页。

贝壳印花抱枕

贝壳印花令一系列面料质地截然不同的抱枕形成统一风格。成品或手工缝制的枕套均可选用。如果您选择自制枕套，建议在裁剪面料前先完成印花步骤，以便图案顺畅延续至面料边缘。在印制图案时，您尽可以童心大发，玩转各式设计组合，印花图案可以深浅相间，可以整齐有序，也可以完全随机。您还可以利用一片大号贝壳，仅部分蘸取颜料，从而印制出一整行细长状的"V"字形图案。

您可以选用大小不一的贝壳以及不同的印花技法多多尝试和体验，最终创作出真正适合自己品位的理想图案。以图示中最左侧的抱枕为例，小号贝壳逐行印制出笔直对称的整齐图案。深蓝色抱枕利用大号贝壳中间的三道棱纹印制出一条宽宽的装饰带。中号贝壳则在后侧的金属银抱枕上打造出均匀分布的全幅印花设计风格。前排的桃粉色抱枕上，深浅不一的贝壳印花形成天然态有机组合；要想实现较浅的印制效果，贝壳需在别处重复印制数次后再继续印花。最后，最右侧的抱枕选用了最小号的贝壳，沿中心线印制了一栏对称状图案。如果您决定亲手缝制枕套，可以截取面中自己最喜爱的部分作为枕套的前后片。选定您认为方便好用的枕套款式后（参见第 200 页），便可依据相应的制作方法进行缝制。

制作材料：

基础缝纫工具（可选）、成品枕套或亚麻面料、布彩颜料、海绵刷、贝壳、旧毛巾、练习用纯棉或亚麻面料。

制作方法：

按照第 77 页介绍的布料印花方法，在枕套或面料上印制贝壳图案。

环绕式抱枕装饰带

　　普普通通的沙发抱枕只需与装饰布带进行简单组合，便立刻呈现出活力四射的状态。范例中的装饰带选用毛呢材质；背后的魔术贴便于拆卸，天气变暖后可更换材质较为轻薄的装饰带。如果您希望呈现更具层次感的装饰效果，可将两条宽度不同的装饰带前后叠放。

制作材料：

　　基础缝纫工具、编织纹理疏松的面料（如毛呢、纯棉或亚麻）、背胶魔术贴。

制作方法：

1. 以卷尺环绕抱枕一周，测量出装饰带所需长度，在测量结果的基础上增加 2.5 厘米。根据该长度和所需宽度裁剪面料。如希望呈现褶边装饰效果，可小心抽拉面料两侧的数根编织线，或者直接对两条较长的侧边进行双褶边处理（第 27 页）。

2. 在装饰带较短的两条侧边处，用熨斗加热，黏合魔术贴，最后将装饰带环绕抱枕扎牢固定。

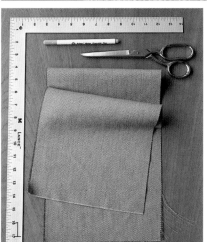

餐巾抱枕套

　　利用花色醒目的布艺餐巾改造的装饰抱枕，可瞬间点亮室内外任何家居环境。您既可以选用家中已无法配套的多余餐巾进行改造，也可以重新购买单片餐巾，专门用于改造。这款枕套的制作方法极为简便，只需一粒纽扣进行固定，可轻松摘除洗涤。您可以选用不同色调和图案的餐巾制作多款枕套，一旦需要实现小小改变时，即刻便换上一套。

制作材料：

　　基础缝纫工具、51 厘米正方形布艺餐巾、30.5~35.5 厘米枕芯、纽扣、装饰绳。

制作方法：

　　餐巾正面朝下平铺展开，摆放成菱形状。将枕芯在餐巾上居中放置。先将左右两侧角折向中心点，然后再将底角上翻至中心点。位于中心点的三片三角形疏缝固定，沿下翻片两侧边各向下缝合约 5 厘米。在下翻片接近底角处钉缝一粒纽扣。将上翻片向下翻折，面料内侧钉缝一圈绳环，用于固定纽扣，注意确保拴系纽扣时松紧度适宜。

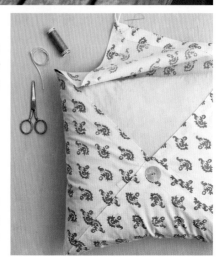

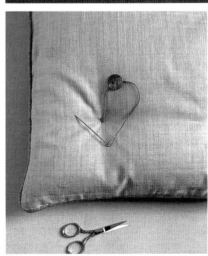

毛球装饰靠垫

　　纯色抱枕添加漂亮的毛球或纽扣装饰后，会显得更加别具一格。建议在靠垫前后两侧同时添加装饰，这样可以防止缝线拉扯面料，造成面料变形撕裂。钉缝毛球后，枕芯中的填充棉也会随之固定，因而可以免去不时抖动拍打抱枕与调整填充棉的麻烦。

制作材料：

　　基础缝纫工具、纽扣或毛球、成品枕套及枕芯、装饰线、长段装饰线。

制作方法：

　　利用水消笔在枕套上标记出纽扣或毛球的添加位置，然后利用双线钉缝装饰物，注意缝合时，缝针需穿透枕芯，同时穿入并钉缝另一侧对应的纽扣或毛球。

捏褶装饰抱枕

　　捏褶装饰赋予了抱枕套精致的纹理和优雅的格调。只需简单的针线，便可利用成品或手缝枕套轻松塑造出这种缩拢折叠的装饰效果。如果您决定自己缝制枕套，可根据第 200 页介绍的封口方式，采用相应的缝制方法。捏褶装饰枕套搭配略小的枕芯方可呈现出最为理想的纹理效果，因为面料会微微下垂，需要保留一定的余量。

制作材料：

　　基础缝纫工具、枕套、厚料缝线、枕芯（尺寸略小于枕套）。

制作方法：

　　枕套翻至反面。利用水消笔和尺子，在枕套上绘制出均匀分布的网格状标记点（每个点即为一个捏褶的中心点）。厚料缝线穿入缝针，以双线缝方式将线尾打结。将面料捏合（如图 a 所示）。缝针穿过折痕（距离钉缝点越远，皱痕越明显），然后缝线环绕捏褶点一周收紧。将缝针从双线间，经结扣下方穿过。缠绕两圈，缝针从线环下方穿过（如图 b 所示）。缝线收紧，打结固定。每个标记点按照相同方法操作。枕套翻回正面，塞入枕芯即可。

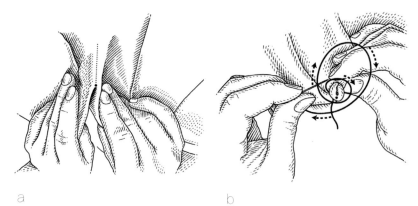

a　　　　　　　　　　　b

毛呢编织抱枕套

我们还可以利用穿旧的麦尔登呢或双面呢面料裁剪成布条，编织出个性化的抱枕套。抱枕前片由编织条与一层纯色毛呢面料共同构成。编织技法十分简单且基本无须缝纫，只要在排列和固定毛呢布条时尽量做到精确无误即可。在制作同色系枕套时，底布和编织条可选用相同颜色。此外，您还可以选择一种底色，然后利用互补色编织条进行编织。

制作材料：

基础缝纫工具、麦尔登呢或双面呢、枕芯。

制作方法：

1. 测量枕芯的宽度与长度，在此基础上添加 1.3 厘米缝份，依据该尺寸裁剪两片正方形（一片用作前片，一片用作后片）。

2. 将正方形的宽度等分成若干份，其结果将决定编织条的宽度。将未裁剪的剩余面料平铺在桌面上。从布边向内剪开 2.5 厘米的豁口，然后用手直接沿面料宽幅撕开。接着便可裁剪拼接布条，数量应足以覆盖抱枕宽度，额外增加 2.5 厘米作为缝份。纵向和横向所需的编织布条数量应完全相等。

3. 将枕套前片平铺在桌面上，在这片正方形面料上开始进行编织，取两片布条摆放成 "L" 状，末端交叠。先沿纵向布条编织，一条置于其上，一条置于其下，按序摆放并逐一珠针固定。剩余布条沿横向布条穿梭编织，珠针固定。将编织好的布条与前片毛呢面料缝合，在距离毛边 1.3 厘米处车缝一周。

4. 枕套前后片叠放，反面相对，在距离枕套边沿 0.6 厘米处车缝一周，任意一边保留一处翻口。塞入枕芯，以藏针缝（第 21 页）缝合翻口。

小鸟刺绣抱枕

在彩色面料上添加白线刺绣，可呈现出极具现代感的装饰效果。图示中，浅绿色亚麻抱枕上绣制了一只卡罗来纳鹪鹩，棕色抱枕上绣制着山地知更鸟。您也可以选择个人喜欢的品类进行刺绣。

制作材料：

基础缝纫工具、小鸟模板、成品枕套或亚麻面料、枕芯、转印纸（白色用于深色面料，黑色用于浅色面料）、圆珠笔、丝绵绣线、绣花针。

制作方法：

1. 打印模板（参见附赠图样；根据需要调整尺寸）并裁剪。如果您选择自制枕套，则需在缝制枕套前先完成前片的图案刺绣。如果采用成品枕套，直接在前片进行刺绣即可。将转印纸平铺在枕套前片上，小鸟图样铺放在转印纸上。利用圆珠笔沿图案轮廓线进行绘制，通过笔尖的压力将转印纸上的墨水印刻到面料上。

2. 丝绵绣线穿入绣花针，沿转印好的图案锁链绣（第 38 页）。

3. 如果您选择自制抱枕套，请参照第 200 页介绍的方法完成缝制。

落叶抱枕套

　　枕套上贴缝着质地柔软的毛毡叶片，一根根叶脉模仿得与真树叶一般无二。这款作品需要结合贴布与机绣两种技法。在缝合枕套前后片之前，应先完成叶片的贴缝步骤。

制作材料：

　　基础缝纫工具、落叶模板、枕套面料（如亚麻）、枕芯、毛毡布、布料专用胶。

制作方法：

1. 打印模板（参见附赠图样）并裁剪。依据第 200 页的介绍，选择其中一种基础抱枕款式，并根据枕芯尺寸裁剪面料。利用水消笔在毛毡布上绘制模板并裁剪，在修剪图案的细节轮廓时可改用小号剪刀。

2. 根据枕套设计图将裁剪好的毛毡布片摆放到指定位置，中心部位（中脉所处位置）涂抹布料专用胶进行固定。沿叶片中心线机缝一条绣线，作为叶片中脉。然后机绣"∨"字形：先由叶片一条侧边开始，向中脉方向机绣；然后将枕套围绕中脉旋转，反向绣制出"∨"字形。按照相同方法绣制剩余的"∨"字形，刺绣过程中可利用模板图案作为参照。其他叶片同样按照这种方法进行刺绣。按照第 200 页介绍的方法缝制枕套。

盒状抱枕与枕套

我们可以通过捏褶的方法，对成品枕芯和枕套进行调整，使其拥有整齐的边角。只需在枕芯及其配套的成品枕套上简单缝制数针，便可塑造出这种全新的形状。盒状抱枕最适合用作飘窗或长椅的坐垫，甚至还可以用作宠物垫（参见第 262 页）。

制作材料：

基础缝纫工具、枕套与可拆卸枕芯。

制作方法：

将抱枕的枕芯取出，枕套翻至反面朝外。缝制盒状角：取枕芯一角，收拢并展平面料，使其形成一个三角形扁平片，珠针固定，注意此时三角形底边的长度将决定枕芯调整后的高度。利用尺子和水消笔在面料上绘制一条缝合线（这条线应与已有的缝合线垂直）。按照相同方法处理枕芯的其余三个角，以及枕套的四个角。沿绘制的标记线车缝固定（如遇到拉链，注意不要将拉链头缝合到枕套拐角内）。最后可根据需要，利用锯齿剪刀，在距离缝合线 1.3 厘米处剪除枕芯和枕套的四角。将盒状枕套翻回正面，塞入盒状枕芯即可。

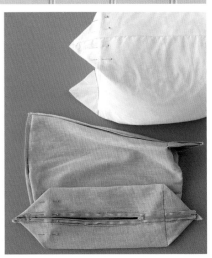

十字绣抱枕套

　　一行行手工刺绣的"X"线迹首尾相连，形成漂亮的十字绣图案。图示中，一套三款装饰抱枕，利用绒毛质感的马海毛线分别绣制出宽条纹和正方形图案，与现代家居装饰形成完美搭配。无论选择成品枕套还是自制枕套，均可轻松采用这种装饰技法，只需注意枕套面料的编织纹理应较为疏松（十字绣技法请参见第40页）。

制作材料：

　　成品枕套或中等厚度且纹理较为疏松的面料（如粗麻布或生丝）、枕芯、马海毛线、绣花针、绣绷。

制作方法：

1. 如果您选择自制枕套，可在第200页选择一种基础枕套款式，然后依据枕芯尺寸裁剪前后片面料（在缝制枕套前先完成前片的图案刺绣）。如果您选用成品枕套，直接在前片进行刺绣即可。

2. 在成品枕套的前片或正方形前片面料上十字绣。以面料的编织线作为参照或绣格，通过点数经纬纱线进行刺绣（每个"X"的高度和宽度应完全相等）。绣制小号"X"图形时，横竖各跨越5条纱线；大号"X"图形需横竖各十条纱线。

3. 如果您选择自制枕套，请按照第200页介绍的方法完成缝制。塞入枕芯。

牙仙枕头

我们可以亲手为牙仙缝制一处质地柔软的休憩所，再配上宝贵的手工刺绣毛毡布口袋。这款小巧的抱枕特意采用极简设计，仅掌握基础缝纫技巧的儿童也可以帮忙共同制作。

制作材料：

基础缝纫工具、23 厘米棉布或布头、毛毡布、丝绵绣线、绣花针、填充棉。

制作方法：

1. 裁剪两片同等大小的正方形面料，用于缝制抱枕。在毛毡布上，利用锯齿剪刀裁剪一小片正方形，用于缝制口袋。利用水消笔在毛毡布上绘制刺绣图案；采用回针绣技法（第 38 页），利用丝绵绣线和绣花针沿图案刺绣。沿两侧边和底边，将口袋与抱枕前片机缝固定。

2. 抱枕前后两片正面相对，珠针固定，沿 1.3 厘米缝份，车缝固定三条侧边及第四条侧边的一半。将抱枕内塞入大量填充棉（有关"填充棉"的使用方法，参见第 87 页），注意将四角填充饱满。

3. 翻口处的布边向内翻折，珠针固定，以藏针缝（第 21 页）手工缝合。

婚戒枕垫

借助漂亮的印花棉布、成品毛毡花朵和一段段精美的丝带，便可制作出各式各样色彩欢快、令人赏心悦目的婚戒枕垫。手帕、台布和枕套均可作为我们寻觅创意与素材的宝贵资源。这款枕垫的缝制方法十分简单，既可以作为新娘为自己亲手缝制的精美纪念品，也可以作为亲友或伴娘手工制作的可爱礼品，赠送给一对新人。

制作材料：

基础缝纫工具、23 厘米中等厚度的棉布或布头、填充棉、细丝带或装饰绳、亚麻装饰花朵（可选）。

制作方法：

裁剪两片边长 18 厘米的正方形面料。将正方形面料正面相对，沿1.3 厘米缝份进行缝合；在其中一边保留一处 5 厘米的翻口。修剪四角（可避免枕垫过于臃肿）。枕垫翻回正面，塞入填充棉（有关"填充棉"的使用方法，参见第 87 页）。向内翻折翻口布边，珠针固定，利用回针缝（第 21 页）缝合翻口。下面钉缝丝带或系绳（用于固定婚戒），利用卷尺测量枕垫，找出中心点，将丝带平铺在中心点上；将穿好线的缝针由枕垫底部入针，穿缝丝带，再穿回枕垫底部。再次重复钉缝，打结固定。根据个人喜好，钉缝装饰花朵。

贴线绣抱枕装饰带

贴线绣是一种模仿刺绣的技法，利用一段线绳摆放出某种图案，将其缝合固定到面料上。图示中，主人的姓名首字母便以这种技法呈现在抱枕装饰带上（有关抱枕装饰带的制作方法，参见第207页）。由于抱枕尺寸较小，最适合作为练习作品，技法娴熟后再用于装饰大幅的帆布用品或更为复杂的作品，例如书包、毯子或床裙等。制作模板时，可采用自己的手写体，也可在字帖上寻找喜爱的字体，然后根据所需尺寸进行缩放并裁剪。连笔字母最适合利用线绳进行贴线绣。

制作材料：

基础缝纫工具、字母模板、抱枕装饰带、线绳、布料专用胶或液体粘缝剂。

制作方法：

将字母模板珠针固定到抱枕装饰带上，利用划粉或水消笔勾勒轮廓线，然后利用线绳摆出图案，确定准确长度后将多余部分剪断。在线绳两端涂抹少量布料专用胶或粘缝剂（第352页），以防线绳磨损散懈。利用别针沿轮廓线进行固定，然后沿线绳两侧藏针缝固定。

手工贴布抱枕套

利用手工贴布技法，将银杏叶和独具一格的花朵图案用于装点纯色抱枕套。您可以选用书中提供的模板，也可以通过植物学书籍或直接从大自然中寻找自己喜爱的图案，并将其转化为模板（有关制作模板的方法，参见第 30 页）。

制作材料：

基础缝纫工具、手工贴布抱枕套模板、两件成品亚麻枕套或亚麻面料、两件枕芯、各式亚麻或丝绒面料（用作贴布图案）、包芯绳（用于带有枝节的植物图案）、转印纸（可选）、描迹轮（可选）。

制作方法：

1. 打印各片模板（参见附赠图样）并裁剪。如果选择自制枕套，请参照第 200 页介绍的缝制方法操作。利用水消笔在贴布面料上绘制模板图样，完成裁剪。

2. 贴缝银杏叶图样：利用水消笔在枕套上描绘模板轮廓线，标记出位置；疏缝固定，根据第 31 页介绍的手翻贴布方法，沿 0.3 厘米缝份贴缝图案。

3. 贴缝枝节植物图样：在枕套上珠针固定两段包芯绳，采用对页介绍的贴线绣技法，沿图样方向藏针缝，将包芯绳与枕套缝合固定；利用水消笔在枕套面料上绘制模板；按照由大到小的顺序，在包芯绳上贴缝椭圆形花朵。

各式长枕均采用自行染制的条纹棉布面料进行缝制，条纹图案宽窄不一，颜色丰富，包括绿色、米黄色、淡紫色或蓝色（更多染布技法参见第67页）。长枕两端侧片与主体分别缝合，从而在抽绳端形成条纹垂直相交的效果。

抽绳长枕

　　大大小小的长枕可以算作最能提升舒适度的装饰物了，适于摆放在罗汉床或飘窗上，用作靠背、扶手或颈枕均可。

制作材料：

　　基础缝纫工具、长枕枕芯、染色条纹棉布或其他中等厚度的面料（例如纯棉或亚麻）、棉绳、安全别针。

制作方法：

1. 测量枕芯侧面的周长和长度；两者各增加 2.6 厘米，用作 1.3 厘米缝份。如下图所示，根据所需尺寸，利用划粉在面料上绘制一个长方形（若选用条纹面料，如竖条纹，注意所绘制的长方形应确保线条走向与长枕的纵向保持一致）。下面制作侧片，绘制两片较小的长方形；长度应与大号长方形的短边相等（即枕的周长外加 2.5 厘米缝份），宽度应为长枕直径的一半（选用条纹面料时，线条走向应与长边保持平行）。裁剪各片面料。

2. 将小号长方形的长边与大号长方形的短边车缝拼接，两片正面相对（缝份为 1.3 厘米），缝份展开熨平。

3. 长方形对折，正面相对，长边相交，沿 1.3 厘米缝份车缝长边，距两端各 6.35 厘米处止缝。缝份展开熨平，两端同样处理。

4. 下面缝制抽绳孔，两端分别进行双褶边处理：先翻折 1.3 厘米，熨烫压实，再次翻折 2.6 厘米，熨烫压实。珠针固定并车边线；枕套翻回正面。

5. 为了遮盖暴露在外的枕芯两端，按照长枕两端的尺寸，在面料上裁剪两片圆形。沿毛边锯齿缝，以防散边。将圆形布片置于长枕枕芯两端，沿边缘疏缝固定。

6. 在棉绳一端固定一个安全别针，穿入其中一条抽绳孔，注意切勿完全穿出。另一侧按照相同方法操作。塞入长枕枕芯。将抽绳收紧并打结固定。

藏针缝长枕

　　较为传统的长枕枕套多采用藏针缝技法将翻口完全缝合。视个人喜好，可在两端添加绲边或流苏边装饰（参见第 205 页）。

1. 测量长枕侧边的周长和长度。在两项测量结果的基础上各增加 2.6 厘米用作缝份。按照相应尺寸，利用水消笔和尺子在面料上绘制一个长方形（宽度等于周长）。裁剪布料。

2. 利用圆规在纸上绘制一个圆形，应比长枕的直径宽 2.6 厘米。裁剪图样并利用该模板在面料上裁剪两片圆形，用作长枕两端侧片。

3. 下面缝制长枕主体，将长方形正面相对，纵向对折。沿较长的毛边，在距离左右两侧各 7.5 厘米处各做一个标记点。从一侧开始车缝至标记点，回针缝加固。另一侧重复操作。长边中间部分留作翻口不缝合。如需添加绲边，请参照第 204 页介绍的方法，将绲边与长枕主体疏缝固定。

4. 圆形布片与主体正面相对，珠针固定，沿 1.3 厘米缝份车缝拼接。枕套翻回正面。塞入长枕枕芯，以回针缝手工缝合翻口。

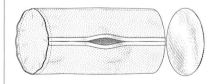

长枕主体

裁剪一片

周长 +2.6 厘米

长枕长度 +2.6 厘米

长枕侧片

裁剪两片

长枕直径的一半

周长 +2.6 厘米

排褶装饰抱枕

　　形成排褶图案的难度并不大，只需在面料上缝制出细长、笔直的折线即可。利用排褶图案既可以呈现自由形态，也可以呈现井然有序的设计风格。两类设计均需采用轻薄面料，图示中选用了阔幅棉布。裁剪面料时，实际所需面料往往比预想中的面料多出数厘米；在完成排褶的缝制后，两侧多余面料可随时剪除。

制作材料：

　　基础缝纫工具、阔幅棉布或其他轻薄面料、枕芯。

制作方法：

　　确定抱枕款式后（参见第 200 页），按照相应方法裁剪前后片面料。前片的裁剪尺寸应略大，以满足缝制排褶的需要；每道 0.3 厘米的排褶需额外预留约 0.6 厘米面料（建议您先在纸上绘制出设计图，以确定所需的排褶数，以及排褶的纵横方向）。将面料平铺在桌面上，正面朝下。翻折面料，所形成的折痕将成为排褶的棱纹。为了确保每道褶的宽度均匀一致，需借助尺子沿整体长度进行测量，每道折痕与布边或前一道折痕的距离均匀相等（参见下图）。将折痕熨平，在距离折线 0.3 厘米处车缝固定。按照相同方法处理剩余的排褶。随着排褶数量的增加，可能会出现起皱或轻微凸起的现象，但无须过于担心。这种不规则感正是手工作品的魅力所在。在完成所有排褶的缝制之后，再按照第 200 页介绍的方法缝制枕套。

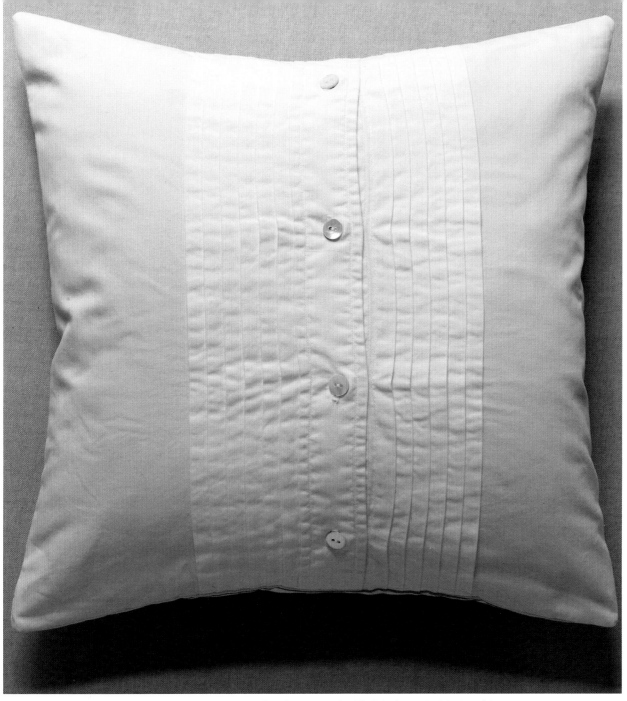

礼服衬衫改造款排褶装饰抱枕

将礼服衬衫改造为抱枕，可以轻松模仿出手工排褶装饰的效果。衬衫前襟上的纽扣还可以作为取放枕芯的开口，因而无须再手工缝制封口。这款作品的制作方法格外简单易学，最适合缝纫新手。

制作材料：

基础缝纫工具、礼服衬衫、30.5 厘米枕芯。

制作方法：

将衬衫平铺在熨板或毛巾上，熨烫平整。利用尺子和水消笔，在衬衫上绘制一个边长 33 厘米的正方形，注意衬衫前襟的折边和纽扣应位于正方形的中心。分别从衬衫的前后片各裁剪一片正方形（如需要，也可从不同面料上裁剪一片正方形，用作抱枕后片）。将抱枕前后片叠放，正面相对，沿 1.3 厘米缝份车缝四边。修剪拐角。从前片的开口处将枕套翻回正面，塞入枕芯，扣好纽扣。

作品：
手缝娃娃（*Dolls*）

　　布娃娃总是孩子们最要好的朋友——可不嘛！布娃娃们总是陪伴在孩子们的左右，无论白天还是黑夜，作为最可信赖的伙伴，布娃娃为孩子们提供了无尽的安全感和心灵的慰藉。本章介绍的手工娃娃特意采用了极为简洁的设计款式，然而，尽管娃娃的表情是中性的，身体形态也平淡无奇，但这些娃娃一旦躺在宝宝或小朋友的臂弯中，便会显得格外鲜活。事实上，这种单纯朴素的设计风格正是为了鼓励孩子们发挥自己的想象力和创造力。娃娃以华德福教育模式提供的范本作为参照，其创始人为鲁道夫·施泰纳（Rudolf Steiner）；您也许听说过类似的作品，通常被称为华德福娃娃或施泰纳娃娃。基于其最初的创意和灵感，这种娃娃均采用纯天然材料缝制而成，如纯棉和羊毛，头发通常选用羊毛线、马海毛线或毛圈花式线。娃娃的发型、肤色、眼睛的颜色和服装面料均可视个人喜好自行设定。您既可以仿照某个宝宝的特点专门缝制一款娃娃，也可以多缝制几款各具特色和魅力的娃娃。缝制身体时，可以选用宝宝穿小的旧衣服；这样不仅会立刻赋予娃娃一种亲切感，同时也令布娃娃更具纪念价值和意义。

　　这款作品仅要求掌握最基础的缝纫技法。虽然本书为您提供了缝制方法与模板，但您完全可以在此基础上大胆创新。总而言之，手工娃娃不仅是一件精美的礼品，更是缝制者宝贵的心意。

手缝娃娃（对页）： 布艺娃娃个头虽小，但所蕴含的魅力却极大。毛线可用于制作各种发型。利用缎面绣针法可直接在头部镶嵌整齐的刘海；长股线可用于制作其余部分的发丝，或用于修剪额前乱蓬蓬的俏皮发型。如需缝制短短的卷发，可直接在头部嵌绣马海毛，然后再轻轻梳理。缝制长发时，需采用长股羊毛线或棉线。如需梳理发辫，则要选用加粗羊毛线，然后再用同色毛线进行扎系。羊驼线适于缝制直发。毛圈花式线本就自带毛卷，将毛圈剪开后便可形成短而直的寸头。

手缝娃娃

制作材料:

基础缝纫工具、娃娃服装模板、25.5 厘米×45.5 厘米可水洗面料（用于缝制服装）、边长约 25.5 厘米的针织棉布（做皮肤）、棉絮、丝绵绣线（做眼睛和嘴）、绣花针、毛线（做头发，参见第 224 页图片示例）。

制作方法:

1. 打印模板（参见附赠图样）并裁剪。用于缝制躯干的面料正面相对，两头对折。模板置于面料上，肩部与折线对齐，沿实线裁剪珠针固定。在皮肤面料上裁剪一片 7.5 厘米×18 厘米的长条（用作头部）和四片边长 5 厘米的正方形（用作手和脚）。

2. 由一条腿的底部外侧边开始，沿 0.6 厘米缝份，向上缝合至手臂末端。身体另一侧按照相同方法处理。缝合腿部的内侧边。如图所示，在围绕躯干的弧线处打剪口。将用于缝制头部的长方形纵向对折，珠针固定。如图所示，由折边处开始，在较短一端缝合一条弧线，然后继续向下沿开口一侧缝合；将多余面料剪除，保留 0.3 厘米缝份。两部分均翻回正面。

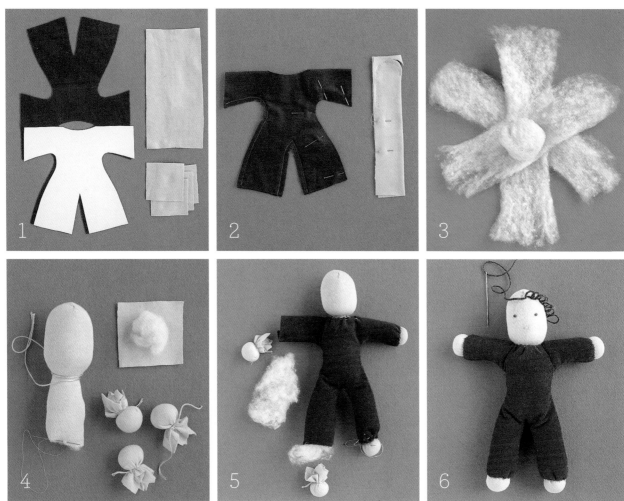

3. 裁剪三片 5 厘米×18 厘米的条状棉絮，如图所示，将棉絮摆放为星星状。再取一些棉絮团成
    5 厘米的棉球，将棉球置于星星中心。条状棉絮向上翻折，裹住棉球；利用筷子或手指将棉絮
    塞入头部。头部需要填充紧实，如需要还可加入更多棉絮，利用手指进行整形。

4. 利用皮肤色棉线在棉球下方，环绕头部缠绕系紧，形成脖颈。将底部开口缝合。缝制手和脚
    时，在每片正方形面料上放置一团 2.5 厘米大小的棉球，底部收口，用线扎紧固定。

5. 在躯干内填充棉絮，但无须像头部一样紧实。利用平针缝（第 21 页）收紧脖颈开口。将皮肤
    色棉线穿双线，利用藏针缝技法将头部与躯干缝合衔接，注意将毛边向下翻折。按照相同方法
    衔接手脚：首先以平针缝收紧开口，然后以藏针缝进行衔接。

6. 利用珠针标记出五官位置。如图所示，在缝制头发时，先利用锚定针技法将盘绕的毛线圈固定
    住。缝制五官时，将丝绵绣线穿入缝针，由头部后侧入针，穿至珠针标记点出针。完成五官的
    绣制，缝针最后仍需从头部后侧出针。剪断线尾。

7. 剪断毛线圈。用手指调整形态，平顺面部。使用温和洗涤剂与温水将娃娃轻柔手洗，自然
    晾干。

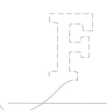

作品：
布艺花卉（*Flowers*）

在手工爱好者灵巧的双手中，碎布头或布条可以轻松转化为充满异国情调的绿植与花卉。如果您发现多姿多彩的鲜花和生机盎然的树木同样赋予了您创意和灵感，您也同样可以借助不同纹理、图案和色彩的布料或丝带来实现自己的想法。只需一些物美价廉的小小装饰品，如纽扣与朝气蓬勃的荷叶边，便可制作出趣味十足的布艺花卉作品。这些花朵一旦制作完成，不仅可以装点服饰，还可以作为理想的派对装饰品，如利用甜美（又坚韧）的荷叶边雏菊来装点宝宝的春装，利用优雅的襟花来点缀重大场合穿着的礼服，或者在派对上摆放一瓶永远盛放的插花。对于初学者而言，可以先从本章介绍的花卉品种及其制作方法着手学习，同时注意观察大自然，了解花朵的构造。无论您选择哪个品种，这些手工制作的花卉总能为所到之处带来阳光般的勃勃生机。

内容包含：

+ 花开满枝   + 荷叶边花朵

+ 包布扣襟花

花开满枝（对页）：一束利用绲边条包裹的枝丫，枝头上点缀着朵朵布花，构成了替代传统插花作品的个性之选。范例中的枝条形成优雅的弧线，统领着整个派对礼品展示台，礼品盒顶部采用同色系布艺花朵进行点缀。装饰礼品盒时，可利用双层丝带或布条缠绕包装盒，顶端粘贴一朵布花即可。

1

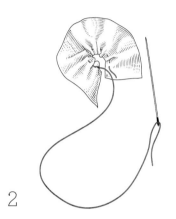

2

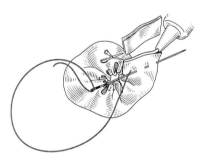

3

花开满枝 参见第 229 页图片

装点着布花的枝条如同一束盛开的海棠。您可以从自家庭院中截取树枝，也可以通过苗圃或花店进行购买。花艺铁丝、胶带和人工花蕊在手工用品商店均有销售。制作布花时需选用质地轻薄的棉布，可轻易沿着面料纹理撕开，也可直接选用一条罗缎丝带进行缝制。

制作材料：

基础缝制工具、1.3 厘米宽棉布或丝带、粘缝剂、人工花蕊、黏合胶水、树枝、1.3 厘米宽绲边条。

1. 缝制布花时，需先将棉布撕成 2.5 厘米宽的布条，然后再以 20.5 厘米为单位截取成若干段。若缝制丝带花，丝带的截取长度应为 10 厘米。利用同色缝线（一端打结），沿布条或丝带一边纵向平针缝（见第 31 页），缝针可直接穿缝至另一端，中途无须出针。

2. 沿缝线推动面料或丝带，以抽绳的方式，逐步收紧。

3. 缝线保持收紧状态，将布条或丝带首尾相连，正面相对并缝合，回针缝数次进行加固。将多余布条或丝带剪除，沿裁边涂抹粘缝剂，防止散边。取数根人造花蕊对折，塞入花朵中心，将花蕊头微微露出；涂抹少量黏合胶水固定，等待胶水晾干。

枝条包裹方法

在每根枝条底部绑系一条绲边条。将绲边条围绕枝条缠绕，轻轻收拉，使绲边条保持紧绷，每圈覆盖上一圈约三分之一左右（参见上图）。当缠裹到枝条末端时，打结固定，将多余布条修剪成一片"树叶"。如果包裹过程中布条长度不足，可将末端在枝条上打结并修剪；然后重新绑系下一条丝带，继续包裹（所有打结处均需在布条末端下方涂抹黏合胶水进行固定）。在枝条上黏合花朵。

1

2

3

包布扣襟花

　　将不同尺寸、颜色和图案的包布扣搭配在一起，再配上一片亚麻材质的绿叶，便形成了一把完整的花束，可以佩戴在各种服饰上。有关布包扣的具体方法，请参见第 356 页。

制作材料：

　　基础缝纫工具、包布扣工具、纯色、印花亚麻面料或其他中等厚度的面料（用作纽扣和叶片）、黏合衬、花艺铁丝、花艺胶带、两种颜色的细丝带、别针。

制作方法：

1. 首先制作叶片，将两片面料叠放，反面相对，黏合衬与布艺铁丝夹在其中，熨烫黏合。在面料上绘制叶片形状并裁剪，沿茎秆缠裹花艺胶带。

2. 按照工具说明制作包布扣。制作花朵时，将花艺铁丝穿入扣柄；先沿一侧缠绕一圈，再换另一侧缠绕一圈，形成一个"8"字；围绕茎秆拧紧，最后缠裹花艺胶带。

3. 取一小段花艺胶带将花束的多根茎秆缠裹在一起。利用细丝带在茎秆上打结，修剪丝带尾端。别针固定在翻领上。

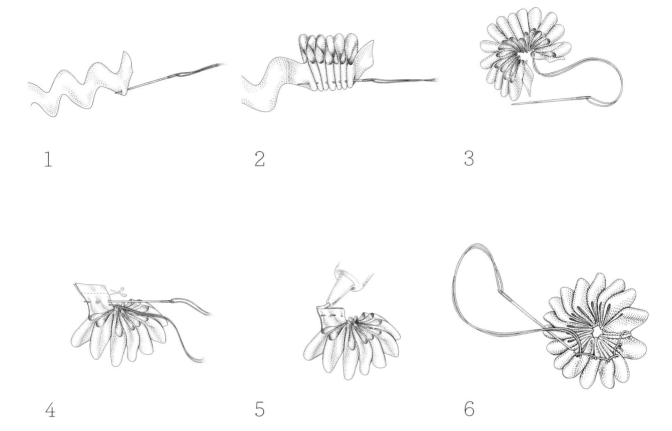

1

2

3

4

5

6

荷叶边花朵

款式丰富的荷叶边花朵足以令任何衣橱为之一亮。虽然对页图示中的花朵主要被用来装点儿童服装，但实际上利用这些花朵装点成人服饰也会同样出色。由左上角开始逆时针收拢荷叶边即可：超大号紫色花朵粘贴在纽扣盖上，可自由拆卸，装饰在一件基础款白色连衣裙上显得格外醒目。小男孩的薄款西装外套搭配上一朵双色两片式襟花，立刻提升了西服的庄重感。由花边构成的一根根茎秆仿佛在沿着外套底边茁壮成长，构成了一幅花园中百花争艳的图景。利用窄丝带缝制的迷你白色雏菊则呈散落状点缀在宝宝的连体衣上；这款花朵的蕊没有采用人工花蕊，而是由法式结粒绣（第42页）构成。

制作材料：

基础缝纫工具、荷叶边、液体粘缝剂、人工花蕊、黏合胶水。

制作方法：

1. 沿荷叶边底边标记16个点，将花边剪断且剪口朝上。将一段25.5厘米长的缝线穿入缝针，一端打一个大大的结扣。

2. 如图所示，缝针穿缝荷叶边底边各点，使荷叶边不断收缩并聚集在缝针上（荷叶边容易围绕缝针旋转，注意在穿缝过程中保持正确方向）。

3. 当各点均聚集到缝针上时，将整串荷叶边捏合并将缝线轻轻引出。仍然捏住各点，缝针穿回第一条折边，在收紧缝线的同时将各点放开。确定花朵的前后面，将侧边向后翻折（图示中的花朵为凹形花瓣；如选择凸形花瓣，则裁剪的侧边需向前翻折）。

4. 如图所示，将两端剪口的毛边正面相对进行缝合。裁剪掉多余的荷叶边，缝线暂时不要剪断。

5. 沿裁剪的侧边涂抹少量液体粘缝剂，以防止荷叶边散口。

6. 大拇指伸入花蕊，调整花瓣，使其呈扇形展开。如图所示，利用同样长度的缝线，在每片环形花瓣反面的顶点处回针缝固定。最后缝线在回针缝线迹下方穿缝固定并剪断。用指尖重新调整花瓣造型。取数根人造花蕊对折，插入花蕊并将花蕊微微露出。涂抹少量黏合胶水固定，等待晾干。

作品：

手 帕（*Handkerchiefs*）

现在提及手帕这种轻薄透气的方形布艺用品，似乎便意味着对优雅往昔的一种回顾。实际上，手帕在现代生活中的作用也很大。在钱包或口袋中塞入一方手帕，要远比单调的纸巾精致、美好得多。

一沓手工缝制的手帕无疑会成为最贴心的礼物。就算从零开始缝制手帕，也不会耗费我们太多时间，小巧的尺寸和简洁的款式决定了这款作品将成为最适合缝纫新手的完美选择。手帕中用到的卷边技法同样适用于尺寸更大、更加精致的布艺作品当中，如纱笼或披肩。

拥有个性化手帕的快捷方式之一是在成品手帕上进行刺绣。提前处理好的卷边可以帮助我们省下不少工夫。如果您想参考一些经典款式，可以通过旧货商店、挂牌甩卖和跳蚤市场找找看，也没准您家阁楼或梳妆台抽屉后面就藏着一些呢！

内容包含：

+ 刺绣手帕

+ 绲边手帕

刺绣手帕（对页）：只需配备一些基础的刺绣工具，便可以创作出精巧可爱的手缝手帕啦。事实上，几乎任何图案都可以用来刺绣。既可以从手工用品店里购买热转印图案，也可以借助热转印铅笔，将插画书上的图案拓印到纸上，然后再将图案直接熨烫到面料上。刺绣字母图案时，采用不同的针法会呈现出粗细不一的线迹。范例中的苏格兰梗犬将缎面绣与轮廓绣相结合，而下方的曲别针图案则是利用金属质感的银丝线以轮廓绣技法绣制而成的。查阅更多基础刺绣针法，请参见第38 页。

绲边手帕

由于尺寸小巧且只需最基础的针线缝纫，卷边手帕成为缝纫新手最佳的习作选择。如果您缝制的手帕最终略微有些不对称或线迹不匀称的地方，也无须过于介意，这只会令您的作品更具手工感。尽量选用软棉或亚麻面料，每 45.5 厘米约可缝制四条手帕。缝合线既可选择与背景面料相近的颜色，也可以选择对比色，添加一定的装饰效果。

制作材料：

基础缝纫工具、45.5 厘米轻薄亚麻或棉质衬衫布、切割垫板（可选）、轮刀（可选）。

制作方法：

1. 将面料洗涤、晾干并熨烫平整。面料平铺在平面上，反面朝上。利用尺子和划粉，绘制一个边长 32 厘米的正方形。利用剪刀裁剪出正方形，或者将面料平铺在切割垫板上，借助轮刀和尺子进行裁切。

2. 缝针穿线：缝制外边一周需要的缝线长度约为 139.5 厘米。如果您感觉这样的长度缝制时过于累赘，也可改用几段 45.5 厘米长的缝线。面料仍保持反面朝上，将正方形顶边朝向自己卷起 0.6 厘米，为了便于操作，您可能需要将手指沾湿。布边需卷裹紧实，以免洗涤时散开。

3. 将穿好线的缝针由卷边一端穿入，引导缝针紧贴卷边底部出针，距离入针点约 1.3 厘米。在紧贴卷边下方的面料主体上挑起几根纱线（图 a）。如果您希望正面可以看到线迹，则采用较大的针脚。将线引出面料，在第一个出针点略微偏左的位置再次穿入卷边。沿手帕一侧重复穿缝（图 b），针间距约为 1.3 厘米，距离另一端约 1.3 厘米处止缝。处理拐角时，将垂直的褶边卷紧，使其与前一道褶边对齐。继续将布边卷紧，使卷边尽量保持均匀。向下穿缝拐角，继续沿四周卷缝，一边缝合一边将剩余的布边卷紧，每个拐角处顺序向下穿缝。最后一个拐角处，在卷边下方打几个细小的结扣固定。

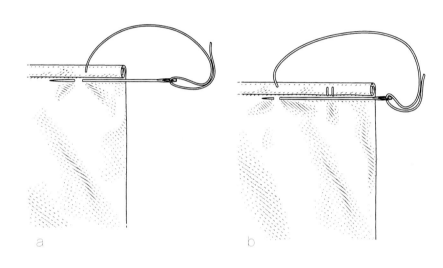

a

b

缎带绣手帕

这块亚麻手帕上装饰着三色大波斯菊图样。如果您也希望绣制这款图案，需要同时选用多种不同宽度和颜色的丝带，再结合多种针法方可完成：堆叠的直线绣形成了花瓣，法式结粒绣作为花蕊，叶片采用缎带绣，茎秆则采用轮廓绣。如需查阅缎带绣针法术语表，请参见第 48 页。

作品：

婴幼用品（Nursery）

新生儿带给我们的最大动力可能就是重新激活我们的创造力。充满甜蜜且独一无二的各种创作思路会不停跳入脑海。这其中便包括对缝纫、拼布和刺绣的新期待。无论您想缝制的作品是玩具、服装还是床品，初衷都是为了欢迎小宝贝来到这个家。您可以到布料店里逛一逛，精美的印花棉布、趣味盎然的各种装饰品和花边，以及质地柔软的纯天然面料一定会给予您更多灵感。而且，您还可以利用店里找到的产品，一点点创作出一整套婴儿用品。不管您决定亲手缝制一套拼布婴儿床防撞护垫、一串欢快多彩的装饰彩旗，还是一条熨烫式的贴布身高尺，最终一定会创作出一款大人孩子都喜爱的宝宝用品。

本章内容：

+ 贝壳边床幔
+ 拼布婴儿床防撞护垫
+ 身高尺

+ 超简单毛毡装饰彩旗
+ 衬衫口袋收纳挂件
+ 尿布台挂帘

贝壳边床幔（对页）： 利用成品婴儿床床幔，在顶部缝制一道皇冠状毛毡布贝壳边，便完成了对婴儿床的可爱装饰。制作方法：打印贝壳边模板（参见附赠图样），将其绘制到宽10厘米的毛毡布条上，毛毡布条的长度应等于床幔顶部挂环的周长。裁剪贝壳边，利用锯齿针将毛毡布条的短边缝合，形成一个皇冠状。沿顶边缝合一段对比色贝壳边装饰丝带。进行衔接组合时，需在皇冠状毛毡布装饰边上钉缝一组丝带，同时在床幔上钉缝另一组丝带。将皇冠状装饰边拴系到床幔挂环上，根据床幔说明书悬挂床幔。为安全起见，在宝宝学会站立后应将床幔拆除。

拼布婴儿床防撞护垫

建议您在新生儿的婴儿床周边围起一圈可爱的拼布防撞护垫。图示中的范例将新款与经典款面料相结合，适用于标准的 68.5 厘米×132 厘米婴儿床。注意防撞护垫需环绕婴儿床内圈一周，可以牢牢固定在护栏上。除四角的系带外，两侧长边上应至少各取一点安装系带，系带长度不要超过 15 厘米。当宝宝开始学习站立时，便应撤除防撞护垫。

制作材料：

基础缝纫工具，牛皮纸，图案搭配协调的薄款棉布（用于防撞护垫里布，共需 1.6 米左右），用作防撞护垫表布面料（如纯棉拼布面料，1.6 米左右），轮刀，切割垫板，加厚铺棉，7.8 米长、1.3 厘米宽的花边。

制作方法：

1. 利用牛皮纸制作一份 26.5 厘米×24 厘米的模板，借助模板在薄棉布上用轮刀和切割垫板裁切出 18 片长方形面料。在防撞护垫表布面料上裁切两片 26.5 厘米×133 厘米和两片 26.5 厘米×70 厘米的长方形。将铺棉裁剪为四片 24 厘米×131 厘米和四片 24 厘米×67.5 厘米的长方形（双层）。花边裁剪为 12 条 30.5 厘米长的系带（将对折使用）和一条 4 米长的包边条。

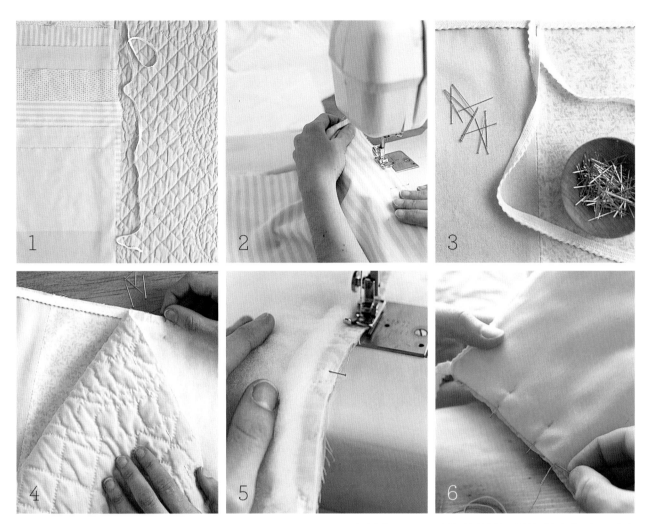

2. 根据个人喜好摆放布块的拼接顺序。沿长边珠针固定，正面相对，拼缝成长条状。在拼缝的同时测量出婴儿床内围尺寸，位于婴儿床两侧短边的布条需预留出约 0.6 厘米的缝份，于长边的布条则需 1.3 厘米缝份。将缝份展开熨平（有关拼布的具体方法，参见第 56 页）。

3. 将拼接好的长条布组正面朝上，用作包边的 4.1 米花边沿顶边平铺，珠针固定。以较长的针幅沿长边锯齿缝，取下珠针。测量并标记系带的位置（分别位于婴儿床上下四角，以及防撞护垫两侧长边与婴儿床护栏分别进行固定的两点）。取两条系带对折裁开，将每条半截系带分别珠针固定到上下四角的包边上。剩余的系带均对折，分别珠针固定到包边条顶边的标记点上。将系带锯齿珠针疏缝固定。

4. 将双层铺棉珠针固定到长方形表布反面，沿边缘手工疏缝固定（防止位移）。拼接长条状布组：将长方形表布沿短边珠针固定，两种尺寸

交替衔接。沿 0.6 厘米缝份车缝拼接。拼缝好的长条状布组正面朝上摆放，纯色布组正面朝下置于其上。利用珠针固定三条边，保留其中一条短边不固定（注意确保系带夹在两层之间，且系带两端切勿固定到缝份中）。

5. 沿珠针固定好的各边以 0.6 厘米缝份车缝固定，注意车缝线切勿遗漏包边和系带对折点。拆除疏缝线。小心去除所有珠针。将防撞护垫翻回正面，沿边线熨烫平整。

6. 开口处的毛边向内翻折，珠针固定，以藏针缝缝合翻口。取下珠针，沿边线熨烫平整。

身高尺

利用带有熨烫贴布数字的手工身高尺来记录孩子的茁壮成长别具意义。在印花棉布上裁剪出所需的形状，再以黏合衬熨烫粘贴即可。

制作材料：

基础缝纫工具、身高尺数字模板、Homasote 牌纤维板（参见第 254 页说明框）、1.8 米帆布、纯棉拼布面料（用作数字）、码尺、黏合衬、细头马克笔、丝绵绣线、绣花针、钉枪、电钻、螺丝钉、垫圈。

制作方法：

1. 将 Homasote 牌纤维板裁切为 35.5 厘米×160 厘米的长方形。裁剪一片 51 厘米×175.2 厘米的长方形帆布。利用身高尺和水消笔，在距离顶边和底边 7.5 厘米处各画一条横线。由底部标记线的中心向上 30.5 厘米再标记一点；当身高尺挂好后，该点将作为 30.5 厘米的标记点，依序测量并标记出后续的标记点。数字的制作方法：利用文字处理软件，打印 12.5 厘米高的方形数字 1~5；或者直接打印数字模板（参见附赠图样），再将其扩印至 12.5 厘米高。裁剪五片黏合衬，尺寸略大于数字。利用马克笔将数字绘制到黏合衬正面，翻转黏合衬并将轮廓线拓印到纸衬上（数字为反向）。将黏合衬熨烫到 12.5 厘米×17.7 厘米面料的反面，裁剪出数字。

2. 去除纸衬并将数字熨烫到身高尺上，每个数字的顶部应与所对应的标记点对齐。由每个数字的顶部开始，利用水消笔标记出等距间隔（图示中的间隔为 4.4 厘米）；在每个标记点处缝合一条 1.3 厘米的直线。将帆布的顶边和底边与 Homasote 牌纤维板的顶边与底边对齐，利用帆布面料将纤维板包裹住并在背后用钉枪固定。身高尺与地面对齐并悬挂：利用电钻在四角各打一个孔，以螺丝钉将身高尺固定到墙上，每个螺丝钉与身高尺之间各加一片垫圈。

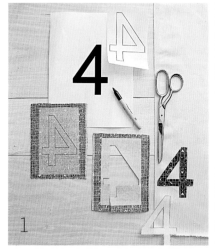

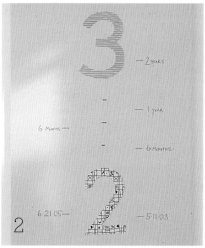

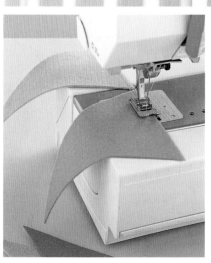

超简单毛毡装饰彩旗

这种制作方法极其简单的装饰彩旗形状鲜明且色彩艳丽，小宝宝们往往喜爱盯着这种彩旗看个不停。您可以将彩旗悬挂在婴儿床上方，那样宝宝就可以对着这些令人愉快的三角旗尽情研究啦！注意彩旗的悬挂位置一定要在宝宝可触及的范围之外，一旦宝宝能够站立，便要尽快拆除。

制作材料：

基础缝纫工具、牛皮纸、各色毛毡布、厚料缝线、钉子或壁钩。

制作方法：

在牛皮纸上裁剪一片约 12.5 厘米宽、18 厘米高的三角形。以这片牛皮纸为模板，在毛毡布上绘制并裁剪出所需数量的三角形。利用一条长且笔直的缝合线将三角形角对角衔接起来。三角形之间无须交叠，仅通过缝线彼此衔接即可。最后将线尾与墙上的钉子或壁钩拴系固定。

衬衫口袋收纳挂件

将穿旧的纽扣衬衫拼缝成挂袋，可以用来收纳孩子们喜欢的小玩具和饰品。这款拼布作品不宜悬挂过高，以方便小朋友拿取物品。您可以九片面料均取自衬衫，也可以在其中加入配色协调的棉布。

制作材料：

基础缝纫工具、带有口袋的纽扣衬衫、0.9米棉布衬衫（如面料宽幅小于 114 厘米，则需 1.4 米）、四个纽扣、黏合衬、0.6 厘米铺棉、木棍、壁钩。

制作方法：

在衬衫布上裁剪九片边长 28 厘米的正方形，注意衬衫口袋应位于中心。为了令图案更加丰富，可利用拆线器将口袋拆除，再缝合到不同的方形衬衫面料上。将上排正方形面料珠针固定，正面相对，沿 1.3 厘米缝份车缝固定。按照相同方法拼接中排和下排面料。所有缝份展开熨平。将三排面料拼接缝合，缝份展开熨平。下面裁剪包边：一条底边（6.5 厘米×86 厘米）、2 条侧边（6.5 厘米×79 厘米）和一条顶边（7.5厘米×86 厘米）。沿顶边向下 1.3 厘米处缝制四道纵向扣眼（第 360 页），注意保持均匀间距。无须剪开扣眼，直接在上面各钉缝一粒纽扣。将包边与拼缝表布缝合衔接，先缝合两条侧边，再缝合顶边和底边。缝制挂襻：裁剪四条衬衫布，每条尺寸为 10 厘米×12.5 厘米。布条纵向对折，沿长边缝合。布条翻回正面，将缝份置于中心，熨烫压平。剩余布条重复操作。将每条挂襻对折，短边相交，缝份置于内侧。对折后的挂襻盖住纽扣并珠针固定（位于拼缝表布正面），挂

环端朝下，未处理的毛边端与拼缝表布的顶部毛边对齐。在黏合衬与衬衫面料上各裁剪一片 86厘米×87.5 厘米的面料。将黏合衬熨烫粘贴到拼缝表布的背面。衬衫布与拼缝表布珠针固定，正面相对。沿 1.3 厘米缝份缝合侧边，在底边预

留一处 61 厘米的翻口。拼布挂袋翻回正面。由翻口处塞入一片 84 厘米×85 厘米的铺棉。在每片正方形面料四角同时穿缝各层面料，疏缝固定铺棉。以藏针缝缝合翻口。利用木棍和壁钩将收纳袋悬挂起来。

尿布台挂帘

为尿布台安装上蓝色亚麻挂帘，浓浓的海洋风即刻扑面而来。当您需要在被遮挡的搁板上拿取物品时，四合扣可以轻松固定挂帘，去除妨碍。

制作材料：

基础缝纫工具、尿布台、木制格栅条、亚麻面料、四合扣及其安装工具、双面胶带、钉枪或钉子、螺丝钉、螺丝刀。

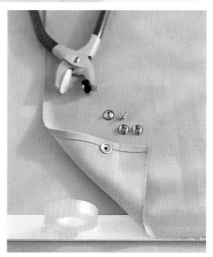

制作方法：

沿前边和两侧边测量尿布台桌面底板的尺寸，根据该尺寸裁切两片木制格栅条。测量桌面底板至地面的距离，在此基础上添加 5 厘米。为尿布台两侧边各裁剪一片挂帘，前侧裁剪两片挂帘（两侧边各增加 2.6 厘米用作褶边处理）。对各条侧边和底边进行双褶边处理：面料先翻折 1.3 厘米，熨烫压实，再次翻折 1.3 厘米；熨烫压实，车缝固定。利用四合扣安装钳，将四合扣的公扣安装到前片面料的外侧顶角处，距离毛边约 5 厘米。将前片面料内侧边的中点外翻，与外侧顶角的公扣相交，在相交点上安装一粒母扣。面料两底角同样安装母扣，以增加垂感，也可视个人喜好，安装整颗四合扣作为装饰。利用双面胶带将各片面料顶边夹在格栅条之间。利用钉枪或钉子将格栅条逐对固定，再用螺丝安装到尿布台桌面底板的前边和两侧边。

作品：
收纳用品（*Organizers*）

谈到收纳，就要将收纳盒的里里外外考虑在内。我们可以为各式收纳桶、纸板箱和其他杂物整理箱添加上漂亮的布艺内衬和外套。如果不利用这些装备对照片、手工工具、厨具、玩具或其他各式小物进行合理的收纳，这些物品很容易就会"消失得无影无踪"。

方便好用的各式收纳袋可以令家中的每个房间整洁有序。在垫脚凳的外罩上添加接裆口袋，便可用来收纳电视遥控器和笔记本。此外还有壁挂式收纳袋及各式布告板，它们不仅具有收纳功能，更是发挥创意的新天地。可以说，一块布告板就如同一面镜子，通过对任务清单、精选美照和家庭原创作品的展示，折射出我们的日常生活状态。

找到一处需要整理的区域，然后便行动起来吧！想想看，在需要使用某件物品时，您总能将物品的位置了然于胸，这将是一种多么令人愉悦的体验，而当您将某个区域整理完毕，发现所有物品都各归其位时，同样会感觉愉悦而满足。

内容包含：

+ 布盖储物盒

+ 丝绒内衬首饰收纳盒

+ 布艺折叠文件夹

+ 彩条布告板

+ 落叶毛毡布告板

+ 皮革零钱包

+ 环绕式布告板

+ 侧兜式垫脚凳外罩

+ 多功能收纳袋布告板

布盖储物盒（对页）： 借助大量形状规范的纯色储物盒可以有效清理商店或家庭的储物空间。利用多姿多彩的布料将盒盖装点一新，可以令原本中规中矩的收纳用品看起来更加有趣。

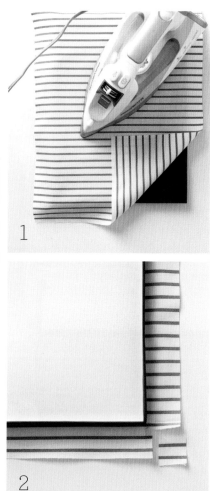

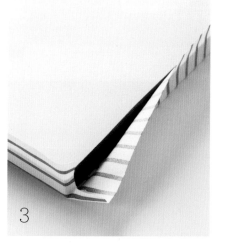

布盖储物盒 参见第 247 页图片

在前一页的图示中可以看到，带有各色条纹图案的男士纯棉服装面料被用来装点储物盒的盖子，换装后的储物盒精致美观且新颖时尚。您还可以依照相同方法为储物盒装饰其他印花图案，例如花朵、波尔卡圆点或者方格布，来搭配适合自家的装修风格。

制作材料：

条纹纯棉衬衫布、带盖储物盒、尺子、黏合衬、剪刀、熨斗。

制作方法：

1. 测量盒盖的长度和宽度；在测量结果的基础上，除分别增加盒盖的高度外，再额外增加 1.3 厘米，按照相加后的尺寸裁剪一片衬衫面料。按照说明书，在面料背面熨烫黏合衬将多余的部分剪除。撕除纸衬，将面料居中平铺在盒盖上。按照说明书的要求熨烫黏合。

2. 在面料拐角处各剪一个凹口（凹口的深度应为 0.6 厘米）。

3. 翻折并熨烫黏合一条侧边，然后黏合另一侧，剩余两侧操作相同。将布边折入盒盖内侧，利用熨斗尖部将布料与盒盖底部黏合。

丝绒内衬首饰收纳盒

夏克尔风格的椭圆形木盒搭配丝绒缎带，既做到尽量保持原有风格，又为收纳您的传家宝或心爱小物提供了一处充满浪漫气息的宝库。在添加内衬之前，小盒子的外层要通过粉刷乳白色涂料提亮颜色，这种涂料被美国乡村风家具制造商广泛采用。为收纳盒（可通过手工用品店和网店购买）添加内衬虽然并不难，但确实需要精准的操作和时间的付出。

制作材料：

细粒度砂纸、椭圆形夏克尔风格木制手工收纳盒或心形收纳盒、乳白色涂料（可选，图示中选用了粉橙色）、丝绒缎带（宽度应等于收纳盒的高度，范例中的宽度为 1 厘米）、强力万能胶、小号笔刷、档案卡纸、剪刀、手工刀、内衬面料（范例中采用了粉色真丝缎）、布料专用胶。

制作方法：

1. 将手工盒外层用砂纸轻轻打磨，擦涂干净。根据需要，涂抹两层乳白色涂料。

2. 测量收纳盒内侧周长，并根据测量长度裁剪缎带（如果收纳盒的深度大于缎带宽度，可裁剪两条缎带，如果小于缎带宽度，则将多余的部分剪除）。

3. 利用小号笔刷，将万能胶涂抹到收纳盒内壁上。缎带边沿与收纳盒顶边对齐，轻轻按压，使缎带平整黏合且末端对接整齐（如果需要两条缎带，则第一条与底边对齐，第二条紧贴其上黏合，缎带边沿与收纳盒顶边对齐）。等待万能胶自然晾干。

4. 将收纳盒的底部轮廓绘制到档案卡纸上。沿轮廓线向内收缩 0.3 厘米并裁剪。检查椭圆形（或心形）卡纸与盒底尺寸是否匹配，根据需要，利用手工刀修整边线。将卡纸置

于内衬面料反面，裁剪一片椭圆形（或心形）面料，并在此基础上向外拓展 0.6 厘米。在卡纸上涂抹布料专用胶，并将其黏合到内衬面料背面。将面料按压平整。布边翻折到卡纸背面并利用布料专用胶黏合固定。等待胶水晾干，面料一侧朝上，将底板放入收纳盒。

布艺折叠文件夹

　　折叠文件夹穿上漂亮的布艺外套，不仅可为家庭办公区在色彩和质感上带来亮点，同时还可为各类文件提供整洁有序的收纳空间。文件夹是办公用品商店最常见的品类。建议您选用风格醒目且经久耐用的面料，再搭配丝带或斜纹带作为固定文件夹的系带。

制作材料：

　　折叠文件夹、丝带或斜纹带、剪刀、胶带、纸板、布料（图示中选用了亚麻、色织真丝与毛呢面料）、黏合衬、小号笔刷、手工白胶、罐装物或其他重物。

制作方法：

　　先拆除文件夹上自带的系带或外壳。如制作小号文件夹，可裁剪一段丝带，长度足以环绕文件夹一周并绑系蝴蝶结即可；将丝带中点黏合到文件夹背部。如制作大号文件夹，则需裁剪两条30.5厘米的丝带，一条粘贴到文件夹正面，一条粘贴到背面。裁剪一片纸板，四边尺寸需比文件夹封面各长出0.6厘米。利用纸板裁剪一片面料，四边尺寸应比纸板再长出2.5厘米。按照厂家说明书，利用黏合衬将面料与纸板黏合。在粘贴面料的纸板上刷抹手工白胶，将其与文件夹黏合固定。另一面按照相同方法操作。将文件夹压在罐装重物之下至少2小时，令白胶自然晾干。

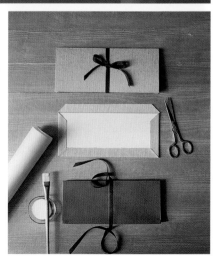

彩条布告板

斜纹带色彩缤纷，不仅可令办公环境焕然一新，还可轻松固定各式备忘贴和纪念卡，显得整洁有序，一目了然。

制作材料：

Homasote 牌纤维板（参见第 254 页说明框）、布料（如帆布或亚麻）、钉枪、各色斜纹带或绲边条、图钉。

制作方法：

按照所需尺寸裁切 1.3 厘米厚的 Homasote 牌纤维板。裁剪一片用来包裹纤维板的面料，四边尺寸应比纤维板各长 6.5 厘米。将纤维板放置在面料上，利用钉枪将面料固定到纤维板上：先将面料拉紧，然后沿一条侧边装订固定。另一条侧边继续装订固定，注意每次均需收紧面料，剩余两边同样操作。将斜纹带或绲边条沿纤维板纵向拉直，利用图钉沿顶边和底边进行固定。纤维板翻至反面，将斜纹带末端钉在纤维板背面；取下图钉并修剪多余部分。

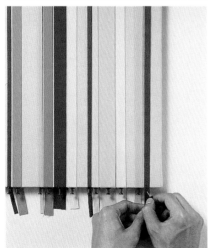

落叶毛毡布告板

精致的叶片状轮廓线可用来插放各式卡片、便条和纪念物。在双层中等厚度的毛毡布上部分裁切出叶片轮廓；通过图示上的布告板可以看出，范例将一片天蓝色毛毡布与一片乳白色毛毡布黏合在一起。您也可视个人喜好选用单层加厚毛毡布，只要确保面料的坚固程度足以支撑纸张与其他可能固定的物品即可。布告板需先利用背景布进行包裹，切记背景布将会透过裁切边显露在外。

制作材料：

落叶模板、Homasote 牌纤维板（参见第 254 页说明框）、两片中等厚度的毛毡布、背景布、黏合衬（可选）、水消笔、手工刀、钉枪。

制作方法：

打印模板（参见附赠图样）并裁剪。按照所需尺寸裁剪 Homasote 牌纤维板。裁剪两片毛毡布和一片背景布，四边尺寸需比布告板各长出 5 厘米。按照第 255 页介绍的方法，利用背景布包裹纤维板。将黏合衬夹在两层毛毡布之间（如您选用加厚毛毡布，可跳过此步），熨烫黏合。将黏合好的毛毡布正面朝下，平铺在桌面上。利用水消笔将落叶图案随机绘制到毛毡布上（注意叶片与布边的距离不应少于 5 厘米）。利用手工刀，部分裁切叶片。将纤维板置于毛毡布上，利用钉枪将毛毡布四边固定到纤维板背面，注意各边逐一固定。

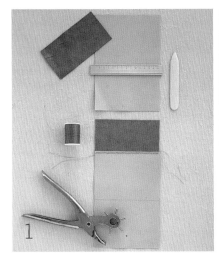

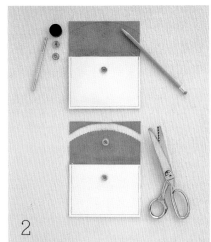

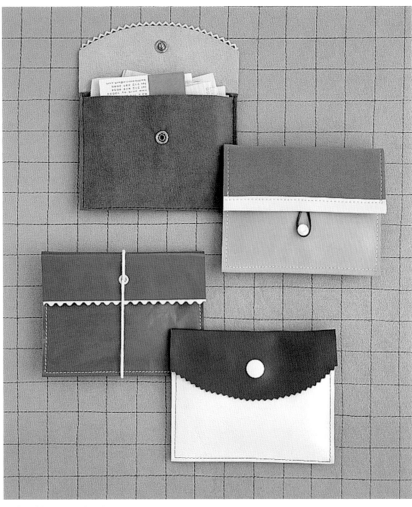

皮革零钱包

　　小巧精致且色彩鲜亮的手工皮革零钱包在拥挤杂乱的手提包中会显得格外醒目。除了这里介绍的几种基础款式外，您还可以借助花边、四合扣、松紧带或纽扣实现更具想象力的装饰效果。在缝制单色钱包时，各部分均在同一片真皮面料上进行裁剪即可。如钱包翻盖采用不同颜色，距离顶边三分之一的部分则需选用另一色皮革面料，此外还需预留1.6厘米余量，以便与主体进行拼接。

制作材料：

　　基础缝纫工具，皮革零钱包模板，剪刀，皮革面料，防滑尺，轮刀，切割垫板，压痕器，多功能黏合剂，配有防滑压脚和皮革针的缝纫机，强固的涤棉线，皮革打孔器，四合扣工具、索环安装工具或松紧带，锯齿剪刀。

制作方法：

1. 打印模板（参见附赠图样）并裁剪。将模板图案绘制到皮革面料的起绒面，利用轮刀在切割垫板上沿轮廓线进行裁切（注意始终需用尺子辅助固定皮革面料，同时在裁切或压刻过程中进行引导）。利用压痕器压刻出底部折边的痕迹。将另一色翻盖（如选用）与主体缝合衔接：先沿交叠边涂抹少量多功能黏合剂，然后按压固定。等待2~3分钟，令黏合剂晾干；沿拼接线锯齿缝。利用打孔器打一个小孔，用于安装四合扣或索环（按照工具说明操作）。

2. 安装四合扣或索环。依照压刻线折叠钱包。沿侧边涂抹黏合剂，等待晾干，环绕边线车缝固定，在端口处回车加固。如需要，可利用锯齿剪刀修饰钱包盖边沿。

3. 如选择松紧带款式，需裁剪一段松紧带，长度为钱包宽度的两倍。将两端穿入底边索环并打结固定，形成的套环保留在外侧。

环绕式布告板

　　以粉色帆布包裹，再配以装饰框架，这款公告板环墙设置，成为卧室里既醒目又实用的装饰物。孩子的兴趣爱好变化最快，公告板上钉挂的物品也可随之快速调整。注意所选布料一定要足够轻薄，确保拐角处能够折叠平整并将钉孔遮盖起来。由于公告板体积硕大，不易搬动，这款作品最好由两人协力完成。

制作材料：

　　Homasote 牌纤维板、布料（图示中选用了全棉帆布，用量取决于公告板尺寸）、钉枪、锤子、2.5 厘米终饰钉、6.5 厘米宽装饰框（拐角处需斜接拼合）、1 厘米罗缎丝带、布料专用胶。

制作方法：

1. 首先确定布告板的铺设位置，所需尺寸以及所需的板块数（Homasote 纤维板的标准尺寸为 1.2 米×2.4 米）；房间拐角处需削减纤维板的厚度，为固定布料留出空间。

HOMASOTE牌纤维板

　　Homasote 牌纤维板由再生纸纤维制造而成，重量轻且价格低廉。纤维板的标准尺寸为 1.2 米×2.4 米，在木料店和部分五金店均有销售，厚度通常为 1.3 厘米，有时 1.6 厘米和 2 厘米的厚度也有销售；木料店可依据所需尺寸协助裁切。注意面料的宽幅通常为 112~152.5 厘米；纤维板的裁切尺寸切勿超出布料宽幅，以免制作完成的布告板带有布料接缝。

2. 裁剪面料，四边需比 Homasote 纤维板各长出 7.5 厘米，正面朝下铺平。将纤维板居中置于面料上。依照右侧介绍的安装方法，利用钉枪将面料固定到纤维板背面。

3. 裁剪两条丝带，长度可沿纤维板长边绕至背面，利用丝带遮盖住沿顶边和底边悬挂纤维板的终饰钉。用钉枪将丝带一端固定到布告板背面。拉紧布料，用钉枪固定丝带另一端。

4. 在将布告板挂上墙面之前，先利用终饰钉安装装饰框。注意调整装饰框的间距，使纤维板在顶边与底边之间固定紧实。将布告板置于装饰框之间。如果由一人扶持布告板，另一人用锤子将终饰钉穿过布告板，固定到墙壁上，操作起来会更加方便。

5. 在将纤维板钉固至墙面的过程中，需将丝带稍稍挑起，以免碍事。沿顶边和底边将纤维板钉固，终饰钉间距约为 30.5 厘米；如果中途发现散落的布边，可一并钉入固定。注意锤入的钉头应保持齐整。在钉入所有终饰钉后，再涂抹少量布料专用胶将丝带黏合固定，盖住钉头。

布告板的包叠方法

如需利用布料包叠布告板，按照如下方法操作可实现较为平整的包裹效果：将纤维板放置到面料上。面料一边包住纤维板，用订书钉在中心点固定。将面料拉伸紧实，将对边装订固定。另两边按照相同方法操作。继续装订固定，由中心朝向两角，沿对边逐对装订加固。在拐角处，将面料尽量包叠平整：先由一侧装订固定至拐角处，然后翻折垂直的侧边将其盖住；布料拉伸紧实后再装订固定。

侧兜式垫脚凳外罩

配有深大侧兜的垫脚凳外罩可为您增添一处体贴好用的收纳位置，用于安放日常用品。

制作材料：

基础缝纫工具、家居装饰布料（图示中选用了羊毛面料，需依据垫脚凳尺寸确定布料尺寸）、垫脚凳。

制作方法：

1. 缝制外罩：测量好垫脚凳尺寸，裁切一整片面料，尺寸应足以覆盖垫脚凳两个侧面与顶面，宽幅需额外增加 2.5 厘米，长度需增加 7.5~10 厘米。裁剪两片面料，尺寸需足以覆盖垫脚凳的剩余两个侧面，同样宽幅需额外增加 2.5 厘米，长度需增加 7.5~10 厘米。沿各条毛边锯齿缝，防止散线。

2. 长边与 1 条侧边正面相对，沿 1.3 厘米缝份车缝固定。注意沿各边缝合时，在距离末端 1.3 厘米处止缝，留作缝份，然后以此为中心点转动面料，继续车缝下一条边（参见第 25 页《弧线与拐角缝合法》）。按照相同方法缝合其余各边。将垫脚凳外罩翻回正面，沿缝合边缉面线。

3. 处理底边：将外罩翻回正面后，底边向下翻折 5~7.5 厘米并珠针固定。折边再向上翻折 2.5 厘米并珠针固定。沿周边车边线固定。拆除珠针。

4. 缝制两个接裆口袋：确定口袋所需尺寸后裁剪面料，长度需外延 5 厘米，宽度需外延 7.5~10 厘米。对顶边进行双褶边处理：顶边向下翻折 1.3 厘米，熨烫压实，再次翻折 3.2 厘米，熨烫压实。缉两道面线：一条距侧边 0.3 厘米，另一条距侧边 2.5 厘米。将底边与右侧边向下翻折 0.6 厘米。珠针固定，右侧边与垫脚凳外罩缝合衔接。折叠面料，形成左右风琴状折边；将褶裥珠针固定（如果计划在口袋内收纳厚度较高的用品，需测试空间是否足够）。依据所需尺寸修剪左侧边，向下翻折 0.6 厘米，熨烫压实。将左侧边与外罩缝合衔接。底边与外罩缝合。沿折边熨烫口袋，去除珠针。按照相同方法缝制第二个口袋。

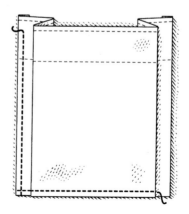

多功能收纳袋布告板

为添加表布装饰的布告板配上平口袋和褶裥袋，便可用来收纳各类小物，为桌面腾出更多空间。下面深大的平口袋可以用来放置纸张和文件夹，而褶裥口袋则适于插放笔类。

制作材料：

基础缝纫工具；厚 1.3 厘米的 Homasote 纤维板，按照所需尺寸裁切；彩色帆布（根据布告板尺寸确定布料用量；除覆盖布告板所需的面料外，还需预留出缝制口袋的面料）；丝带或绲边条；布料专用胶。

制作方法：

1. 利用帆布包裹纤维板并暂时黏合固定，同时依照规划，利用水消笔标记出口袋位置。

2. 添加口袋：将帆布从纤维板上取下，各片口袋面料平铺在标记好的位置上。缝制平口袋（图 a）：确定口袋尺寸后裁剪面料，宽度略加延展，长度增加 5 厘米。顶边进行双褶边处理：先翻折 1.3 厘米，熨烫压实，再翻折 3.2 厘米，熨烫压实。缉两道面线：一条距侧边 0.3 厘米，另一条距侧边 2.5 厘米。剩余各边向下翻折 0.6 厘米，并与纤维板装饰表布缝合。缝制褶裥袋（图 b）：先确定口袋计划收纳的物品种类，然后再规划口袋在面料上的位置。裁剪面料，在物品长度的基础上略加延展，在其宽度上增加 7.5~10 厘米。沿顶边车双缝线。底边与右侧边向下翻折。右侧边与装饰表布缝合。将第一件物品紧贴右侧边放置；物品固定不动，利用拉链压脚紧贴物品左侧车缝明线。剩余物品同样处理。根据需要修剪左侧边，最后缝制一个平口袋，用来收纳剪刀，或者再缝制一个褶裥袋。将物品置于其中，车缝底边，翻折底边多余面料，形成褶裥。所有口袋缝制完成后，将面料重新包裹纤维板，一边拉紧面料，一边利用钉枪将布边固定至纤维板背面。最后利用布料专用胶黏合丝带或绲边条，完成边缘装饰。

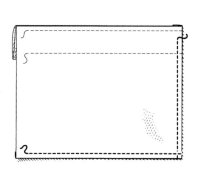

a

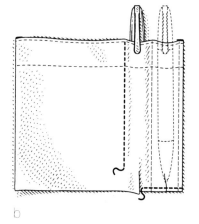

b

作品：
宠物用品（Pets）

　　亲手缝制的服装、玩具、垫子等物品最能体现您对宠物的关爱之情。与此同时，缝制宠物用品也是您拓展自己手工技艺的绝佳途径，因为您对作品是否精细准确完全无须担忧：如果线迹缝得不够平直，您家可爱的小狗狗或逗趣的小猫猫多半完全不会放在心上。而一旦某种填充玩具获得了汪星人或喵星人的垂青，您便可以随意更换尺寸、颜色和图案，立即缝制一打出来。本章介绍的作品中，有些即使手工缝制也能很快完成，还有一些则需用到缝纫机。无论哪一种，这些作品一旦完工，它们的精美可爱与吸睛能力，一定会令您倍感满意。

内容包含：

+ 绗缝狗外套　　　　　　+ 仿麂皮狗狗外衣

+ 猫薄荷钓竿小鱼　　　　+ 男装布老鼠

+ 简易狗窝

绗缝狗外套（对页）： 玛莎心爱的两只法国斗牛犬，弗朗西斯卡（Francesca）与夏基（Sharkey），穿着漂亮的防雨外套，均由带有防水涂层的亚麻面料绗缝而成。

绗缝狗外套 参见第 259 页图片

　　推荐您为家中萌犬配备一件自制外套。带有涂层的亚麻面料不仅令这款狗狗服装更具光泽感，而且还实现了防雨功能；抓绒内衬则为狗狗带来更显著的保暖效果。这款外套专为小型犬设计，颈部至尾部长约 33 厘米较为适宜，只需对图样稍作调整，延长肩带，便可适用于体型略大的狗狗。

制作材料：

　　基础缝纫工具、绗缝狗外套图样、用作表布的 55 厘米涂层亚麻面料、用作里布的 45.5 厘米抓绒面料、喷胶、63.5 厘米长的魔术贴、1.3 厘米宽的斜裁带。

制作方法：

　　打印各片图样（参见附赠图样），黏合拼贴后进行裁剪。利用喷胶将亚麻面料与抓绒面料正面朝外，一一黏合固定，然后按照盒状绗缝面料的方法进行缝制（第 362 页，忽略铺棉步骤）。以图样为模板，在绗缝面料上分别裁剪主体、肩带和领圈部分。将一条 30.5 厘米长的魔术贴刺毛扣带裁剪为两条 9 厘米和两条 6.5 厘米长的扣带。再将一条 33 厘米长的魔术贴圆毛扣带裁剪为两条 6.5 厘米和两条 10 厘米长的扣带。钉缝扣带时，需沿每条魔术贴车缝一周，钉缝位置参见下方图解。两条 9 厘米的刺毛扣带钉缝至腹带处。在将两条 10 厘米长的魔术贴圆毛扣带与外套主体缝合前，先沿彼此两侧长边缝合。将剩余的圆毛扣带钉缝至领口的亚麻面料一侧，剩余的刺毛扣带钉缝至领口相对的抓绒面扣襻处。裁剪一条斜裁带，沿领口外圈叠包布边。珠针固定并车缝。衔接领口与外套：领口亚麻面朝上，与外套的亚麻面珠针固定。距离边线 0.6 厘米处车缝。去除珠针。裁剪一条斜裁带，长度需环绕主体一周，再外加 2.5 厘米。以一条颈部扣襻端头为起点，珠针固定。向下翻折 1.3 厘米，同时保留 1.3 厘米压盖在上层。采用回折处理法（第 359 页）车缝固定。去除珠针。裁剪一条斜裁带，长度应足以环绕腹带一周，外加 2.6 厘米。珠针固定。向下翻折 1.3 厘米，同时保留 1.3 厘米压盖在上层。采用回折处理法车缝固定，去除珠针。将腹带与主体缝合固定。

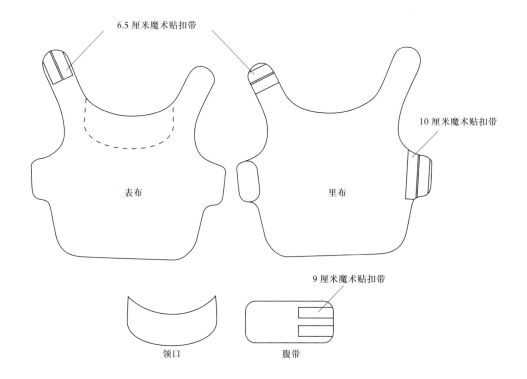

猫薄荷钓竿小鱼

手工缝制的宠物玩具，如这款钓竿小鱼，通常都会比批量生产的玩具结实耐用，也更可爱哦！而且还可作为别致的礼品送给亲友。注意一定要选用干燥的猫薄荷，因为新鲜的猫薄荷容易腐败发霉。

制作材料：

基础缝纫工具、猫薄荷钓竿小鱼图样、布料、黏合衬（可选）、漏斗、干燥猫薄荷、厚料缝线、91厘米木棍、手工胶、丝绵绣线、绣花针。

制作材料：

打印图样（参见附赠图样）并裁剪。将两片面料珠针固定，反面相对（若面料过薄，可添加黏合衬进行加固）。利用水消笔将图样绘制到珠针固定好的面料上；沿轮廓线顶部开始缝合，在鱼尾预留2.5厘米的翻口。利用锯齿剪刀紧贴缝合线修剪小鱼，注意切勿剪断缝线。借助漏斗，在小鱼内填入猫薄荷。藏针缝缝合翻口。取一段76厘米的厚料缝线，一端缝合至鱼嘴处。另一端系在木棍上，涂抹少量手工胶将结扣黏合加固。利用缎面绣绣制眼睛（第38页）。

简易狗窝

这款面料柔软的狗窝由两条擦碗巾和一块装饰海绵缝制而成，适用于小型犬，如图示中的巴哥犬。利用魔术贴扣带可轻松取放海绵，便于清洗。

制作材料：

基础缝纫工具、两条尺寸相同的擦碗巾、5 厘米的海绵（长度与宽度各比擦碗巾缩短 10 厘米）、热熔魔术贴。

制作方法：

将两条擦碗巾叠放，正面相对。珠针固定并沿两条长边以 1.3 厘米缝份缝合。将外罩翻回正面，塞入海绵。利用包裹礼品盒的方法翻折两端，在两侧开口端标记出魔术贴扣带的位置。取下外罩，将魔术贴扣带熨烫黏合。重新塞入海绵，缝合固定两端开口。

仿麂皮狗狗外衣

这款超级简单的狗狗外衣是由几片圆角长方形面料构成的：一片宽边长方形用作身体部分，两片窄边长方形用作肩带。由于采用仿麂皮面料缝制而成，无须进行褶边处理。如果您家狗狗的体型大于法国斗牛犬，可根据需要增加面料用量：分别测量您家狗狗颈部至尾部的长度以及身体两侧的宽度，然后调整身体部位的面料尺寸。增加肩带长度。若您对尺寸是否合身不够确定，可利用棉布或图样纸打样试穿。如果您家的狗狗还在长身体，稍后可利用更长的肩带进行替换。

制作材料：

基础缝纫工具、45.5 厘米仿麂皮（适用于体重 9 千克的狗狗）、四粒大纽扣。

制作方法：

将面料裁剪为一片 35.5 厘米 × 28 厘米的长方形和两片 3.8 厘米宽、长度分别为 33 厘米和 36 厘米的肩带，边角剪圆。将面料搭在狗狗身上。用笔标记出用于拴系肩带的纽扣位置，一条围过颈部下方，另一条绕过前腿后侧。在用作身体部位的面料上钉缝纽扣，肩带上剪开口用作肩带扣眼。

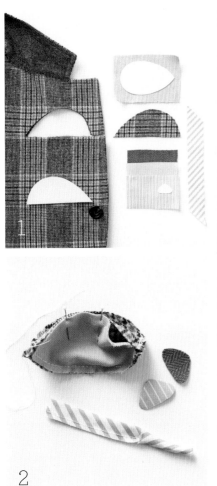

男装布老鼠

只需几款面料精致的布艺玩具，便可为您家的小猫咪带来一场酣畅淋漓的猫鼠大战。毫无疑问，这些小动物一个个栩栩如生，缝制时可采用颜色鲜亮的西装和衬衫面料。

制作材料：

基础缝纫工具、男装布老鼠图样、各式男装面料（如羊毛西装面料、纯棉衬衫布、灯芯绒面料和棉绒面料）、黏合衬、翻带器、填充棉、丝绵绣线、绣花针。

制作方法：

1. 缝制身体：打印各片图样（参见附赠图样）并裁剪。以图样为模板，在同款或不同面料上裁剪一片底片面料和一片侧片面料。翻转图样并裁剪另一片侧片面料。在斜裁带上（斜向裁切面料），裁剪一片 2.5 厘米 × 10 厘米的长条用作尾巴。缝制耳朵时，按照使用说明，利用熨斗和黏合衬将两片不同面料黏合固定。借助图样，在黏合好的面料上裁剪耳朵。

2. 将尾巴面料正面相对，纵向对折；沿 0.6 厘米缝份缝合，两端保留开口不缝合。借助翻带器将尾巴翻回正面。将身体各部位珠针固定，正面相对；沿 0.6 厘米缝份缝合，在背部保留一处 2.5 厘米的翻口。

3. 身体翻至正面，塞入填充棉。将尾巴塞入翻口，藏针缝缝合翻口。在尾部打个结扣。

4. 将耳朵对折，以细密针脚手工缝合耳朵与身体。利用珠针标记出眼睛的位置，利用回针缝（第 21 页）绣制眼睛和鼻子。

作品：

针 插 (*Pincushions*)

　　尽管针插主要以实用为目的，但手缝针插仍应拥有精致可爱的形态。作为一种有趣的手工艺品，这类实用小物通常被缝制成身边常见的立体造型，如水果、蔬菜、皇冠、帽子和动物等，所选用的款式或趣味盎然，或创意非凡。由于其中不涉及任何复杂的针法，缝纫新手也可以轻松手缝这些精致小巧的物品。您既可以选用纯棉面料缝制传家宝番茄款式，也可以选用毛毡布缝制带叶片的草莓款式。这些新奇有趣的小物件或大或小，缝制尺寸随您而定。选择面料时，既可以搭配价格亲民的印花或纯色棉布，也可以充分利用家中剩余的毛毡布或碎布头。作品完成后，可摆放一个在手边。当您埋头于其他缝纫作品时，这款小物件将时时提醒您，自己的针线功夫又提高了不少呢！

内容包含：

+ 传家宝番茄针插　　　　　　+ 梅森罐针线瓶

+ 草莓针插　　　　　　　　　+ 毛毡叶片针插

传家宝番茄针插（对页）： 采用不同尺寸和面料缝制的一组番茄针插，营造出大丰收的场景，既漂亮又实用。搭配各式印花和纯色布头，包括大红色的灯芯绒、红白相间的方格布和紫红色丝绒等，为缝制一整套丰收季针插提供了丰富而自然的配色。

传家宝番茄针插 参见第 267 页

作为针线盒中的主角，这款针插如同花园中刚刚结出来的番茄般甜美，现在无须等到夏日便可享受如此美好的果实。缝制造型对称的针插时，由第一步开始；而缝制传家宝款式中常用的非对称造型时，则应跳至第三步开始缝制。

制作材料：

基础缝纫工具、传家宝番茄针插模板、棉布或其他中等厚度的面料（如灯芯绒或丝绒）、填充棉絮或涤棉、大号绣花针、丝光棉线、绿色毛毡布头（用作叶盖）、布料专用胶。

制作方法：

1. 在斜纹面料上裁剪一片长方形，长度是宽度的 2 倍（黄色番茄成品直径为 8 厘米，面料尺寸为 25.5 厘米×12.5 厘米）。面料正面朝上铺平，如图所示对折，沿 1.6 厘米缝份缝合两端。环绕顶边平针缝（第 21 页）；将缝线收紧，缩拢面料，回针缝数针固定。

2. 将缝合的小口袋翻回正面。塞入填充棉（棉絮要比涤棉更为紧实）。环绕开口端平针缝一周，拉伸缝线收拢面料。疏缝数针将开口缝合并打结固定。为了将表面整理平整，缝针穿入双道涤棉线，穿过"核心"拉伸数次。仿照番茄的凹痕，环绕针插缠裹缝线并穿回核心处数次。最后在顶部打结固定。

3. 如缝制传家宝番茄，则裁剪一片圆形面料（红色番茄，成品直径为 9 厘米，面料尺寸

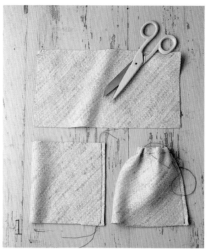

为直径 25.5 厘米的圆形）。面料反面朝上，沿圆周手工平针缝一周。棉絮置于面料中心，并环绕棉絮将面料包裹成袋状。填入更多棉絮，然后收线缩拢面料，疏缝数针并打结固定。按照上一步介绍的方法平整表面并装饰凹痕。

4. 缝制叶盖时，先利用水消笔在绿色毛毡布上绘制模板图样（参见附赠图样）并裁剪。利

用穿好单道涤棉线的缝针，在叶盖顶部钉缝并固定 1 个线环。将叶盖粘贴到针插顶部。

草莓针插

　　小巧的草莓形针插缝制方法尤其简单，如填入金刚砂或细沙，在上面插入缝针和珠针时还可起到磨砺针头的作用。范例中的针插由缎带余料、衬衫布和毛毡布缝制而成，其中毛毡布尤其方便好用，因为其布边不会发生散线问题。

制作材料：

　　基础缝纫工具、草莓针插图样、布料（如棉布或毛毡布）或缎带余料、用作叶盖的毛毡布（可选）、小罐或小瓶、细沙或金刚砂、布料专用胶（可选）、3 号丝光棉线（可选）、绣花针、丝绵绣线。

制作方法：

1. 打印图样（参见附赠图样）并裁剪（范例中的草莓尺寸约为 2.5~5 厘米）。在面料上绘制圆锥形裁片并裁剪。如果需要，利用水消笔在毛毡布上绘制草莓叶盖并裁剪。面料正面交叠，沿侧边缝合成锥形。

2. 沿锥形顶边手工疏缝一道均匀的平针（第 21 页）。在收拢顶边前，将锥形置于一个小罐或小瓶上，摆放平稳，填入细沙或金刚砂。拉伸缝线并缩拢开口。

3. 如需添加毛毡叶盖，先在中心涂抹一滴布料专用胶，沿边缘藏针缝。或者利用丝光棉线和长针轮廓绣完成"叶片"的绣制（有关刺绣针法，参见第 38 页）。在顶部钉缝并固定 1 个线环作为提手。利用单股或双股丝绵绣线，以单针或法式结粒绣绣制草莓籽。

梅森罐针线瓶

梅森罐一直是在家中自制罐装食品的忙碌主妇和花匠们最得力的工具。如果将瓶盖改造为针插，再利用下面的罐子作为针线盒，梅森罐便具备了双重功能。

制作材料：

配有两件式瓶盖的梅森罐、厚纸板、圆规、亚麻或纯棉面料、填充棉絮或涤棉、热熔胶枪。

制作方法：

1. 将瓶盖的封盖与螺旋盖分开。在厚纸板上沿封盖描画一圈，在圆形直径的基础上添加2.5厘米，然后利用圆规在面料上再绘制一个圆形。分别裁剪两片圆形。

2. 在面料与纸板间塞入填充棉，形成饱满的棉垫。螺旋盖正面朝下，利用热熔胶枪沿边缘涂抹一周；将组合好的棉垫快速压入瓶盖，直至鼓起的布面棉垫平滑探出螺旋盖的开口，纸板与瓶口边缘贴紧压平。环绕厚纸板背面涂抹热熔胶；翻折多余面料并根据需要舒展整理，向下压实黏合。将封盖顶部黏合到纸板上，使外观保持整洁。罐内放入缝纫或手工用具，将带有针插的瓶盖盖紧即可。

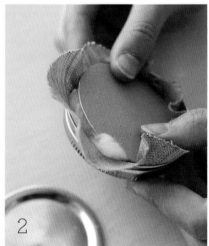

毛毡叶片针插

无论一年四季任何时刻，只需几片充满秋意的毛毡面料，便可令手头的缝纫工具随用随取，高效便捷，而且制作全过程无须一针一线。搭配插针板、剪刀套和针插（带有装饰珠针），构成完整的手工套装，便可作为一份精美礼品，赠送给手工爱好者。

制作材料：

基础缝纫工具、白色布用印台、叶片图案橡皮章、彩色毛毡布、平纹棉布、透明速干布料专用胶、小号漏斗、沙子。

制作方法：

1. 在彩色毛毡布上印制白色叶片图案。制作三种图案用作插针板，两种图案用作剪刀套或针插。为了使墨水固色，在毛毡布上铺盖一层棉布，然后中温熨烫。等待墨水晾干后，沿图形进行裁剪。

2. 制作插针板的"叶茎"，裁剪一片 7.5 厘米×0.5 厘米的毛毡布条。将布条与一片叶片底部黏合。取出第二片叶片，将其与第一片叶片底部黏合；第三片叶片重复操作，将毛毡布条的另一端与表层黏合。缝制剪刀套时，取两片叶片沿边缘黏合，在根茎端保留开口。缝制针插时，将叶片沿外侧边缘黏合，保留一处小开口，等待胶水晾干。利用漏斗，由开口处灌入细沙，直至几乎填满，涂胶黏合开口。

作品：
隔热垫（*Pot Holders*）

看似朴实无华的隔热垫却能够以不可思议的力量唤起往日的美好回忆与情感。隔热垫所选用的面料多以印花棉布为主，经过岁月的漂染与反复的洗涤，触感愈发柔和舒适，充满浓浓的怀旧气息与亲切感。每当您拥有创作的冲动，这些厨房中讨人喜爱的小物件最易进行升级改造。平日里一定要将适合自家厨房色调且令您赏心悦目的布料积攒下来。迷人的心形隔热垫（如对页图片所示）将为厨房注入新奇与乐趣，利用一片片零散布料打造出经典的拼布款式，再配以绲边条装饰，在整件作品的缝制过程中，您的多项手工技法均会得到锻炼和提升。

如果想要缝制出隔热效果最佳的隔热垫，您就需要在能力范围内选用质量最好的铺棉。可水洗羊毛面料与结实耐用的棉布均具有天然隔热性能，最适合用来缝制隔热软垫。此外，您也可以省去添加铺棉的麻烦，直接选用纫缝好的隔热面料，这种面料通常用于铺盖熨斗板。隔热垫的魅力可谓经久不衰，您尽可以多缝制一些作为礼品一定会广受欢迎！

内容包含：

+ 心形隔热垫　　　　　　　　　　+ 双口袋隔热垫

心形隔热垫（对页）：拼布款心形隔热垫如同厨房中能干的小助手，由各式红白双色图案构成的面料营造出浓浓的手工风。隔热垫由纫缝面料拼合而成，利用斜裁带进行包边处理；两侧口袋能够有效保护双手，以免被滚烫的热壶和锅底烫伤。

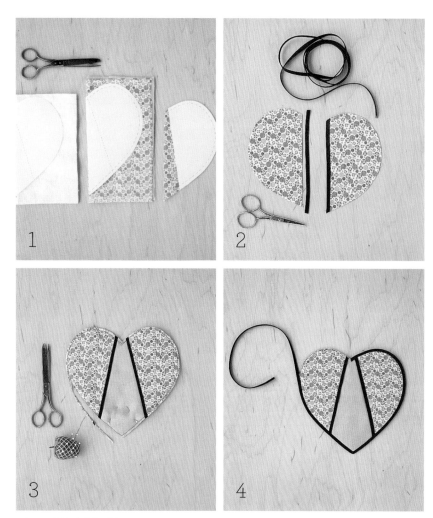

心形隔热垫 参见第 273 页图片

缝制这些既精致美观又方便好用的厨房用品时，您可以选用同款面料，也可以选用拥有不同图案的对比色面料。

制作材料：

基础缝纫工具、心形隔热垫图样、45.5 厘米铺棉、45.5 厘米棉布、0.9 米斜裁带。

制作方法：

1. 隔热垫图样（参见附赠图样）打印三份。将第一份沿实线裁剪，用作心形面料模板；第二份沿内侧虚线裁剪，用作铺棉模板；第三份沿斜线裁剪，用作口袋面料模板。取三层铺棉叠放并对折，将铺棉模板的直边与折边对齐并裁剪。三片边长 30.5 厘米的正方形棉布叠放并对折，将心形模板的直边与折边对齐并裁剪。口袋模板铺放在对折后的心形面料上，沿斜线裁剪。

2. 斜裁带沿口袋直边珠针固定并缝合，两端回针加固。

3. 将各片面料叠放，先铺放心形面料（正面朝下），然后依次铺放铺棉、另一片心形面料（正面朝上），最后铺放口袋面料（正面朝上）；珠针固定。沿外侧边以 0.6 厘米缝份车缝固定。尽量贴近缝合线剪除多余面料。

4. 沿心形包缝斜裁带，由中心顶点开始，末端向下翻折固定。取一段 12.5 厘米的斜裁带，两端向下翻折，缝合为环状。与隔热垫珠针固定并缝合。

双口袋隔热垫

这款双口袋隔热垫在移动大号托盘时尤其方便好用。两端加缝的绗缝面料可提供双重隔热保护。通常用于覆盖熨斗板的绗缝隔热面料在布料店和网店均有销售。

制作材料：

基础缝纫工具，1.4 米绗缝隔热面料，1.4米棉布（例如条纹棉布），2.3 米长、1.3 厘米宽的单折斜裁带（成品或自制均可，参见第359 页）。

制作方法：

1. 裁剪两片 16.5 厘米×127 厘米的面料：一片为绗缝隔热面料，一片为棉布。利用珠针或划粉在条纹棉布的顶边标记出中心点。再裁剪两片隔热面料，尺寸均为 16.5 厘米×20.5 厘米。将斜裁带分别裁剪为 89 厘米两条，16.5 厘米两条和 12.5 厘米一条。

2. 将小片隔热面料珠针固定至长片面料短边向下 20.5 厘米处，各片面料均反面朝上。沿距离小片面料顶边和底边各 1.6 厘米处疏缝固定。将条纹面料与隔热面料反面相对，珠针固定。在距离斜裁带侧边 0.6 厘米处，沿短边包缝斜裁带。将隔热垫两端向内翻折20.5 厘米作为口袋，在距离侧边 0.6 厘米处疏缝口袋顶边和底边。将 12.5 厘米长的斜裁带盘为环状（用作挂环），与顶边中心点疏缝固定，环形交接点朝下。将各层面料与挂环均夹在斜裁带之间，沿顶边和底边包缝斜裁带，在距离斜裁带侧边 0.3 厘米处车缝。

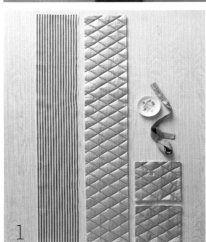

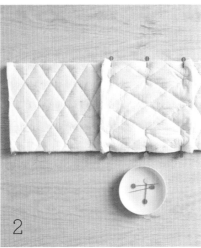

作品：
绗缝与拼布
(*Quilts and Patchwork*)

　　作为一项传承数百年的缝纫技艺，绗缝与拼布至今仍在汲取人们丰富的想象力。可以说，在温暖身体的同时，拼布被还具有温暖人心的力量。绗缝与拼布已成为历史悠久的传统技艺，不仅彰显出色彩与图案的魅力，而且毫无例外地折射出拼布者细腻的心思。

　　本章将为您介绍几款风格迥然不同的范例，其中既包括以拼布图案为表布的绗缝被，也包括以大幅单款面料为表布的绗缝被。所有作品选用的面料都趣味盎然且令人出乎意料，包括男士西装面料、牛仔布和染色条纹棉布等。您还将在本章中见到复古风材料拼缝而成的被子，包括手帕（对页）、茶巾和台布等。不过，千万不要以为此类作品只能呈现出古色古香的怀旧风，实际上，本章介绍的绗缝被与拼布作品完全可以同任何现代家居装饰风格完美匹配。

内容包含：

+ 传统手帕拼布被

+ 男装面料拼布盖毯

+ 州鸟刺绣拼布被

+ 台布面绗缝被

+ 四款创意床品：复古亚麻拼布床罩、染色条纹拼布被、西装面料绗缝床罩　牛仔布拼布被

+ 八角星拼布床罩

传统手帕拼布被（对页）：传统手帕拥有迷人的图案、精美的刺绣花边，以及欢快明亮的配色，总是令人赏心悦目；通过大量手帕的拼接组合，便构成了这款绚丽多姿的拼布被。五彩缤纷的拼缝表布与条纹纯棉里衬之间夹缝了一层柔软的铺棉。三层绗缝被单通过细窄的红丝带簇缝固定在一起。

传统手帕拼布被 参见第 277 页图片

　　完成这款作品您需要准备 20 块边长 20.5 厘米的正方形手帕。如果您的手帕尺寸大于 20.5 厘米，可通过裁剪缩小尺寸。如果选用尺寸小于 20. 厘米的手帕，先要将小号手帕缝制到边长 20.5 厘米的正方形棉布上。了解更多基础拼布技法，请参见第 56 页。

制作材料：

　　基础缝纫工具、20 块边长 20.5 厘米的正方形手帕、89 厘米 ×106.5 厘米的铺棉、89 厘米 ×106.5 厘米的棉布（用作里衬，范例中选用了红色条纹面料）、白色棉布（可选）、3.9 米（1 厘米宽）的丝带（裁剪为 50 条 7.5 厘米长的小段）、大孔缝针。

制作方法：

1.　将手帕排列为每行四块，共计五行。每行的四块手帕正面相对，沿 1.6 厘米缝份车缝拼接，然后再将各行正面相对，沿长边以 1.6 厘米缝份车缝拼接。所有缝份展开熨平。

2.　表布平铺在铺棉上（如果手帕面料过薄，下方可垫入一层白色棉布），由中心点向外呈螺旋状疏缝（以防折叠起皱）。剪除多余铺棉。将手帕拼缝的表布与棉布里衬正面相对，珠针固定。沿 1.3 厘米缝份车缝一周，预留一处 20.5 厘米的翻口。四角打剪口。取下别针，被子翻回正面，藏针缝缝合翻口。在距离被边 2 厘米处缉一圈明线。

3.　利用丝带簇缝，固定各层面料：将 7.5 厘米长的丝带穿入大孔缝针，缝针穿过三层面料并反向穿回，然后打双结固定。在每片正方形四角和中心各固定一条丝带。最后，剪除疏缝线，沿拼布被四边熨烫平整。

男装面料拼布盖毯

利用不同色调的男装面料可以轻松改造出时尚漂亮的盖毯。为了实现更为出色的视觉效果，可在面料材质与花色上做出更多变化，但面料厚度需尽量保持一致。成品拼布毯尺寸为 163 厘米 × 223.5 厘米。有关拼布被的更多缝制技法，参见第 56 页。

制作材料：

基础缝纫工具、轮刀、尺子、切割垫板、各类男装面料（如羊毛、法兰绒、灯芯绒和棉绒）、3.6 米棉绒（用于保温）、3.6 米纯棉衬衫布（用作里衬）、羊毛线（用作系带）、织补针。

制作方法：

1. 利用轮刀、尺子和切割垫板，在男装面料上测量并裁切长方形面料，作为拼布裁片。拼缝盖毯所采用的面料包括宽度分别为 10 厘米、20.5 厘米和 25.5 厘米，长度任意设定的长方形。按照您设计的图案摆放长方形裁片，相同宽度的长方置于同一行对齐。珠针固定各片长方形，正面相对，沿 1.3 厘米缝份拼接缝合各行。缝份展开熨平。拼合好的各行正面相对，珠针固定，沿 1.3 厘米缝份缝合。所有缝份展开熨平。按照成品尺寸修剪法兰绒和衬衫面料，并在各边预留出 1.3 厘米缝份（您可能需要拼接更多裁片，方可达到所需宽度）。平铺各层面料并珠针固定：将拼布层正面朝上，里衬正面朝下，然后平铺法兰绒。以 1.3 厘米缝份沿四周缝合一圈，在其中一边预留一处 3 厘米的翻口。四角打剪口，毯子翻回正面。藏针缝缝合翻口。沿毯子四边熨烫平整。

2. 利用毛线，在拼布毯的所有交接点进行高度为 0.6 厘米的簇缝（图案随机而非按照顺序）：缝针沿缝合边穿入拼布毯，距离交接点 0.3 厘米；在距离交接点同样 0.3 厘米的另一侧折回出针。打平结，修剪线尾。

州鸟刺绣拼布被

这款纯白色亚麻拼布被上共计栖息了 30 只刺绣小鸟。由于美国 50 个州中部分州选择的州鸟相同，因此最终被授予州鸟称号的品种共计 28 种（拼布被上有两种为重复品种）。附赠图样中为您提供了全部品种的模板。所有小鸟在刺绣过程中仅需采用"锁链绣"一种针法即可，而且每款鸟仅选用一种颜色的绣线，从而形成一种迷人的手绘效果。成品拼布被共由 30 片正方形刺绣面料，以及用作镶边的 26 片纯色正方形面料构成；适用于标准双人床，尺寸约为 184 厘米×209.5 厘米。精美的知更鸟令配套抱枕倍显优雅。

制作材料：

基础缝纫工具，州鸟模板，4.9 米长、152.5 厘米宽的白色亚麻面料，深色转印纸，圆珠笔，丝绵绣线（多色），绣绷，32 厘米正方形拼布尺，轮刀，用作里衬的 4.5 米长、152.5 厘米宽的对比色亚麻面料（图示中的拼布被选用了绿色），两片达到标准双人床尺寸的铺棉（229 厘米×244 厘米）。

制作方法：

1. 裁剪 30 片边长 35.5 厘米的正方形纯白亚麻面料。复印模板（参见附赠图样），使每款图样达到 18~20.5 厘米高（其中两种小鸟需要使用两次，方可达到 30 片）。取一片正方形亚麻面料正面朝上铺放，上面平铺一张深色转印纸。取一款小鸟图样置其上，用圆珠笔沿小鸟图样的轮廓线进行描印。

2. 将亚麻面料固定到绣绷内。丝绵绣线穿入绣花针。采用锁链绣（第 38 页），完成每款正方形面料的图案刺绣。

3. 在绣制完成后，将正方形拼布尺压在刺绣面料上，借助网格确定刺绣小鸟的居中位置。利用轮刀修剪四边，将正方形尺寸缩减至边长 32 厘米。剩余的正方形面料同样操作。作为镶边，裁剪 26 片边长 32 厘米的纯色正方形面料。排列拼布被裁片，长 8 行，宽 7 列，小鸟的摆放顺序可自由决定（位于中心，共计 6 行 5 列），最后沿四周摆放一圈白色镶边。

4. 先缝合整列正方形裁片（拼缝完成后，应共计 7 列，每列含 8 片），正面相对，沿 3 厘米缝份缝合；缝份展开熨平。拼缝各列：首先将相邻两列缝合，先由横向缝合线交接点珠针固定，将正方形四角严格对齐。分别拼缝为 2 组 2 列和 1 组 3 列的条状面料。再将 2 组 2 列的条状面料彼此缝合，最后与 3 列的条状面料拼接缝合。所有缝份展开熨平。

5. 将 4.5 米对比色面料纵向对半裁开。正面相对，以 1.3 厘米缝份沿长边缝合，从而形成一片约 225 厘米×305 厘米的面料；缝份展开熨平。平铺拼布被各部分，先将彩色面料反面朝上平铺。上面铺放两层铺棉，再将刺绣好的正方形拼缝表布正面朝上铺在最上面。紧贴每个正方形侧边内侧固定一个安全别针，别针需同时穿过拼布层、铺棉和彩色里衬。修剪铺棉，使其尺寸与表布相等。沿每个正方形的缝合线车缝固定 3 层面料（称为"落针压"），取下别针。修剪彩色面料，在拼缝好的正方形面料基础上外延 5 厘米。下面缝制拼布被的彩色包边，将彩色面料沿四边翻折 1.3 厘米，熨烫压实。再次翻折剩余的 3.7 厘米，熨烫压实。沿四边缉面线缝合。

台布面绗缝被

经典花朵图案的亚麻台布面料构成了这款个性化手工绗缝被的表布。再选取一片中等厚度的对比色亚麻面料向上翻折，盖住表布，同时形成里衬和包边。利用丝绵绣线在每朵花卉的花蕊处簇缝固定。

制作材料：

基础缝纫工具、台布、铺棉（裁剪尺寸与台布相同）、亚麻面料（各边均比台布长出约 5 厘米）、丝绵绣线（用作簇缝）、绣花针。

制作方法：

1. 平铺三层面料：里衬正面朝下，表布正面朝上，铺棉置于中间。利用安全别针进行固定，由中心点开始，逐步向侧边扩展，一边固定，一边展平面料。按照规定间距进行簇缝固定：利用穿好双股绣线的绣花针，由上层入针，同时穿过三层面料；在距离入针点 0.3 厘米处向上返回出针。打结固定，修剪线尾，仅保留 2.5 厘米绣线。在几乎同一点，再次利用双股绣线重复操作，然后按照相同方法，重复簇缝整个绗缝被。剪除多余的里衬面料，沿四边保留 3.8 厘米包边。

2. 将布边向上翻折 1.3 厘米，熨烫压实。再次翻折剩余的 2.4 厘米，盖住表布，熨烫压实并珠针固定。沿四边继续翻折包边并珠针固定。在四角处，如下图所示，将面料彼此整齐折叠，形成斜角效果。沿包边车缝固定。将四角翻边手工缝合固定，去除珠针。

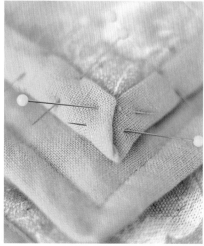

四款创意床品

复古亚麻拼布床罩

这款床罩是由各式擦手巾、餐巾和枕套拼合而成的，如同玩拼图游戏一般，因此拼接缝合方式全无对错之分。您可以进行各种排列组合的尝试，直至自己满意为止。白色和亚麻色的复古风面料带有红色字母和刺绣图案，刚好用于调和平衡风格不一的布组。依照所需的床罩尺寸，先裁剪一片复古风的厚亚麻布料，然后再将所有裁片缝制到这块布料上。首先将亚麻裁片均铺放在厚亚麻布料上（或另一片面料上），确保各边对齐。利用珠针将裁片固定，然后沿所有亚麻裁片的外边缝合，边穗留在外侧自由悬垂。您还可根据需要调整表布的缝线，使之与各种裁片色调一致，最后再沿床罩两侧的缝合边车球状边穗。

染色条纹拼布被

将经典的条纹面料按需裁剪，然后再利用精美的淡紫色和粉色颜料重新染制布料，令缝制好的被子看起来如同珍贵的传家被一般。部分边长25.5厘米的正方形面料是由两三片不同颜色的面料拼合而成的（在分解计算正方形拼接裁片的尺寸时，切勿忘记加入缝份的余量）。正方形拼缝表布与白色亚麻里衬及一层铺棉共同缝合，然后将拼布被整体翻回正面（同时确保铺棉仍塞在内侧）并沿四边缉面线。在每片正方形四角缝系丝绵绣线，以固定各层面料，防止铺棉游移位置。有关拼布被的更多缝纫技法，参见第56页。

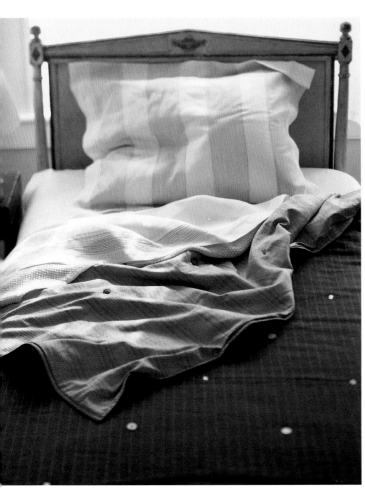

西装面料绗缝床罩

　　这款粉笔状条纹图案的羊毛床罩采用真丝里衬，质感如同做工讲究的西装外套一般（但却远没有那么正式）。这款床罩的构造近似于拼布被，在表布与里衬之间添加了双层铺棉。只不过固定铺棉时并没有采用毛线或丝带缝系的方式，而是利用经典款式的纽扣进行簇缝：白色珠母贝纽扣钉缝在羊毛面料一面，黑色纽扣则固定在真丝里衬一面。

牛仔布拼布被

　　各式醒目的长方形拼布裁片，分别裁剪自略显穿旧的牛仔裤、条纹棉布和纯棉擦碗巾，共同构成了这款效果令人惊喜的床罩。与缝制第279页的男装面料拼布毯方法近似，先将宽度相同的裁片拼缝成行，然后再将各行拼接起来，形成表布。在搜寻能够搭配成趣的面料时，可以多多关注各类古玩店、各家庭院的拍卖活动、二手店、跳蚤市场，还可以在自家衣柜中搜寻洗涤程度不同、纹理质地不同的旧牛仔服和零碎的牛仔面料。当然，其中还需添加一些新的牛仔布，可由布料店中购买。在将拼布裁片缝合后，将表布与铺棉铺平对齐，最后再缝合棉绒里衬。

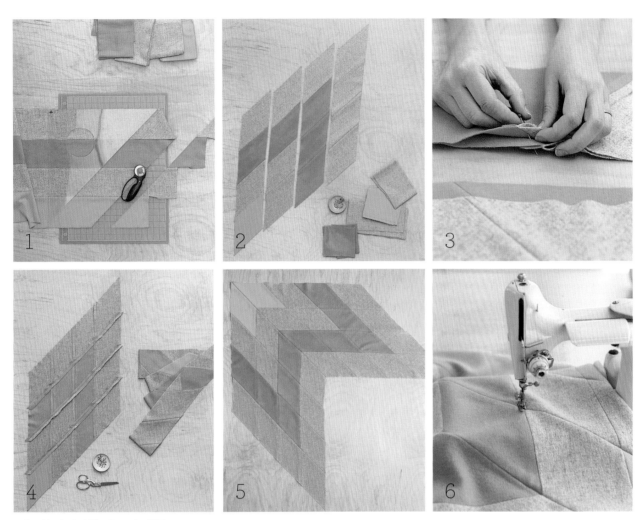

八角星拼布床罩

这款鲜明醒目的床罩由中心向外辐射为八角星图案。一组组菱形由斜裁的羊毛呢布条拼接而成。车缝线不仅可令八角星醒目突出，同时也起到了固定双层大号双人床罩的作用（与本章中的其他作品不同，这款床罩未添加铺棉）。有关星形拼布图案的缝制方法，参见第58页。

制作材料：

基础缝纫工具、3米浅灰色中等厚度的羊毛呢面料、1.5米中等厚度的黄绿色羊毛呢面料、30.5厘米中等厚度的蓝色羊毛呢面料、45°角塑料尺、7米中等厚度的深灰色羊毛呢面料。

制作方法：

1. 裁剪14.5厘米×152.5厘米的布条：2片蓝色、10片黄绿色和20片浅灰色。将布条4片1组，用珠针固定并沿1.3厘米缝份缝合，共计8组（参见图片中的配色顺序），按照如下顺序排列：蓝色、灰色、黄绿色和灰色；两片蓝色、一片黄绿色、一片灰色；三片黄绿色、一片灰色；四片灰色。照此重复操作。布条交错排列，沿45°角对齐。以塑料角尺为模板，每隔19厘米剪切一刀。

2. 每个星角各由4条布组，共16个菱形裁片构成，合计8组，形成了一个完整的八角星图案。将32条由4片菱形构成的布条裁切并缝合

后，在正式沿1.3厘米缝份缝合星形图案的八个星角之间，先将整幅图案排放整齐。

3. 为了防止布条发生位移，正式缝合前，先在菱形的四角与角尖处珠针固定。

4. 保留珠针，将各布条缝合，形成由16片裁片构成的菱形。您现在便完成了整幅星形图案的八分之一。重复操作，继续缝制另外7片由16片裁片构成的星角。

5. 在拼接完成的8个星角中取出两片，缝合拼接。参考第59页的星形拼布方法，拼缝星形图案及其背景面料。缝制床罩表布时还需准备六片边长71厘米的正方形面料，将其一分为二裁剪为两片三角形。

6. 将表布置于一片边长236厘米的深灰色正方形羊毛呢里衬上，正面相对并珠针固定（这片正方形需由两片面料拼接缝合而成）。沿四周缝合，预留一处30.5厘米的翻口；四角打剪口，床罩翻回正面。在最后的绗缝过程中，可利用安全别针固定各层。由中心的星形向床罩外边逐步扩展，分别沿各条缝合线与蓝色、黄绿色和浅灰色星形轮廓线车缝固定。去除别针。

作品：

遮光帘（*Shades*）

遮光帘不仅可以用来调节自然光的射入比率，还可以提升房间的整体格调。也就是说，无论窗子大小，我们都可以利用遮光帘加以装饰，真是想想都开心。在本章中，您将学习到如何从零开始自制遮光帘，或者对成品进行美化。部分作品会用到重杆或其他五金件，但都很容易在家居建材商店或窗帘用品商店购买到。

动手前，我们应首先确定自己需要的遮光率。窗帘布和家居装饰面料最适于制作厚重的遮光帘。如果您需要轻薄透气、半透明的款式，则可以考虑巴里纱、亚麻或绒面呢。在设计遮光帘款式的同时，我们还需要将房间的整体设计风格考虑在内。罗马帘用于客厅和餐厅显得精致美观。休闲风格的亚麻折叠帘则会为婴儿房、厨房或客房注入甜美与温馨。

在遮光帘的创作过程中，您可以尽情享受多样化选择的乐趣，大胆体验与不同家居环境相匹配的风格和款式。总而言之，在家中用心悬挂一款手工制作的遮光帘，一定会令房间充满个性与热情好客的友好氛围。

内容包含：

+ 经典罗马帘
+ 波浪式罗马帘
+ 伦敦帘
+ 简易印花遮光帘

+ 藤蔓印花遮光帘
+ 上扣式遮光帘
+ 绒线刺绣罗马帘

经典罗马帘（对页）： 款式简洁、时尚且适用性极广的罗马帘（本章推荐三种款式供您选择）可轻松匹配任何装修风格。两条垂直的丝带装饰条构成了这款棉缎遮光帘的鲜明特色，底层遮光衬则将阳光成功地拒于窗外。

经典罗马帘 参见第289页图片

罗马帘最基础的款式是将重杆直接缝制在内，形成遮光帘的框架，当帘布升起后，又可形成柔缓的褶皱。遮光帘可嵌入窗框内，从而形成更加整洁清爽的视觉效果。

制作材料：

基础缝纫工具、棉缎或其他中等厚度的面料、遮光面料、0.6厘米重杆（裁剪为与遮光帘等宽）、棉布或亚麻面料裁剪的布条（每条高度为12厘米，宽度比遮光帘宽度多出2厘米）、5厘米×2.5厘米木档（裁剪为与遮光帘等宽）、钉枪、铜圈或塑料圈、绳滑轮、羊眼螺钉、遮光帘梯绳、固绳器、梯绳拉头。

制作方法：

1. 首先确定遮光帘尺寸，然后在此基础上，宽度增加10厘米，长度增加21.5厘米，具体方法参照右侧说明。依据最终尺寸裁剪遮光帘及其底衬面料。裁剪两片10厘米×12.5厘米的遮光帘面料，用来包裹木档两端。遮光帘面料正面朝下铺放。沿两侧长边和底边翻折5厘米并熨烫压实。重新展开。按照图示方法翻折底角，熨烫压实。重新折好褶边，藏针缝固定各角，形成斜接边并在一侧为插入重杆保留开口。侧边与底边的褶边处理需手工完成（如您不介意车明线，也可采用机缝）。

2. 将底衬正面朝下铺平。沿长边和底边翻折6厘米并熨烫压实。底衬与遮光帘珠针固定，反面相对，使遮光帘露出侧边与底边。沿褶边藏针缝，将遮光帘与底衬缝合。

3. 重杆袋之间应保持均匀间隔，间隔距离在21~31厘米，主要取决于您计划的褶间距是多少。当您确定了重杆间距后，便可设定最下方重杆袋的位置：用褶间距除以2，再加2.5厘米（例如，如果您确定重杆距离为31厘米，那么最下方重杆袋的位置便应位于距遮光帘底边18厘米处）。以最下方重杆袋为起点，测量出其余重杆的位置，利用水消笔在遮光帘背面进行标记。最上方重杆袋距离遮光帘顶边的距离应大于25.5厘米。如图所示缝合棉布条：布条纵向对折，反面相对，熨烫压实（参见最上方布条）。沿长边车缝双褶边（参见中间布条）：布边翻折1厘米，再次翻折1厘米，熨烫压实并车缝固定。将一侧短边同样翻折，熨烫压实，并车缝一道1厘米的双褶边（参见最下方布条）。

4. 将重杆袋的长折边沿标记线珠针固定，沿折边车缝。在各重杆袋内插入重杆，藏针缝完成一道1厘米的双褶边。再取一根重杆，由底边斜角的开口处插入。藏针缝将开口缝合。

5. 在遮光帘顶边向下16.5厘米处画一条线。利用小片遮光帘面料包裹木档两端并用钉枪固定。木档如图放置，钉枪固定。将木档沿顶边向下卷裹，直至盖住标记线并用钉枪固定。

6. 将铜圈钉缝到重杆袋的褶边上，形成三列：一列位于中心线上，另外两列分别距离左右两侧长边5厘米。在悬垂拉绳的一侧，将绳滑轮安装于距离木档边缘1.3厘米处。对应下方每列铜圈的顶点处，沿木档各安装一个羊眼螺钉。由遮光帘底边开始，逐列将每条梯绳的一端拴系在最下方的铜圈上。梯绳逐一穿过本列铜圈，再穿过顶部羊眼螺钉，最后穿过绳滑轮。悬垂的绳尾穿过固绳器；在下方打结，剪去其中两条绳尾，向下拉拽固绳器，使其盖住绳结。修剪剩余的绳尾，使其悬垂至遮光帘的三分之二处。窗帘绳穿过拉头并打结固定。用螺丝将木档直接固定在窗框内。

遮光帘尺寸计算方法

如选择内装遮光帘，即窗帘边沿与窗框保持齐平，则需先测量出窗户（内框）的宽度与高度，然后在此基础上，宽度减少2.5厘米，高度减少1.3厘米。最终的计算值便为遮光帘尺寸。在裁剪面料时，按照制作方法的要求增加相应的宽度值与高度值。在测量窗户尺寸时，需采用木工尺或钢卷尺，切勿使用布卷尺。如果您需要同时制作多扇遮光帘，即使您认为窗户尺寸相同，也需逐一进行实际测量。

遮光面料的选择

建议您选用中间夹有一层橡胶状薄膜的人造混纺面料，这种遮光衬既能阻挡阳光，还具有保温效果。您可通过五金店、布料店和家居建材商店购买。

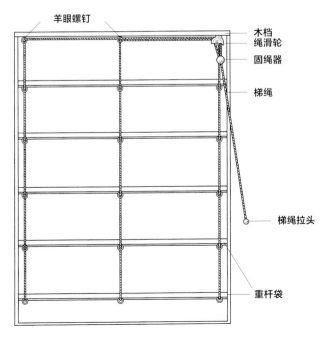

羊眼螺钉

木档
绳滑轮
固绳器

梯绳

梯绳拉头

重杆袋

遮光帘五金件的选配

　　选用丝滑的尼龙绳可以令窗帘梯绳在铜圈内滑动时更为顺畅。遮光帘的梯绳长度及所需的铜圈数量取决于遮光帘的尺寸。借助绳滑轮，可以在帘布升起时将遮光帘固定住。在梯绳穿过绳滑轮后，拉至一侧便可提升并固定遮光帘，拉至另一侧，则可将遮光帘松开放下。固绳器可将多股梯绳归于一处；所有梯绳打结固定，除保留一条绳尾外，其余绳尾全部剪除，将结扣隐藏到固绳器内。最后不要忘记加上装饰拉头，令梯绳的安装效果显得更为专业。相关产品均可通过窗帘用品店、家居建材商店和网店购买。

波浪式罗马帘

　　这款亚麻遮光帘是经典罗马帘的简化版，不仅没有添加底衬，而且仅在褶边处加入了一条重杆。由于未安装更多的重杆袋，铜圈被直接钉缝在帘布背面，穿过铜圈的梯绳带动了褶皱的形成。按照与经典罗马帘相同的方法，利用水消笔标记出21~31厘米的褶距。在遮光帘上将铜圈钉缝为两列，每列分别距离左右两侧长边数厘米。梯绳分别穿过铜圈、绳滑轮和流苏坠，打结固定，最后安装遮光帘。

伦敦帘

这款造型优雅的遮光帘采用印花面料缝制而成，同时添加了大幅底褶装饰，与较为传统的装修风格更为匹配。这款设计始终有部分帘布处于挂起状态，尤其彰显了优美的造型。以薄棉布作为底衬（而非遮光面料），打在帘布上的日光使得印花图案格外醒目。

制作材料：

基础缝纫工具、印花棉布或其他中等厚度的面料（用作帘布）、纯色薄棉布（用作底衬）、0.6 厘米重杆、铜圈、5 厘米×2.5 厘米木档（裁切为与遮光帘等宽）、钉枪、绳滑轮、固绳器、羊眼螺钉、遮光帘梯绳、梯绳拉头。

制作方法：

1. 确定遮光帘尺寸（参见第 290 页侧栏说明），在此基础上，宽度增加 40.5 厘米，高度增加 47 厘米。完成经典罗马帘的步骤 1 和步骤 2（第 290 页）。翻折面料，在面料两侧长边各形成一道 7.5 厘米的褶裥，熨烫压实并珠针固定。裁切一条重杆，长度应足以同时穿入两道褶裥。在底部褶边的开口处插入重杆，滑至两道褶裥之间，环绕重杆手工平针缝，将重杆固定起来。

2. 沿每道褶裥背面的折边，按照 10 厘米等间距手工钉缝铜圈。按照第 290 页介绍的方法缝合木档和梯绳。抽拉梯绳，使遮光帘底部 25.5 厘米的宽幅向上收拢（底部褶边的背面会被向上提起，注意遮藏）。梯绳穿过绳滑轮与固绳器。打结固定，剪除两条绳尾，固绳器下推盖住结扣。去除珠针（褶裥将通过木档与重杆进行固定）。添加拉头，安装遮光帘，小心整理皱褶。

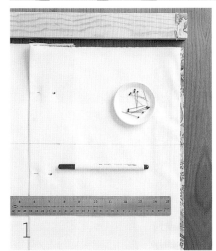

简易印花遮光帘

只需简单几步，便可通过漏板印花法在成品布艺卷帘上添加个性化的细节装饰。漏板印花法最适合用于边饰印花或墙面印花；印制过程中，利用油漆滚刷要比利用刷子或海绵更方便快捷。

制作材料：

布艺滚帘、尺子、铅笔、漏板、喷胶、油漆滚刷、丙烯颜料、调漆皿。

制作方法：

将布帘平铺在桌面上。借助尺子和铅笔，标记出漏板印制的区域；图样顶边应与卷帘底边对齐，因为印制过程中需由下向上印刷。利用喷胶在漏板背面喷一层薄薄的胶雾，将其与卷帘黏合。利用滚刷与丙烯颜料涂抹漏板。取下漏板，等待颜料晾干。利用漏板的对准标记将图样重复对齐并继续印制。有关漏板印花的具体方法，参见第 79 页。

藤蔓印花遮光帘

白色印花藤蔓沿灰色卷帘蜿蜒而下，浅色图案在遮光帘上显得效果尤佳。调色时，窗玻璃、调色盘，甚至是纸盘，均可作为调色板使用。有关漏板印花的具体方法，参见第 79 页。

制作材料：

卷帘、藤蔓漏板、尺子、纸胶带、铅笔、天然海绵、141~198 克白色丙烯颜料、调色板、调色刀。

制作方法：

测量卷帘与漏板宽度。确定漏板沿卷帘宽幅的重复次数，图样间的列间距及图样与外侧边的间距均需保持均匀一致。利用纸胶带封盖住列间距及外侧边的空白处。漏板应紧贴图样边沿。先将漏板置于最左侧一栏内，越过底边 2.5~5 厘米开始印制，以形成环绕效果。利用铅笔，在漏板顶边标记出对准孔（颜料晾干后再擦除铅笔标记）。在海绵上蘸取少量颜料，然后在漏板上涂抹颜料。静候 2~3 分钟至颜料晾干。将漏板上移，与对准孔比齐并标记出新的对准孔，印制花样。重复操作，直至本栏全部印制完成，然后再照此印制其余各栏，翻转漏板（注意确保反面清洁干燥），使两列相邻图样互为镜像。

上扣式遮光帘

这款美观大方的棉布遮光帘缝制方法简单快捷。在需要调整光线时，可将其提升至双倍高度。

制作材料：

基础缝纫工具、条纹棉布、生亚麻或其他匹配的中等厚度面料、斜纹带、6粒纽扣。

制作方法：

测量窗户内框，在此基础上，宽度增加1.3厘米，高度增加1.3厘米，然后按照该尺寸裁剪两片同等大小的面料，一片为条纹棉布，一片为亚麻面料（完成后的遮光帘应比窗框尺寸小1.3厘米）。条纹棉布与亚麻面料叠放在桌面上，正面相对。裁剪三片10厘米长的斜纹带用作扣环。将扣环置于遮光帘底边上，两端各配置一个，距离侧边1.3厘米，中心点上配置一个，均夹在亚麻与条纹面料之间，扣环朝内摆放，斜纹带的毛边与面料毛边对齐，珠针固定。沿遮光帘四边以1.3厘米缝份车缝一周，在顶边预留一处数厘米长的翻口。窗帘翻回正面，藏针缝缝合翻口。下面缝制窗帘挂杆孔，在距离顶边0.6厘米处缉明线。由顶边向下，在距离第一道车缝线3.8厘米处车缝第二道缝线。利用拆线器将挂杆孔两侧的缝合线拆开。在遮光帘上手工缝合两行纽扣，三个沿顶边钉缝，三个沿遮光帘横向中心线钉缝，分别与扣环对齐。

绒线刺绣罗马帘

这款罗马帘的装饰边线简约优雅，无论时尚的还是传统的家居环境，均可完美匹配。绒线刺绣是一种质感丰富的刺绣技法，数百年来始终广受喜爱，将其应用在线条简洁的厨房遮光帘上，充满现代感。有关罗马帘的具体缝制方法，参见第290页。

作品:
拖 鞋 (*Slippers*)

手缝拖鞋能够满足我们提升双脚舒适度的需求，通过选用羊毛毡等温暖绵软的面料，为脚趾带来一年四季舒适宜人的感受。利用本章提供的图样（包含成人和宝宝的不同款式），您便可轻松制作手工拖鞋。

在缝制拖鞋的过程中，您的各种手工技法均会得到锻炼和提升，包括缝纫、刺绣、印绣字母和雕绣等。您还可以放弃普通拖鞋滑顺柔软的面料，改用绝妙的个性化面料来传达您对穿用者的思念之情。这样的手工制作体验无比美好，不仅因为它将为您揭秘看似高难的制鞋工艺，而且，由于能够快速掌握拖鞋构造的基本原理与方法，您便可以很快学以致用，设计出属于自己的个性化拖鞋款式。

内容包含：

+ 字母绣拖鞋   + 毛毡宝宝鞋

+ 自然风毛毡拖鞋

字母绣拖鞋（对页）：只需添加上具有特殊意义的手缝字母，便可实现对成品羊毛毡拖鞋的个性化装饰。在缝制这款拖鞋前，先要在毛毡条、包布扣（包布扣的具体制作方法参见第 356 页）上刺绣大写字母，或直接将字母绣制到拖鞋上。图示中的拖鞋在进行个性化装饰的过程中分别用到了锁链绣、缎面绣和法式结粒绣（有关更多刺绣针法，参见第 38 页）。

自然风毛毡拖鞋

在寒意袭人的清晨里，一双带有剪纸风蝴蝶与枝叶装饰的拖鞋定会为您带来一份豁然与欢愉。

制作材料：

基础缝纫工具、自然风毛毡拖鞋图样、羊毛毡布（枝叶拖鞋需两种颜色，蝴蝶拖鞋需两种以上颜色）、黏合衬、铅笔、手工刀、布料专用胶（可选）。

制作方法：

枝叶拖鞋： 按照所需尺寸打印图样（参见附赠图样）并裁剪。裁剪尺寸相同的长方形面料，一片用作表布（图示中为灰色），一片用作底布（图示中为橙色），一片黏合衬（保留一侧纸衬），尺寸均需大于两只拖鞋表布的面积。黏合衬铺在灰色毛毡布上，纸面朝上，将拖鞋表布图样并排铺在纸衬上。利用铅笔描绘图样，同时按照图样指定位置标记出 A 和 B 两个剪口。将枝叶图样铺放在已绘制好轮廓线的拖鞋表布上，利用标记点准确定位，描绘图样。另一只拖鞋表布同样操作，枝叶图样需翻转绘制，以形成镜像效果。利用手工刀，切刻出枝叶图案（注意同时切刻黏合衬）。从黏合衬上小心取下纸衬，保持边缘对齐。将橙色长方形毛毡布铺在黏合衬上，各层同时翻面。按照黏合衬使用说明熨烫黏合。拖鞋表布图样平铺在已黏合好的灰色毛毡布一面，对齐 A 和 B 两个剪口。利用水消笔标记剪口。裁剪拖鞋表布，同时剪开剪口。黏合另一片灰色与橙色长方形毛毡布，用作鞋底。两片鞋底图样并排铺放在黏合好的毛毡布上，绘制图样并裁剪。将每只拖鞋表布后侧的垂直边以锯齿针缝合（注意布料切勿交叠，而应将两边对齐车缝）。将一只拖鞋的表布与鞋底珠针固定，灰色面料朝外。以脚跟为起点，沿 0.6 厘米缝份车缝一周。按照相同方法完成第二只拖鞋。

蝴蝶拖鞋： 按照所需尺寸打印图样并裁剪。分别在奶油色毛毡布、白色毛毡布及黏合衬上裁剪相同尺寸的长方形面料，尺寸均需大于两只拖鞋表布的面积。按照黏合衬使用说明，将各层面料黏合固定。将拖鞋表布图样绘制到黏合好的奶油色毛毡布一侧并裁剪。在不同颜色的毛毡布上绘制蝴蝶图样并裁剪。将蝴蝶与奶油色拖鞋表布珠针固定（或利用布料专用胶黏合）。沿每只蝴蝶的中心线缝合固定。将拖鞋表布的后侧开口车缝缝合；按照枝叶拖鞋的方法，将拖鞋表布与鞋底缝合固定。

毛毡宝宝鞋

　　一双手工缝制的毛毡鞋为宝宝娇嫩的小脚带来暖心的保护。荷叶边与打孔边装饰显得精巧别致。束带的系扣方式多种多样，包括纽扣、四合扣或松紧带。您还可以根据自己的喜好为鞋底选用对比色毛毡布面料。

制作材料：

　　基础缝纫工具、毛毡宝宝鞋图样、毛毡布（单色或双色）、迷你打孔器（可选）、荷叶边或其他边饰（可选）、布料专用胶（可选）、纽扣、四合扣或 1 厘米松紧带。

制作方法：

1. 测量宝宝双脚由足跟至脚趾的尺寸。打印图样（参见附赠图样），按照宝宝双脚尺寸调整图样大小，整圈添加 0.3 厘米缝份。利用水消笔在毛毡布上绘制图样并裁剪。如需添加打孔边装饰，沿图样虚线打孔。缝制足跟部位时，将表布对折，以 0.3 厘米缝份沿直边缝合。

2. 将表布与鞋底反面朝外，珠针固定，将两片面料缝合。毛毡鞋翻回正面。若需要，可将荷叶边粘贴到脚背外缘或内缘。在毛毡鞋的一条束带上钉缝一粒纽扣或半个四合扣；在另一侧束带上剪一个小口作为扣眼或钉缝另半个四合扣。按照相同方法缝制第二只鞋。如选择懒人鞋款式，将束带两端修剪为方形。在束带（内侧）两端钉缝一段 2.5 厘米长的松紧带。

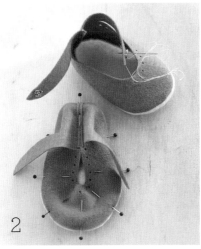

作品：
餐台布品（*Table Linens*）

　　一旦在桌面铺放布艺用品，仿佛生活便随之充满希望与期待。餐厅也陡然化身为放松身心的目的港。无论是铺上一块台布，摆放一套餐垫、一张桌旗，还是几方布艺餐巾，用来装点餐桌的布艺用品总能令我们与亲朋相聚的每一餐意义非凡。

　　为了营造特定氛围，或正式、或休闲，或家常、或度假，我们可以专门选购新款面料，也可以充分利用家中剩余的边边角角，从中精心挑选出能够与餐会举办时间应季，或与家居风格搭调的材料。无论是纯色面料还是印花面料，效果同样出色。如果您计划亲手制作一件别具创意的作品，还可以通过印花或染色技艺加强布匹的个性化装饰效果。无论从哪方面来看，餐台布品都可以算作最简单易学的缝纫作品，因为它们只需笔直的缝合线及最基本的形态。然而，这并不影响它们成为最精致美观的作品，成为人见人爱的礼物。

内容包含：

+ 蕾丝桌旗
+ 基础款亚麻餐巾
+ 羽毛印花餐巾
+ 四款快手餐巾作品
+ 斜裁带桌旗
+ 仿麂皮叶形餐垫
+ 抽纱图案
+ 毛须边桌旗
+ 抽纱桌旗

+ 巴提克印花餐台布品
+ 漂白巴提克餐台布品
+ 亚麻台布
+ 日式刺绣餐台布品
+ 机绣餐垫
+ 雕版印花餐台布品
+ 拉菲草刺绣餐垫
+ 杯垫台布
+ 皮革桌垫

蕾丝桌旗（对页）：蕾丝最能为家居环境增添美感，这款桌旗令餐厅显得清新、整洁又明亮。一段棉纱材质的椭圆花型蕾丝（市售品种的宽幅通常为 114 厘米）几乎可直接当作桌旗使用。只需在两端进行褶边处理。或如图所示，沿圆形图样的锁边进行裁剪即可。将这款桌旗铺放在亚麻台布上，便可呈现出优雅的色彩与纹理。

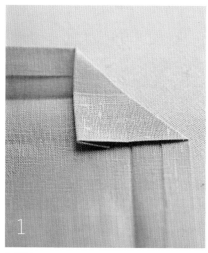  

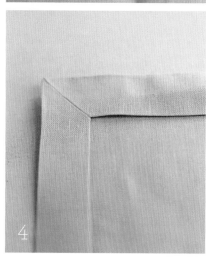 

基础款亚麻餐巾

　　从零开始缝制餐巾的方法十分简单：图示中的餐巾为边长 51 厘米的正方形，经过斜接角处理后，成品显得格外规整。首先要对面料进行预缩处理：洗涤、晾干并熨平。当您掌握了这款作品的基本缝制方法后，还可利用相同方法来缝制斜接角台布。

制作材料：

　　基础缝纫工具、边长 58.5 厘米的正方形面料（为每片餐巾的面料用量，图示中选用了桃粉色亚麻面料）。

制作方法：

1. 正方形面料各边均翻折两次并熨烫压实，第一次翻折 1.3 厘米，第二次翻折 2.6 厘米。展开第二道折痕。如图所示，将一个角内折，使第二道折痕对齐。熨烫压实。

2. 展开折角，沿对角线正面相对，重新翻折面料。沿折角处的折痕车缝。剩余各角按照相同方法处理。

3. 剪除四角角尖至 0.6 厘米处，形成如图所示的梯形。缝份展开熨平，同时将四角熨平。

4. 将四角外翻（实际上是翻回正面），再次熨烫平整。

5. 沿四周折边车缝固定，缝合线距离侧边 2.5 厘米。

标准餐巾尺寸

酒会餐巾：20.5 厘米 × 16.5 厘米

午宴餐巾：25.5~33 平方厘米

晚宴餐巾：51~61 平方厘米

羽毛印花餐巾

　　制作这款现代风格的餐桌装饰布品，需要借助一根小小的羽毛，在已处理好褶边的亚麻餐巾上印制出雅致、轻柔的图案，席次牌上也采用了相同的图样。这种印花技法既适用于各种类型的棉布或亚麻面料，也适用于厚纸板，如卡片纸。您需要准备带有布料专用墨水的印台和一个复印滚筒（有关面料印花的具体方法，请参见第 77 页）。羽毛可在手工用品店或渔具店购买。

制作材料：

　　羽毛（图示中选用了天然野鸭毛）、布用安全墨水印台（带有金属质感的金色或棕色）、纸片（用于吸墨）、镊子、餐巾、复印滚筒。

制作方法：

　　将一片羽毛放置在印台上，取一张废纸盖在上面。翻转印台，然后用手指按压。利用镊子将羽毛从纸张上取下。羽毛沾有墨水的一面朝下，放置到餐巾上（或者您计划印花的任何平面上）。重新取一张干净的纸片放在羽毛上，然后在纸片上小心滚动印花滚筒。利用镊子取下羽毛。等待墨水晾干。查看使用说明，确认布料专用墨水是否需要通过熨烫加热进行固色处理。

四款快手餐巾作品

做旧碎花餐巾

同一款碎花面料可以用来制作两种不同色调的台布和餐巾。范例中的手缝台布经过褪色处理，形成金黄色调；餐巾经过褪色处理后，又利用橘红色与猩红色混合颜料进行了套色处理（也称为"套染"），图示中的另一款餐巾则采用纯红色面料缝制而成。面料褪色与套染方法请参见第70页。范例中的餐巾均未采用斜接角的处理方式，而仅对各边进行了简单的双褶边处理。

渐变染餐巾

原色亚麻面料经过渐变染处理后便可将餐厅台面装点一新。范例中，珊瑚色在餐巾（和一张同色系的席次牌）上晕染开来，与一旁漂浮在水面上的海葵花相映成趣。如果您希望染制顶边和底边，则需先将餐巾横向对折。利用珠针沿表层标记出待上色的水平线。将带有珠针标记的两片餐巾叠放在一起，用装订夹沿折边固定。按照第67页介绍的方法进行染色。

染色条纹餐巾

经过浪漫多姿的彩虹色系套染后带有浅绿色条纹图案的手工棉布餐巾，呈现出焕然一新的迷人魅力。这款作品无须任何缝制工序，直接将布边处理为毛须边效果即可（如您希望毛须边更为紧固耐用，可参见第309页的毛须边处理方法）。注意在面料染色前先完成毛须边的处理，以便纱线充分吸收上色。图示中的餐巾采用了第67页介绍的染色技法。染液的调配剂量由上至下分别为：黄色（7.5毫升黄色加2.5毫升棕黄色）、橙色（0.5毫升橘红色）、红色（1.3毫升猩红色）、粉色（2.5毫升淡紫色）、薰衣草色（2.5毫升紫色）。餐巾使用后，清洗时可将洗衣机设为低档轻柔机洗或手洗。

纽扣刺绣餐巾

只需几颗散落的纽扣和丝绵绣线，便可将这些朴实无华的素色餐巾转化为各式各样新奇有趣的亚麻作品。将纽扣摆放为自己喜欢的图案，利用水消笔标记下纽扣的位置，然后利用同色绣线钉缝第一粒纽扣。利用水消笔轻轻绘制出设计图样（例如水果和蔬菜的叶子和茎秆）。以丝绵绣线沿水消笔标记线刺绣，可采用经典的锁链绣（基础刺绣针法参见第38~39页）或最适于勾勒轮廓的轮廓绣。刺绣叶片时可采用缎面绣，直接直针（而非斜针）绣，每针紧贴上一针，覆盖住叶片的整个宽幅。

家政女王玛莎·斯图尔特的缝纫百科

斜裁带桌旗

图示中的桌旗长度为 218.5 厘米，您可根据实际需要添加或缩减叶片的数量。

制作材料：

基础缝纫工具、斜裁带桌旗模板、亚麻（图示中选用了青瓷、薄荷和柠檬三色）、1.3 厘米宽的单折斜裁带。

制作方法：

打印模板（参见附赠图样）并裁剪。在亚麻面料上裁剪 27 片叶片。利用斜裁带，沿每片叶片一侧，端对端包边缝：斜裁带包裹住布边，珠针固定。沿斜裁带边缘缝入 0.3 厘米，注意确保缝针同时穿缝上下两层斜裁带。斜裁带两端无须专门进行锁边处理。采用套叠处理法压盖顶部毛边，将每片叶片的另一侧固定住即可：裁剪斜裁带，长度应比叶片单侧长度长出 2.5 厘米，包裹侧边并珠针固定。将斜裁带缝合固定，在距离顶端 2.5 厘米处止缝。如同翻书一般展开斜裁带，末端向下翻折 1.3 厘米。闭合斜裁带，缝合固定。按照您喜欢的款式排放叶片，珠针固定并手工缝合。

仿麂皮叶形餐垫

制作这款超大号的叶形仿麂皮餐垫只需一把剪刀和对浓浓春意的痴迷与期盼。仿麂皮在绝大多数布料店或手工用品店均有销售，不仅可机洗，而且还不易出现散边问题，因而完全无须缝纫。这款设计采用了两种不同的绿色面料，交替摆放在午餐的宴会桌上，显得格外醒目。

制作材料：

仿麂皮叶形餐垫模板、仿麂皮（六片餐垫共需约 1.4 米）、铅笔、剪刀。

制作方法：

打印模板（参见附赠图样）并裁剪。在一片大幅仿麂皮面料上展开模板。利用铅笔将图形绘制到面料上并用剪刀裁剪。

毛须边桌旗

取几段纹理疏松的亮黄色亚麻面料，将两端处理为毛须边效果，等间距垂直铺放在餐桌上，呈现出轻松、醒目又现代的餐台布置风格。

制作材料：

基础缝纫工具、1.8 米纹理疏松的亚麻面料（每片桌旗的面料用量）。

制作方法：

1. 洗涤、晾干并熨平亚麻面料。按照所需长度裁剪亚麻面料，并在两端各增加 5 厘米用作毛须边。将面料修剪至所需宽度（至少 66 厘米，以便提供足够的位置摆放餐具，此外还需增加缝份的宽度，用于褶边处理）。在距离两端短边 5 厘米处各车缝一条横线。

2. 由桌旗短边一侧逐步向上抽取纬纱，直至缝线处为止。两侧长边进行双褶边处理：两边各翻折 1.3 厘米，熨烫压实，再次翻折 1.3 厘米。沿褶边车边线缝合固定。

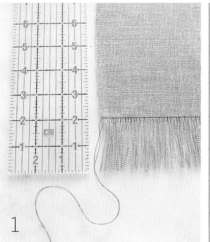

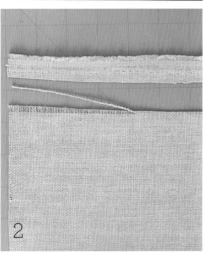

抽纱图案

　　如果您从亚麻等纺织面料中抽取出一根纱线，会发现面料仍然保持完好，只是在被取出的纱线处留下一条缝隙。我们可以利用这种技法来创作装饰图案。其中最基本的方法便是抽取织品的经纱（纵向）或纬纱（横向），也可双向同时抽取。即使大幅面料也可通过这种方式来塑造纹理。另外一种更为复杂的工艺被称为"穿纱"，即以新的纱线（或丝带）代替被抽取出的纱线，以形成对比色条纹（参见对页"丝带穿纱法"）。将准备穿入的纱线拴系在即将抽出的纱线上，这样在您抽出旧纱的同时，便可同时穿入新纱。穿纱技法最适合应用于小幅面料。建议选用未经过洗涤、熨烫的全新亚麻或纯棉面料，编织纱线应顺滑、均匀且强韧（建议额外购买30.5厘米面料，以便在正式抽纱前可以先对这项技法进行练习）。六股丝绵绣线最适合应用于穿纱技法。您也可以将六股绣线分开使用，用于创作较细的条纹图案。

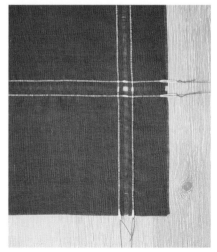

抽纱桌旗

这款红色毛须边亚麻桌旗（对页，上图）的装饰图案同时采用了抽纱和穿纱两种技法。由细节图（对页，下图）可以看出，上面的细条纹图案是由穿入的白色丝绵绣线构成的，较宽的条纹则保持镂空状态。桌旗两端采用毛须边（参见第 309 页），白色绣线与红色亚麻纱线共同构成边穗。

制作材料：

基础缝纫工具、红色亚麻桌旗、白色丝绵绣线、织补针。

制作方法：

1. 构思好自己的桌旗装饰图案，测量布边与规划中装饰线标记点之间的距离。从毛边一侧抽取出标记点所在位置的纱线。

2. 选用 6 股丝绵绣线，穿入时绣线对折，股数翻倍。如果对于双倍绣线而言，您在面料上抽取的镂空通道过窄，则需继续抽取 1~2 根相邻纱线。剪取一段丝绵绣线，长度应为面料长度的 2 倍，同时再额外增加 2.5 厘米；绣线对折，形成一个环状，便于穿入。在开始抽取下一条纱线前，先将这根引线紧紧拴系在绣线形成的线环上。

3. 确定引线另一端的位置，轻轻向外抽取，利用手指逐渐释放绣线线环。

4. 若在穿入过程中遇到任何纱线阻碍绣线穿入的情况，可利用织补针辅助消除阻碍。

丝带穿纱法

利用左页介绍的技法，您还可以穿入不同颜色和厚度的丝带，打造出各种有趣效果。一种名为"十字布"的纯棉刺绣面料最适合用于穿纱作品。这种纹理均匀的面料采用强韧的双纱编织工艺，在嵌入条纹时更易数清纱线数。为了使穿纱效果严丝合缝，抽取纱线后形成的通道应刚好容纳丝带宽度。将纱线系在丝带环上。当您抽取这根引线的另一端时，为了防止丝带环扭拧缠结，可利用两根手指夹住下方丝带，辅助送入纱线。

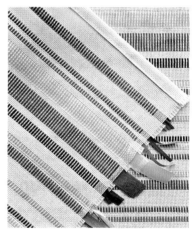

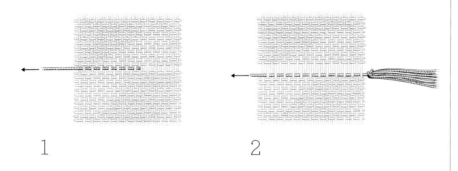

1   2

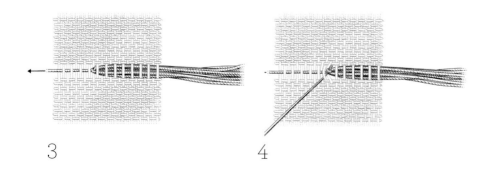

3   4

巴提克印花餐台布品

纯棉餐台布品与手缝坐垫（填充铺棉）上点印着一组组讨人喜爱的点点与圈圈。这款轻松有趣的图案是利用厨房小物点蘸熔化的蜡液，然后印刻在白色餐台布品上，再经过染制而成的。在为台布染色时，您需要准备一个足够大的染盆，以便确保面料上色均匀。

制作材料：

不会参与反应的盆或桶、橡胶手套、蜂蜡或石蜡、染料（图示中选用了长春花蓝与咖啡色）、137 厘米正方形台布、布餐巾、棉布（用于坐垫，可选）、铺棉、方格纸、双层蒸锅、牛皮纸、点印小物（如蛋糕裱花嘴和木销钉）、斜纹带。

制作方法：

利用熔化的蜂蜡、蛋糕裱花嘴和木销钉，按照巴提克印花法（第 68 页）在台布上点印图案。将台布染制成长春花色。利用相同的点印工具在餐巾布上点印类似图案并将其染制为咖啡色。最后，利用略浅的长春花蓝染制坐垫面料。缝制坐垫时，先测量座椅的宽度与长度。四边各添加 1.3 厘米缝份，并按照该尺寸裁剪两片巴提克印花面料。按照座椅尺寸（无须添加缝份）裁剪一片铺棉。将两片面料正面相对，珠针固定，沿 1.3 厘米缝份车缝四边并在一侧预留一处 20.5 厘米的翻口。坐垫翻回正面并熨烫平整。塞入铺棉，藏针缝缝合翻口。为每个坐垫缝制系带时，需要两条 0.6 厘米的斜纹带（图示中选用的斜纹带装饰了木销钉印制的圆点状巴提克印花图案）。斜纹带对折，然后将一端内折并与坐垫后侧边沿，距离拐角侧边约 5 厘米处手工缝合。

将一组台布和餐巾作为礼品时，可利用带有巴提克印花图案的纯棉丝带进行绑系包装，纯色斜纹带同样可实现染色处理。

漂白巴提克餐台布品

　　这款作品利用一根带有金属笔尖的漂白笔，在蓝色亚麻面料上创作出巴提克印花（第68页）图案。该技法最适合应用于天然纤维面料。

制作材料：

　　凝胶漂白笔、0.5毫米螺口式金属头涂胶器（可选）、彩色纯棉帆布、水溶记号笔。

制作方法：

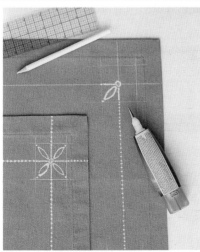

　　在漂白笔上安装金属头涂胶器（便于绘制清晰、纤细的纹路）。帆布经褶边处理后应形成边长40.5厘米的正方形餐巾和一条30.5厘米宽的桌旗（亦可选用成品桌旗）。谨慎选择一小块测试区域，确保面料与漂白凝胶反应效果良好。利用记号笔在面料上绘制一个格子图案；如左图所示，画线交叉围起的区域应形成一个边长5厘米的正方形。利用漂白笔在每个正方形内绘制一朵四瓣花，并在花朵之间添加虚线装饰。等待漂白凝胶着色，直至图案褪色至所需色调，约需20分钟。漂洗时，将面料平铺在一个装有清水的浅盘内，轻轻摇动；令面料静置在水中，直至颜色消失（桌旗需分段操作）。注意切勿令漂白凝胶"粘落"在面料的其他位置。将所有布品轻柔手洗。

亚麻台布

亚麻巴里纱台布铺盖在餐桌上垂感极美，且室内外均宜使用。范例中，三片亚麻面料（两片白色、一片淡褐色）通过拼接，共同构成一块长条状大幅台布，接缝间添加了荷叶边装饰。褶边处增缝口袋，用于盛放鹅卵石或其他重物，以便在有风的日子里压坠台布。

制作材料：

基础缝纫工具、两片白色亚麻巴里纱（每片的尺寸为 71 厘米 ×239 厘米）、一片淡褐色亚麻巴里纱（35 厘米 ×239 厘米）、鹅卵石（或其他重物）、2.75 米经过预洗处理的荷叶边。

制作方法：

1. 环绕所有面料外边，在距离边沿 0.6 厘米处疏缝一周。沿疏缝线翻折褶边并熨烫平整。将淡褐色面料四条褶边再次翻折，熨烫压实并车缝固定。每片白色面料仅翻折、熨烫并车缝三条褶边，保留一侧长边暂不车缝。将每片白色面料的第四条褶边向内翻折 10 厘米，熨烫压实。

2. 下面缝制口袋，由距离各角 10 厘米处为起点，沿折边垂直线车缝一条缝线。沿口袋间的褶边缉明线。

3. 将荷叶边沿白色面料褶边较窄的一侧长边珠针固定，荷叶边与面料正面的交叠宽度不应超过 0.3 厘米，荷叶边两端各向下翻折 0.6 厘米。缉明线固定。如图所示，将荷叶边的一侧与浅褐色面料珠针固定并车缝。另一侧同样处理。

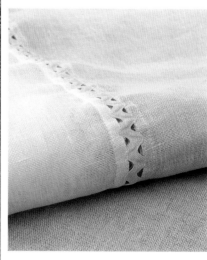

比翼井桁

双井平纹

七宝连

格子相连纹

日式刺绣餐台布品

精细雅致的手工刺绣图案为清宁静谧的餐台布置风格平添了几分视觉上的趣味。范例中，灰色和白色亚麻餐垫上装饰着款式多样的刺子绣图案（参见附赠图样）；如图所示，由左上顺时针排序，刺绣图样分别为比翼井桁、双井平纹、格子相连纹和七宝连，精心挑选的颜色与日式餐具的色调相得益彰。餐垫缝制方法：按照所需尺寸裁剪两片亚麻面料。根据第45页介绍的刺子绣方法，在其中一片面料上绣制图案。采用法式缝份处理法（第26页）将表布（刺绣面）与底布缝合衔接。您可以双面采用相同颜色的面料，也可以选择一片对比色面料用作底部。

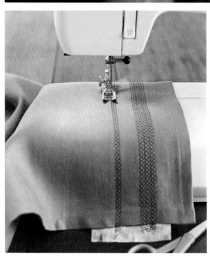

机绣餐垫

即使最细小的刺绣装饰也能够为餐台布品带来一种细致入微的优雅感。范例中，机绣花边将朴素的纯色餐巾变身为餐垫，在一些休闲场合可代替台布使用。虽然缝纫机的诸多针法主要服务于实用性功能，例如褶边处理或防止散边，但这些针法却同样精巧美观，足以用作装饰图样（有关机绣的具体方法，参见第 50 页）。这款作品需借助布用绣花喷胶，以便在刺绣过程中固定绣线（有关绣花喷胶的使用方法，参见第 353 页）。

制作材料：

基础缝纫工具、布艺餐巾、布用绣花喷胶。

制作方法：

由餐巾边沿向内量出 5 厘米，在该点标记一条褶边的平行线。利用缝纫机和布用绣花喷胶，行贴行车缝三行蜂巢绣，形成一道宽幅装饰边。再向上量出 2.5 厘米，车缝两行紧邻的蜂巢绣。去除喷胶。将餐垫微微垂下，令装饰花边悬垂在桌边即可。

雕版印花餐台布品

在桌旗和餐巾上印制的落叶迎接着秋日的到来。您可任选自己喜爱的图案，按照如下方法制作雕版印花餐台布品。有关雕版印花的具体方法，参见第 78 页。

制作材料：

雕版印花餐台布品模板（可选）、石墨铅笔、转印纸、橡皮砖（手工用品店和网店有售）、压痕器、刻刀、画刷、透明色水基布彩颜料（热熔固色）、纸巾、废纸片、亚麻桌旗和餐巾、柔和无酒精的洗涤剂。

制作方法：

1. 打印模板（参见附赠图样）并裁剪，或绘制您喜爱的图案。利用石墨铅笔将图案绘制到转印纸上。将转印纸铺放在橡皮砖上，带有线迹的一面朝下。借助压痕器的宽边在转印纸上揉擦，转印图案。使用带有 V 形刀头的刻刀沿图案轮廓线划刻，并视需要添加叶脉。更换 U 形刀头，沿图案刻除较大的区域，雕刻深度约为 0.3 厘米。

2. 利用画刷，在图案上涂抹厚厚一层布彩颜料。注意涂抹时笔触均匀（笔触纹路会显露在面料上），注意避开叶脉。如果颜料淤积在缝隙中，可利用纸巾角吸除多余的颜料。先在废纸片上练习印制，然后再正式印制到面料上。橡皮章每印制一次，便需重新涂抹颜料。如果您需要换用另一种颜色的颜料，先利用湿抹布擦净橡皮章，如必要，再利用洗涤剂清洗。等待橡皮章晾干，约 15 分钟。根据颜料着色说明，以熨斗加热着色。成品可机洗和甩干。

拉菲草刺绣餐垫

利用多股拉菲草与一枚大孔缝针便可为编织疏松的餐垫添加各种几何装饰图案。

制作材料：

基础缝纫工具、一枚大孔缝针（丝带或绒线专用针）、采用编织疏松的面料（如纯棉、亚麻、拉菲草或稻草材质的面料）缝制的餐垫或大号餐巾、所需颜色的拉菲草。

制作方法：

1. 利用水消笔，沿餐垫底边绘制一行菱形图案（图示中的菱形尺寸为 3.8 厘米×3.8 厘米）。在餐垫左上角另外绘制一个菱形图案。

2. 大孔缝针内穿入拉菲草，先在一端打结，再以雏菊绣针法绣制图案。

3. 自第一个菱形开始，穿好线的缝针由点 A 出针。再由点 A 向下引针，形成一个环状。撑起线环，以手指轻轻展平拉菲草。

4. 缝针在线环内由点 B 引出（如左侧左图所示）。将线环收紧。缝针在线环外，再次由点 B 入针（如左侧右图所示）。

5. 每次绣制菱形的一条边，重复步骤 3 和步骤 4，分别在点 A 至点 D、点 C 至点 D 和点 C 至点 B 处各绣制一针。

6. 在餐垫上绣制其余的菱形图案。当需要一行绣制多个菱形图案时，衔接方法为：始终以前一个菱形的 D 点作为新的点 B。最后在餐垫背面打结固定。必要时可对餐垫进行干洗。

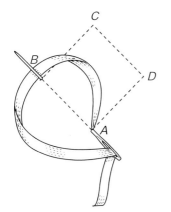

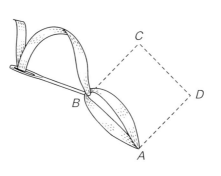

杯垫台布

这款冬日的餐台布置利用一行行缝合衔接的杯垫构成台布，铺盖在餐桌上，令人不禁联想到纷飞的雪花。您需要准备相同尺寸的杯垫，数量应足以覆盖整个桌面，两侧长边额外预留出 30.5 厘米的垂边。

制作材料：

基础缝纫工具、布艺杯垫（图示中采用 20 厘米的杯垫）。

制作方法：

将两片布艺杯垫并排放置在桌面上，几乎彼此相交。利用缝针和白色缝线，以 3~4 针藏针缝彼此衔接，最后在反面打结固定。按照相同方法继续衔接更多的杯垫，每次衔接一片，先完成一整行，确保其长度足以覆盖桌面宽度及两侧垂边。在已衔接好的整行杯垫旁边，紧邻第一片杯垫再放置一片，确保各片杯垫铺放平整，没有皱痕。按照上述方法继续衔接杯垫。下一片杯垫放置在第二行。将其先与第二行的第一片杯垫缝合衔接，然后再与第一行的对应杯垫衔接起来。相同方法衔接其余杯垫，每次衔接一片，直至完成第二行。继续逐行衔接，直至整片台布缝合完成。

皮革桌垫

　　这款超大号皮革桌垫，每片由六片羊羔皮拼缝而成，添加明线装饰与帆布底衬，在传统台布的基础上进行了现代而时尚的改良。为了防止沾染污渍，需在桌垫外添加一层保护膜。

制作材料：

　　基础缝纫工具、皮革桌垫模板、皮革机缝针、双面胶、圆珠笔、轮刀、尺子、压痕器、皮革黏合剂。

制作方法：

1. 打印模板（参见附赠图样）并裁剪。裁剪各片皮革图样模板：利用双面胶（而非珠针）将纸样黏贴在皮革"完好"的一面，尽量避开瑕疵或极薄的区域。以圆珠笔压刻轮廓线并裁剪，弧线处利用剪刀裁剪，直线处利用轮刀和尺子裁剪。图样 A 先裁剪两片，然后翻面再裁剪两片，共计四片（每两片互成镜像）。利用图样 B 裁剪两片皮革面料。下面准备底衬，帆布对折，利用图样 C 裁剪一片帆布，注意将标记好的轮廓线与帆布折边对齐。展开面料。

2. 将一片皮革面料 B 与两片相对的面料 A 对齐，使标记着"a"的侧边相互交叠，"完好"的两面相对。利用小片双面胶（而非珠针）将各片面料黏合，距离皮革边沿不超过0.6 厘米。

3. 利用皮革缝针与厚料压脚，沿 1.3 厘米缝份将各片面料缝合（注意在车缝过程中切勿拉伸皮革面料）。以压痕器将襟翼压平，再以皮革黏合剂将襟翼展开黏合固定（如图所示）。在距离缝份两侧边各 0.3 厘米处车明线。重复步骤 2 和步骤 3，以相同方法拼缝剩余的皮革面料。

4. 利用图样 C 剪出的帆布平铺在真皮桌垫上，与"完好"面相对。沿 1.3 厘米缝份车缝一周。在模板上标记着"B"的一侧保留一处 25.4 厘米的翻口。作品由翻口处翻回正面，使得"完好"面朝外。将翻口处的布边向内塞入 1.3 厘米，沿 0.6 厘米缝份环绕整片桌垫缉明线。

作品：

家居装饰（*Upholstery*）

布料能够柔化房间的线条，丰富层次间的质感，确立居室空间的鲜明个性。以家具软垫和罩套为载体，面料通过自身的颜色与图案，甚至能够将平淡无奇的普通家具转化为具有艺术性的焦点。当然，家居装饰也具有功能性，如既能够令心爱的旧家具焕发出新的活力，同时又可保护家具免受磨损。

千万不要一听说自己动手进行家居装饰就退缩。这里的"家居装饰"仅是一种泛指，既包括缝制方法简单的椅垫和椅套，也包括一些稍显复杂的项目。其中涉及的技法从最简单的直线接缝，到适合初学者的一些基础装潢方法，所需的工具无非是钉枪、铺棉或海绵之类。无论您目前的装潢经验处于何种水平，在实践本章内容的过程中，一定能够学习到许多新技能，不断发掘并调整这些技法，便能够令其适用于自己家中的各式家具。

内容包含：

+ 基础款罗汉床罩
+ 软垫餐椅
+ 软盖被毯柜
+ 软垫床头板
+ 软包咖啡桌
+ 露台罗汉床罩
+ 改装折凳
+ 快手躺椅垫

+ 夏威夷图案印花垫
+ 扶手椅定制椅罩
+ 丝绒椅裙
+ 床头柜套
+ 渐变染床头板罩
+ 极简床框罩
+ 绒线刺绣床头板罩

基础款罗汉床罩（对页）：一款礼服感的面料与乡村风背景进行搭配，呈现出令人意想不到的时尚感。这款道院式罗汉床配有工艺美术风格的真丝锦缎床罩。图示中的床垫展现出布料一面的图案，枕套则改用另一面。

基础款罗汉床罩 参见第 323 页图片

虽然就尺寸而言，为罗汉床缝制一款床罩难免令人感觉望而生畏，但实际上却丝毫没有难度，只需将六片长方形面料拼缝在一起，便可完成所需的长方体结构。

制作材料：

基础缝纫工具、罗汉床床框、家居装饰海绵、家居装饰面料。

制作方法：

测量罗汉床框的长度和宽度，请卖家依照尺寸裁切一块厚度为 10~15 厘米的海绵（您也可以利用锯齿刀或锯自行裁切）。裁剪面料时，您需要分别裁剪一片表布、一片底布（宽 × 长）、两片短侧面料（宽 × 高）、两片长侧面料（长 × 高）。在长、宽、高尺寸的基础上各增加 2.5 厘米缝份，利用增加后的尺寸裁剪面料。沿 1.3 厘米缝份，缝合所有四片侧边面料，面料端对端正面相对，长短边交替排列，最终拼接为一片长条状面料。两端缝合，形成一个由四边围起来的长方体结构。缝份展开熨平。将侧面（长方体结构）与表布珠针固定，正面相对（长短边分别对齐）；沿 1.3 厘米缝份缝合。缝份展开熨平。缝合至转角处时，缝纫机缝针留在面料中，抬起压脚，旋转面料，放下压脚并继续车缝。将侧面边框与底布珠针固定，正面相对，缝份为 1.3 厘米。缝合其中三个侧面，保留一侧短边侧面不缝合。缝份展开熨平，翻回正面。塞入海绵：撑起面料，将其铺套在海绵上，完全包紧海绵。伸入床罩，视需要调整海绵和面料，确保各角紧密贴合。藏针缝缝合翻口。

家居装饰工具

+ 家居装饰海绵强韧、舒适且易于打理。您可以直接购买按规格裁切好的海绵或请卖家按照所需尺寸进行裁切，布料店、家装用品或网店均有销售。产品密度不同，价格不同。

+ 纯棉或涤棉铺棉拥有不同规格的厚度，可增加柔软度与弹性。本章中的多件作品均选用了 1.3 厘米厚的铺棉。

+ 若家具中包含特殊形状或曲线边缘，需先利用平纹细布进行打样，然后再正式裁剪面料，以便实现最佳匹配度。

+ 钉枪是固定面料时不可或缺的工具，订书钉的规格丰富多样。

+ 在部分作品中，您可能还会利用明面的订书钉来固定装饰挡板；布料店和家装用品店均销售各式装饰挡板。此外，您也可以通过多数布料店和五金店购买家居装饰钉。钉钉子时，还会用到平头锤，五金店和家装用品店有售。

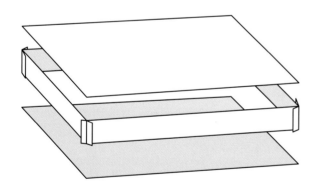

软垫餐椅

只需利用一些布料和一把钉枪，便可轻松实现一套软垫餐椅的改头换面。您还可以选用色彩匹配的座套，按照相同技法将多把款式各异的座椅改造为统一协调的座椅套系。

制作材料：

基础缝纫工具、座椅、座椅用装饰面料（每把座椅约需 61 厘米）、毛毡底布（每把座椅约需 61 厘米）、螺丝刀、2.5 厘米厚海绵（参见第 324 页"家居装饰工具"）、铺棉、钉枪。

制作方法：

1. 将座椅板从座椅框架上卸下。卸除坐垫套和铺棉，直至仅余中间的座椅板；将座椅板翻至反面朝上。准备包裹座椅板：在 2.5 厘米厚的海绵上描绘出座椅板的轮廓线，沿轮廓线整圈外扩 0.3 厘米并裁切海绵。沿座椅板轮廓线整圈外扩 5 厘米并据此裁剪铺棉和装饰面料。裁剪一片毛毡布，尺寸应比座椅板轮廓线整圈外扩 2.5 厘米。依序叠放装饰面料（正面朝下）、铺棉、海绵和座椅板。

2. 在前侧中心点上打四枚订书钉，将面料和铺棉与座椅板固定；面料与铺棉收紧，在后侧中心点上打一枚订书钉固定。左右两侧重复操作。继续利用钉枪由中心向四角逐步固定，注意打钉时应沿相对两侧成对打钉。至拐角处时，面料和铺棉需打褶后进行固定。

3. 毛毡布固定至座椅板反面，以遮挡裸露在外的布边。利用原装螺丝将座椅板重新安装到椅架内。

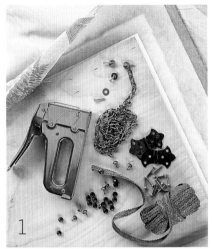

软盖被毯柜

只需添加一个带有软垫的胶合板木盖，这款大号香柏花盆便被改造为一个被毯柜，同时还兼具条凳功能。此类花盆在家居用品店和花艺用品店内多有销售。它们天然便是存放床上用品的理想选择，因为香柏经久耐用且具有良好的吸水性，同时香柏又自带宜人的麝香味道，具有驱虫作用。如果您选用的花盆尺寸不同，可在花盆长度和宽度的基础上增加2.5厘米，然后照此尺寸裁切胶合板；其他材料也相应做出调整。

制作材料：

尺寸为 152.5 厘米×76 厘米×61 厘米的香柏花盆、乳胶底漆和油漆各 0.9 升、油漆刷、尺寸为 152.5 厘米×61 厘米×2.5 厘米的厚胶合板、剪刀、喷胶、尺寸为 152.5 厘米×61 厘米×2.5 厘米的家居装饰海绵、172.5 厘米×84 厘米的铺棉、2.7 米家居装饰面料（图示中选用了麻布）、钉枪、2.7 米装饰挡板、家居装饰钉、平头锤、155 厘米×66 厘米的帆布（用作木盖底布）、2~4 个装饰合页、1.3 厘米螺丝钉（用于安装合页和锁链）、细绳、剪钳、1.2 米小环锁链、两个垫圈（比锁链的链环略大）

制作方法：

1. 在香柏花盆的外面和顶面涂刷底漆和油漆（范例中选用了亚光乳胶漆），内面保留原状。选择一处空气流通良好的工作区域，利用喷胶将海绵与胶合板黏合，海绵居中放置，四边均匀留出余边，海绵上铺放铺棉。将这两层用装饰面料包裹起来。面料围绕木盖四边包住，向下翻折2.5 厘米，将面料收紧。利用钉枪进行固定：为了确保处理效果整齐美观，先利用钉枪在一侧中心点上固定面料。面料拉伸紧实，再用钉枪固定相对一侧。由中心向四角继续逐步固定，每次沿相对两侧成对打钉。

2. 沿胶合板外侧边平铺装饰挡板，利用装饰钉和平头锤将面料固定到木板上。按照需要确定装饰钉间距。下面处理木盖底部，将帆布反面朝上，沿四边翻折 2.5 厘米褶边并熨烫压平。在帆布背面喷涂黏合剂，将其固定到胶合板上，盖住订书钉，最后再用装饰钉加固。

3. 利用合页衔接座板，以 1.3 厘米螺丝钉将合页分别固定到箱体与胶合板木盖上。下面制作保险链：将木盖打开至 90°，继续向外 5 厘米。利用一根细绳，测量出花盆宽边中点与木盖宽边中点之间的距离。利用剪钳，照此长度剪取 1 段小环锁链，利用 1.3 厘米螺丝钉和垫圈固定锁链。

软垫床头板

　　自制装饰床头板其实比我们想象中简单得多。范例通过添加填充垫，令一款传统的木制床头板拥有了中心区域的柔软靠垫。凸花绸缎是一种带有织纹图案的面料，通常用于床品，呈现出浓郁的奢华感。这种技法适用于各种带有装饰嵌线的床头板，即环绕嵌入式区域形成一圈"边框"。由于所选用的胶合板较薄，尽量不要使用厚度超过 0.6 厘米的订书钉，以免刺穿面料。如需要，还可在装饰改造前，先对床头板进行重新粉刷。

制作材料：

　　剪刀、带有嵌入式面板的床头板、0.6 厘米厚的胶合板、1.3 厘米厚的铺棉、喷胶、家居装饰面料（例如凸花绸缎）、匹配 0.6 厘米订书钉的钉枪、魔术贴。

制作方法：

1.　裁切胶合板，尺寸应比床头板的嵌入式区域小 0.6 厘米。裁切两片铺棉：第一片应比胶合板整圈收缩 7.5 厘米，以塑造出具有凸起效果的中心区域；第二片应与胶合板尺寸相同。利用喷胶，先将小片铺棉与胶合板黏合，然后再黏合大片铺棉。裁剪一片面料，尺寸在胶合板的基础上整圈外扩 7.5 厘米。将嵌入式面板带有铺棉的一侧朝下，放置在面料（正面朝下）上。利用面料包裹面板，先在顶边中心点上用钉枪固定；将面料和铺棉拉伸紧实，再用钉枪固定底边中心点。左右两侧重复操作。由中心向四角继续固定，注意沿相对侧边成对打钉。

2.　用钉枪沿床头板的嵌入式区域四周及布包板背面四周固定魔术贴。借助魔术贴将布包板与床头板粘贴固定。

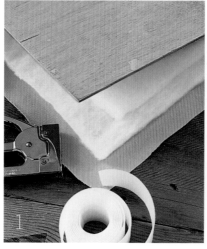

软包咖啡桌

这款漂亮的咖啡桌原本是个垫脚凳，在跳蚤市场被发掘后，便利用加厚雪尼尔面料重新进行了装饰改造。制作此类咖啡桌时，您需要准备装饰钉和平头锤来安装钉头档板，此外还需利用黑色面料来遮挡桌子背面固定好的布边。

制作材料：

基础缝纫工具、垫脚凳、家居装饰面料（图示中选用了雪尼尔面料）、纯黑色棉布或其他薄面料、铺棉、钉枪、装饰钉、平头锤。

制作方法：

卸除原装面料。测量垫脚凳顶面的宽度和长度。各边先增加坐垫的高度，再额外增加7.5厘米，按照最终值裁剪面料。将面料正面朝下，居中铺放在垫脚凳上，使用划粉标记出顶面的四个角。利用珠针将面料紧紧固定在桌角的接缝处，用划粉标记出接缝线迹。取下面料。沿划粉标记线缝合各角。将拐角处的多余面料剪除。面料翻回正面并熨烫平整。裁剪一片铺棉，尺寸与垫脚凳顶面相等，将铺棉平铺在垫脚凳上。将表布罩在其上。垫脚凳翻至反面朝上，抻平底层面料。小心剪除桌腿处的多余面料。利用钉枪固定面料：为了达到最为整齐美观的处理效果，先利用钉枪在一侧的中心点上固定面料。将面料拉伸紧实，再打钉固定另一侧的面料。由中心向四角继续固定，注意沿相对侧边边对打钉。裁剪1片黑色面料，尺寸与垫脚凳底面相等。各边向下翻折1.3厘米，熨烫压平。利用钉枪固定面料。使用平头锤沿垫脚凳四周钉入装饰钉。

露台罗汉床罩

　　披上漂亮的外罩，行军床即刻化身为一张韵味十足的罗汉床。这款床罩的结构十分简单：一张长方体棉垫下接相同图案的床罩裙边，其上带有同系绲边装饰。建议选择室外专用面料，如赛百纶®。成品或自制绲边均可使用。您可通过野营用品商店购买行军床。如需要，还可将行军床框架粉刷为面料的互补色。

制作材料：

　　基础缝纫工具、行军床、10 厘米厚海绵、户外家居装饰面料、用于缝制绲边和系带的同色系户外家居装饰面料、绲边芯绳、用作底衬的户外家居装饰面料。

制作方法：

1. 测量行军床的长度和宽度，按照尺寸裁切海绵。依照基础款罗汉床罩（第 324 页）介绍的方法裁剪罗汉床床罩的各片面料；依照所示方法缝合四片侧面面料，形成长方体结构，缝份展开熨平。测量顶边周长，将测量值乘以 3，以确定所需绲边的长度（图示中的罗汉床在棉垫顶和底边，以及床裙底边处均添加了绲边装饰）。制作绲边（参见第 363 页介绍的方法）。将绲边与表布和底布的正面珠针固定，正面朝内，芯绳距离布边 1.3 厘米，利用压脚疏缝绲边，四角打剪口。侧面与表布正面相对，将绲边夹在其间并缝合。按照相同方法处理底布，在短边一侧保留翻口。床罩内塞入海绵，藏针缝缝合翻口。

2. 缝制床罩裙边：裁剪一片面料，长度与宽度同行军床相等（无须添加缝份，因为这片面料最终应比行军床略小）。在行军床长度和宽度的基础上各减去 2.5 厘米；按照差值在装饰面料和底衬面料上裁剪裙边：每种面料

各裁剪两片短边侧面，两片长边侧面，高度均为 24 厘米。按照裙边尺寸截取两条长绲边和两条短绲边。装饰面料与底衬面料正面相对，绲边夹在裙边底边之间（绲边应朝向内侧，与毛边对齐），珠针固定。借助压脚，沿 1.3 厘米缝份，环绕各片裙边面料的侧边与底边车缝衔接。面料翻回正面。将未缝合的侧面与表布正面相对，沿 1.3 厘米缝份缝合。缝份倒向裙边内侧并熨烫压实。

3. 缝制系带：裁剪八片 33 厘米×5 厘米的布条。将一侧短边向下翻折 1.3 厘米并缝合固定。长边向内翻折 1.3 厘米，两边相交于中心线上，布条纵向对折。车边线缝合。按照相同方法处理其余系带。在距离顶边 7.5 厘米处将系带与裙边手工缝合。床罩套在行军床上，罗汉床软垫铺在床罩上即可。

改装折凳

　　折凳既可以为客人提供更多户外座位，又可以当作小边几使用。范例中，六款折凳均以棉布代替了原有的座套。您在野营用品商店便可购买到此类物美价廉的木制折凳。图示中的折凳在安装新座套之前，均利用乳白色油漆重新进行了粉刷。您也可以选用乳胶漆（参见对页图示中的范例）进行粉刷。

制作材料：

　　基础缝纫工具、折凳、砂纸（可选）、油漆（可选）、油漆刷（可选）、条纹棉布或其他耐用面料（如帆布）、钉枪。

制作方法：

1. 卸除折凳上原装的帆布座套。如果您计划重新粉刷折凳，在安装新座套前，先利用砂纸打磨，然后再进行粉刷。以原装座套为模板，在条纹棉布上描绘新的座套，整圈外扩 1.3 厘米并裁剪面料。布边向下翻折 1.3 厘米，在距离边沿 0.6 厘米处车缝固定。

2. 利用钉枪，将新座套一端固定在折凳一侧。围绕交叉凳架缠裹两圈，然后再环绕另一侧凳架缠裹两圈，以钉枪固定即可。

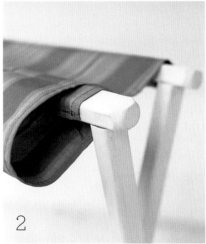

快手躺椅垫

　　与其将就用不太搭调的印花图案，不如利用超级舒适（却并不昂贵）的枕头和自选面料，亲手制作个性化的户外躺椅垫。每把躺椅需准备四个枕头和户外专用的防水面料，如赛百纶®。防水面料可防止枕头被水浸湿，不过在不使用时最好还是将椅垫放在室内保存。

制作材料：

　　基础缝纫工具、2.3 米户外家居装饰面料、斜纹带、四个涤纶填充棉枕头（56 厘米×45.5厘米）。

制作方法：

　　裁剪一片 117 厘米×195.5 厘米的面料。面料对折，正面相对，长边相交，沿 1.3 厘米缝份将两条短边缝合。面料翻回正面。利用水消笔和尺子或码尺标记横线，将面料平均分为四份珠针固定并缝合。裁剪 16 条 15 厘米长的斜纹带，在每道开口处各手工缝合或机缝两对斜纹带，缝合位置距离横向缝合线各 15 厘米。塞入枕头，斜纹带打结，将枕头封入其中。

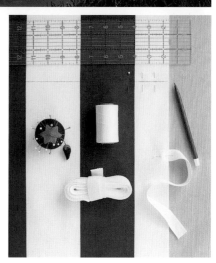

夏威夷图案印花垫

　　由夏威夷拼布图案转化而来的漏板印花图样为一对成品沙发垫赋予了新的活力。您可以直接使用本书提供的模板，也可以按照相同技法，印制出自己的个性化漏板印花图样（有关漏板印花的具体方法，请参见第 79 页）。

制作材料：

　　夏威夷图案印花垫模板、直尺或卷尺、待装饰的坐垫、胶纸或美纹胶带、防水纸、切割垫板、手工刀、天然海绵、布彩颜料。

制作方法：

　　确定图样尺寸。选择并打印图样（参见附赠图样），根据需要缩放尺寸并裁剪。利用水消笔和直尺或卷尺，在坐垫套上轻轻标记图样的轮廓线。将模板粘贴到防水纸上（您可能需要将多片图样进行黏合拼接）。将其置于切割垫板上，利用手工刀切刻漏板；模板丢弃不用。漏板置于坐垫上，以标记好的轮廓线为参照，用胶带黏合固定。用海绵蘸取布彩颜料，然后用颜料在坐垫上轻轻拍打。等待几分钟至颜料晾干，最后小心去除漏板即可。

扶手椅定制椅罩

这款新古典风格的座椅披上了完全量身定制的棉绒椅罩，扶手、座位和椅背无不恰到好处。

制作材料：

基础缝纫工具、座椅、平纹细布（用于打样）、棉绒或其他装饰面料、窄丝带。

制作方法：

斜纹棉布自然垂放在坐垫上，按照所需形状修剪轮廓，四角剪弧线。图示中的座套向坐垫下方延展了 1.3 厘米。将两片棉绒面料叠放铺平，正面相对，平纹细布置于其上。环绕平纹细布添加 1.3 厘米缝份，裁剪面料。沿 1.3 厘米缝份缝合棉绒面料，四角打剪口，后侧预留 20.5 厘米翻口。翻回正面，藏针缝缝合。在距离边沿 0.6 厘米处缉一圈明线。剪取八根 20.5 厘米长的丝带，沿斜线修边。丝带与座套四角钉缝固定，系在座椅上。在平纹细布上绘制扶手轮廓线，整圈添加 1.3 厘米缝份并裁剪。将两片棉绒面料叠放铺平，正面相对，裁剪出扶手面料（共计 4 片）。沿 1.3 厘米缝份，每两片为一组缝合扶手面料，预留一小段翻口。面料翻回正面并藏针缝缝合翻口。距边沿 0.6 厘米处整圈缉明线。将八条 20.5 厘米长的丝带与扶手罩钉缝固定，系在座椅上。测量椅背靠垫的高度和宽度；在高度的基础上增加 2.5 厘米，然后在各项测量结果上再各增加 2.5 厘米。沿 1.3 厘米缝份将两片面料缝合，预留一处 20.5 厘米的翻口。面料翻回正面，藏针缝缝合翻口。距离边沿 0.6 厘米处整圈缉明线。在两片面料顶部，距离侧边 5 厘米处钉缝丝带。将椅背罩垂挂在椅背上，系带固定。

丝绒椅裙

量身定制的织纹丝绒椅套令这款镂空靠背椅看起来光彩夺目。魔术贴系扣方便椅套轻松装卸；系扣被缝合在两个后角的扣襻上，将椅套固定得严丝合缝。

制作材料：

基础缝纫工具、座椅、平纹细布（用于坐垫打样）、丝绒或其他装饰面料、2.5 厘米宽的魔术贴。

制作方法：

利用平纹细布绘制出坐垫表面的模板，整圈外扩 1.3 厘米缝份。沿坐垫由一条座椅腿的外沿至另一条座椅腿的外沿，测量出坐垫后侧边的宽度，添加 5 厘米作为褶边，根据该长度裁剪一片 16.5 厘米的布条（图示中的成品椅裙高度为 12.5 厘米；您也可以根据自己的需要，调整布条的宽窄度）。测量前侧面：以一条后腿的内侧边为起点，利用卷尺，环绕座椅前侧面一圈，测量至另一条后腿的内侧边为止。添加 2.5 厘米作为褶边，再根据该尺寸裁剪一片 16.5 厘米的布条。利用直尺和划粉，在两片面料上（反面）分别标记出中心线；在后续拼接面料使，可利用这条中心线作为参照。对后侧面的短边进行双褶边处理：面料翻折 1.3 厘米，再次翻折 1.3 厘米；车边线。将前侧面的短边向下翻折 1.3 厘米并车缝固定。对前后侧面的底边进行双褶边处理：翻折 1.3 厘米，然后再次翻折 1.3 厘米；车边线。环绕椅背修剪坐垫表布的弧线部分，并向下翻折 1.3 厘米；在距离折边 0.3 厘米处缉明线。以中心线为参照，将后侧面与坐垫表布的后侧边对齐，正面相对，由一端靠背弧线的内侧边开始缝合，直至另一端的内侧边。未缝合的毛边（底层扣襻）向下翻折 1.3 厘米并车缝固定。裁剪两片

12 厘米的条状魔术贴。将一半魔术贴缝合到后侧面扣襻上。前侧面与椅垫的前侧边对齐，正面相对，珠针固定，以一条座椅腿为起点，环绕座椅前侧边，一直缝合至另一条座椅腿。将未缝合的毛边（表层扣襻）向下翻折 1.3 厘米，车缝固定。另一半魔术贴缝合到前侧面的扣襻上。椅裙套在椅垫上，将魔术贴贴合固定。

床头柜套

　　维多利亚风格的高脚凳搭配梅红色布罩，利用系带固定，对软垫凳面起到了良好的保护作用。小号黑色托盘为阅读灯和其他床头物品提供了一个坚实的平面。

制作材料：

　　基础缝纫工具、高脚凳或小边桌、家居装饰面料、小盘子或圆盖（用于绘制圆角）、1.3厘米宽斜裁带、索环安装工具、0.9米棉绳或丝绳。

制作方法：

　　测量高脚凳表面的长度和宽度，各边均增加10厘米。按照该尺寸裁剪一片面料。裁剪圆角时，选取一个圆盖或甜品盘（确保其弧度与面料拐角相匹配），在面料上辅助绘制圆边。按照相同方法绘制其余各角。沿绘制好的轮廓线进行裁剪。测量面料的周长，在此基础上增加2.5厘米。按照该长度剪取一条斜裁带。翻折斜裁带，使其均匀包裹布料毛边，一边包裹一边利用珠针固定。同时车缝斜裁带和面料，注意确保斜裁带平整舒展，且沿斜裁带边沿0.3厘米处同时车缝三层面料。在斜裁带两端相交处，将斜裁带向下翻折1.3厘米并车缝固定。下面准备确定扣眼孔位置，沿对角线折叠各角。在面料折线两侧，距离底边约7.5厘米，距离折线约2.5厘米处各绘制一个标记点。再绘制两个标记点，分别距离折线5厘米。每个标记点上各安装一个扣眼（参见第360页），即每角四个扣眼。每组扣眼各穿入一条20.5厘米的系绳。绳尾末端挽起结扣，以免系绳滑脱扣眼。将系绳彼此拴系扣紧，固定布套。

渐变染床头板罩

　　在这间主打色鲜明的卧室里，带有渐变染图案（第72页）的天蓝色亚麻布床头板显得尤为醒目，同色系枕套与之形成呼应。面料用量取决于面料自身的宽幅及床头板的尺寸，建议您尽可能选用宽幅为152.5厘米的面料。

制作材料：

　　基础缝纫工具、普通软垫床头板、亚麻或其他装饰面料、装订夹、非碘盐、布用染料、苏打粉稳定剂。

制作方法：

　　测量床头板尺寸。裁剪背布时，宽度增加2.5厘米，高度增加3.8厘米；按照增加后的尺寸裁剪面料并置于一旁待用（这片面料无须染色）。裁剪另一片面料，在床头板尺寸的基础上，沿宽边两侧各增加20.5厘米，沿长边一侧增加20.5厘米。染色后，这片面料将被分别裁剪为前片、顶片和侧片面料。将面料横向平铺在宽大的工作台上，折叠四道纵褶。利用珠针逐行横向固定各层面料，标记出渐变色基准线，当面料展开后，基准线应与面料的长边保持平行。其余面料向下翻折，以装订夹固定，防止浸泡染剂。根据渐变染方法进行染色（第72页）。面料晾干后，将其分别裁剪为前片、顶片和侧片面料（各边均在床头板实际尺寸的基础上增加1.3厘米缝份），注意渐变色图案保持齐平。沿1.3厘米缝份，将两片侧片面料与顶片缝合。再将侧片面料与前后片面料缝合。底边做双褶边处理：先翻折1.3厘米，然后再次翻折1.3厘米，车边线。将布罩套在床头板上即可。

极简床框罩

棕白双色条纹棉布布组沿床框上横梁缝合，勾勒出床头板和床尾板轮廓线。布组在侧边处拴系固定，愈发强化了房间的干净整洁。

制作材料：

基础缝纫工具、床框、牛皮纸、铅笔、条纹棉布、亚麻或其他中等厚度的面料。

制作方法：

在装饰平顶床头板时，只需将面料垂挂在床头板上，按所需尺寸裁剪，并进行褶边处理即可。如您选用的床头板上横梁带有角度，如图片所示，则需先制作模板：将床头板放置在牛皮纸上，描绘轮廓线形成模板；

顶边增加 1.3 厘米作为缝份，侧边和底边各增加 2.5 厘米作为褶边。裁剪模板，并利用模板裁剪出床头板罩的前后片面料。测量出床头板上横梁的长度和宽度，长度增加 5 厘米作为褶边，宽度增加 2.5 厘米作为缝份。按照计算后的尺寸裁剪一片长条状面料，作为顶片面料。将顶片与前后片面料正面相对，珠针固定，沿 1.3 厘米缝份缝合。对侧边和底边进行双褶边处理：先翻折 1.3 厘米，再次翻折 1.3 厘米，熨烫压实并车边线。缝份展开熨平。制作系带：裁剪八片 30.5 厘米×5 厘米的布条。将其中一侧短边向下翻折 1.3 厘米并车缝固定。两侧长边均向内翻折 1.3 厘米，在中心线相交，再将布条纵向对折。沿 0.3 厘米缝份车缝固定。剩余布条重复操作。将系带与布罩的前后片手工缝合，系带打结固定布罩。

绒线刺绣床头板罩

由于市售面料的宽幅通常不足以覆盖大号的床头板，图示中的床头板罩是利用带有树叶绒线刺绣图案的大被套缝制而成的。刺绣面料独有的图案和纹理效果令卧室更具奢华感。制作方法：分别测量床头板前面、后面、侧面和顶面尺寸；各边均增加1.3厘米作为缝份并裁剪面料。将侧片与顶片缝合，形成一片长条状面料。前后片加缝绲边，与侧片和顶片拼缝的布条缝合。沿所有底边进行双褶边处理，将布罩套在床头板上即可。

作品:

壁 饰 (*Wall Décor*)

　　以布艺壁饰装点的墙面能够为其他家居装饰格调和细节提供对比与衬托。事实上，这些画框中的各式纤维材料，包括亚麻、丝绒、羊毛、棉和毛毡，足以为任何房间带来柔和感。此外，其中运用到的立体缎带绣或贴布等技法实现了更加丰富的纹理和质感，各自发挥出独特的装饰效果。

　　本章中的所有作品均综合运用了布料、缝纫用品和刺绣材料，您可通过调整颜色或改选材质对作品进行修改。这些作品包括：适于装点婴儿房的纪念壁饰、刺绣字母图样、源自拼布被图样的星形装饰画（不过所需时间要远比完成一款拼布床罩少得多）。最棒的是，由于尺寸小巧，这些作品均便于随身携带。您可以蜷缩在沙发里制作，可以在搭乘公交车或火车的途中制作，也可以选择任何灵光一现的碎片化时间进行制作。

内容包含：

+ 缎带绣挂饰　　　　　　　　+ 刺绣字母图样

+ 贴布农场挂饰　　　　　　　+ 星形拼布画

缎带绣挂饰（对页）：这组利用刺绣工具和细丝带创作而成的植物画效果绝佳，灵感源自维多利亚时期广为流行的压花装饰。图示中的植物，由左侧起顺时针依序为玉兰、飞燕草、大波斯菊、蕨类植物、山茱萸、铃兰、水仙和绣球花（图示中所有花卉的绣制方法在第48页的刺绣技法中均有详细介绍）。您首先需要准备一片比画框略大的亚麻布。利用水消笔在亚麻布上简单绘制花朵图样。以第48页提供的方法说明和术语解释为参考，绣制花卉。刺绣细茎秆时使用丝绵绣线即可，粗茎秆则需改用刺绣丝带。刺绣完成后，将绣制好的亚麻布装入画框（具体方法参见第343页）。

贴布农场挂饰

　　这款带有浓浓乡村风的农场画最适合用来装点宝宝或小朋友的房间，画作由亚麻材质的天空、草地、萌发出方格子和波尔卡圆点的大树，以及软乎乎的毛毡布和灯芯绒动物们共同构成。这里总共用到三种贴布技法：一种是第31页介绍到的经典手翻贴布法，另一种方法则借助冷冻纸对布边进行硬化处理，以便翻折缝份，最后一种是利用聚酯薄膜来塑造精细形状（例如圆形）。

制作材料：

　　基础缝纫工具、贴布农场挂饰模板、画框、绿色和蓝色亚麻布、棕色丝带、贴布图案所需的各式面料、冷冻纸、即熨喷浆、小号笔、耐热聚酯薄膜。

制作方法：

1. 依照画框尺寸裁剪一片蓝色亚麻面料。按照第31页介绍的手翻贴布法，将一片长条状绿色亚麻面料贴缝到蓝色亚麻面料上，形成草地。在亚麻布上贴缝棕色丝带，作为树干。打印模板（参见附赠图样，按需要缩放尺寸）并裁剪。如选用毛毡布或其他非梭织面料，可利用模板直接在面料上绘制图样并裁剪（由于不会散边，因此无须预留缝份，只需以藏针缝将毛毡图案贴缝到背景布上即可）。处理其他面料时，则需先在冷冻纸上裁剪出图案：利用模板在冷冻纸的亮面绘制图样并裁剪。将冷冻纸底衬亮面朝下，置于面料背面，以熨斗中温干熨。

 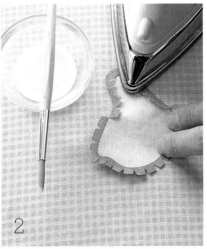 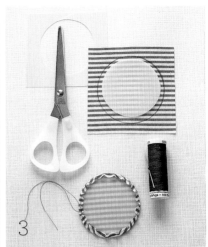

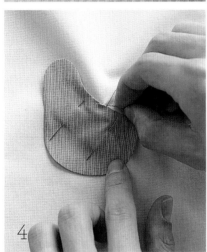 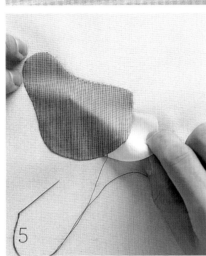

2. 沿图案周围绘制 0.6 厘米缝份，沿缝份裁剪面料。环绕弧线处，以 1 厘米间距沿缝份打剪口。环绕凹形区域同样方法打剪口，以确保边线顺滑。凸起区域同样打剪口，防止出现褶皱。遇到外棱角时，沿 45° 角打剪口，以减少臃肿感。遇到内棱角时，仅在 45° 角处打一个剪口即可。在碗中喷入即熨喷浆，沿缝份涂刷，硬化布边。采用中温干熨的方式，将缝份翻折包裹冷冻纸并熨烫压实（如图形带有弧线和拐角，先将顶点处翻折固定）。如发现冷冻纸粘贴到面料上，将熨斗温度调低一些。

3. 为了实现完美的圆形树冠和拖拉机车轮，先利用模板在聚酯薄膜上绘制圆形图案并裁剪。聚酯薄膜铺在面料背面，利用水消笔描绘图样并外拓一圈 0.6 厘米缝份。裁剪面料；沿缝份疏缝，收拉缝线，使面料环绕薄膜图形缩拢，但注意正面图形不要出现皱褶；线尾打结固定。沿缝份刷浆，熨烫平整，等待晾凉。去除疏缝线和聚酯薄膜。

4. 利用水消笔在背景布上标记出各片贴布的位置。将各片图形的中心区域珠针固定到背景布上。利用缝线，按照如下方法以藏针缝缝合一周（如采用冷冻纸，无须穿缝冷冻纸）：缝线一端打结，沿贴布折边引出，无须穿缝背景布。沿贴布下方微微挑起背景布的 1~2 根纱线。缝针再次穿回贴布折边，与前一针的针距约为 0.5 厘米；缝线收紧。继续沿图样贴缝，保留一处小开口。

5. 去除珠针。若用到冷冻纸，还需小心去除冷冻纸，缝合开口。

布艺作品装框方法

为布艺壁饰添加画框时，您需要准备一个画框，裁切出与画框尺寸匹配的无酸泡沫芯板和无酸胶带（采用无酸材料可有效防止长时间保存在画框内的布艺作品遭到腐蚀）。画框店通常可帮助客户按所需尺寸裁切好泡沫芯板，无酸胶带则可在大多数美术、手工和收纳用品店内购买到。将面料在泡沫芯板上展开铺平，确保图案位置居中，面料纹理与泡沫芯板的边沿保持平行。利用无酸胶带将面料固定到泡沫芯板背面。固定好的作品装入画框内，然后嵌入画框背板并合上卡扣。

刺绣字母图样

传统上，字母图样是年轻姑娘们初学刺绣时练习的内容，掌握了字母和数字的刺绣方法，便可在布艺作品中绣制自己的姓名缩写。如今，字母图样已成为一种有趣而可爱的装饰，尤其适合应用于儿童房间。如果您准备在白色布品上进行刺绣，可选用多种颜色的丝绵绣线（范例中选用了七种颜色）。如以黑色或其他深色布品为背景，便可利用白色或淡褐色等单色丝绵绣线打造出童年时代粉笔字的趣味效果。

制作材料：

基础缝纫工具、笔、纸、转印纸、热转印笔、亚麻面料、画框、大号绣绷（可选）、丝绵绣线、绣花针。

制作方法：

1. 在普通纸张上，按照所需尺寸书写字母（选用方格纸有利于统一字母

尺寸），或下载个人喜爱且无版权限制的字体。利用热转印笔将字母的镜像绘制到转印纸上。在相框尺寸的基础上增加一圈镶边，然后照此尺寸裁剪亚麻面料。转印纸正面朝下，将字母压印到亚麻面料上。如利用绣绷进行刺绣，面料正面朝上绷入绣绷。

2. 剪取一段 45.5 厘米长的丝绵绣线，将六股绣线分为三对。以轮廓绣（第 38 页）绣制每个字母。线尾无须打结，否则会在亚麻面料上留有痕迹：固定线尾时，可回针缝数针，或将线尾在面料背面直接回引至少 2.5 厘米。小心剪断绣线线尾。后续同样照此方法起针和收尾。请商家对图样进行专业装裱，或根据第 343 页介绍的方法，自己加装画框。

星形拼布画

借用传统拼布被罩中星形图案的拼缝技法，这款嵌入画框的拼布画可与现代家居装饰风格完美匹配。有关星形拼布图案的具体拼缝方法，参见第 58 页。

制作材料：

基础缝纫工具、中等厚度的纯色或印花布头（如涤棉混纺面料、中等厚度的羊毛面料或纯棉衬衫面料）、中等厚度的黏合衬、45°塑料三角尺、轮刀、切割垫板、布料专用胶、背景布（如亚麻）。

制作方法：

1. 在中等厚度的面料背面添加黏合衬（利用热熨斗干熨黏合）。在布头背面标画垂直线，线间距为 5 厘米。然后，借助角尺标画第二组直线，线间距同样为 5 厘米，与第一组垂直线交叉，形成菱形图案（如图所示）。如搭配边长 61 厘米的画框，您共需准备 48 片菱形布片。将面料置于切割垫板上，以直尺为辅助工具，利用轮刀沿标记线裁切面料。

2. 在完成所有布片的裁切后，将布片平铺在工作台上，由中心开始，依照您的设计方案排列布片。将布片机缝或手工缝合。利用布料专用胶将拼缝好的星形图案与您选定的背景板黏合，然后装入画框（参见第 343 页）。或者请专业装裱人员将图案"浮裱"在以亚麻布包裹的背景板上（如图所示）。

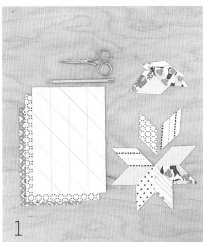

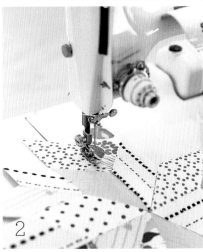

工具与材料

以下工具和用品均为资深缝纫爱好者及布艺手工爱好者日常使用的物品。如果您刚刚开始接触缝纫，并不需要依照这张清单逐一购齐所有工具。只不过当您学习缝制某件作品时，一旦遇到不熟悉的用品，便可借此查询参考。

缝针与珠针

手缝针

缝合针 中等型号的通用缝针，针眼偏小，在手缝过程中用途最为广泛。缝合针型号的编号规则为 1 号最大，12 号最小。尖头手缝针最为常见，钝头或球状缝合针适用于针织面料。

拼布针 尺寸短小，针尖锐利，最适合缝制细密针脚，狭小的针眼可确保缝针顺利穿缝多层面料。拼布针有时也被称为"细孔短幼缝针"，型号分为 7 号（最大）至 12 号（最小）。

贴布针 贴布针极细，以便轻松穿缝布料，所留针孔几乎达到隐形效果。

大眼缝针 主要用于在纹理紧实的面料上进行绒线刺绣，这款针拥有锐利的针尖，便于刺穿面料，同时针眼细长，便于穿线。针号分为 1 号（最大）至 10 号（最小）。

雪尼尔针 这款针针尖锐利，适合在纹理紧实的面料上刺绣。大孔针眼使其成为缎带绣的理想之选。

制帽针 也称稻草针，制帽针又细又长，针眼偏小。这款针主要用于拼布，或在缝纫时用于较长距离的疏缝。

毛线针 毛线针针尖圆钝，选用纹理疏松的面料时，便于在纤维间穿缝，确保面料纤维不会缠绊或断裂，有利于实现均匀线迹。毛线针适于刺绣，尤其是十字绣。针号分为 13 号（最大）至 26 号（最小）。

装潢针 这款针尖锐利的大号缝针可轻松刺穿厚重面料，例如帆布或其他厚实的装饰面料。

刺子绣针 主要用于日式刺子绣（参见第 45 页），由于尺寸超长，可积聚一长串平针，然后再一次性穿缝面料。

珠针

　　拥有不同长度、粗细和针头形状的珠针各自适用于不同的作品。彩色的球状头珠针便于识别；然而，塑料的球状头珠针在熨烫时会受热熔化（玻璃的球状头珠针或金属扁头珠针则不会熔化）。长尺寸的花头珠针别入面料后可呈现为扁平形态，更加易于识别。大头针的长度通常为2.8~3.8厘米，几乎适用于任何作品。缝制贴布等较精细的作品时，尽量选用短小的珠针，因为这样便于在短距离内固定多个珠针；长珠针更适合同时固定多层面料，例如在拼布时使用。尽管绝大多数珠针的针尖均为尖头，但也有钝头珠针，用于固定针织面料。珠针的粗细程度也有所不同：细腻纤薄的透明面料更适合选用细珠针，而厚重布料则应选用较粗的珠针。

硬币式皮顶针　　　顶针

顶针

　　缝纫时，在执针的食指或中指上佩戴一枚顶针，便可利用顶针助推缝针穿缝面料。传统顶针均为金属材质，但有的缝纫爱好者认为皮顶针（如图示中的"硬币式皮顶针"）佩戴起来更为舒适。

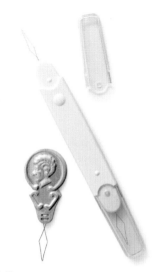

穿线器

　　穿线器可引导缝线穿过缝针上细小的针眼。图示中，右侧款可同时提供两种穿线器，一种为标准版，一种为超细版。有关穿线器的具体使用方法，请参见第18页。

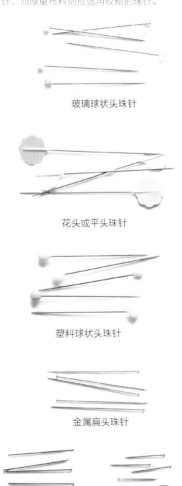

玻璃球状头珠针

花头或平头珠针

塑料球状头珠针

金属扁头珠针

中号大头针　　　小号大头针

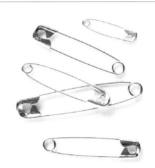

安全别针

　　安全别针的尺寸、形状和材质种类繁多，主要用于固定面料。除在拼布过程中便于固定多层面料外，我们还可利用安全别针引领丝带或线绳穿过束带孔。

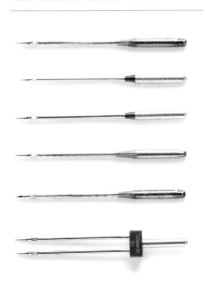

机缝针

　　机缝针款式和形状多种多样；针号应与缝纫时选用的面料厚度相匹配（与手缝针不同的是，针号越小，缝线越细；最常见到的通用针号为12号）。尖头针适用于机织面料，钝头针则适用于针织面料。双针可同时车缝两行平行线。机缝针需经常更换，建议每缝纫8小时，或每开始一项新作品时均进行更换，因为针尖变钝的车缝针有可能会损伤面料。

蜂蜡

　　在缝纫过程中，如果缝线经常缠绕打结，便可令其划过蜂蜡，形成一层防缠结的保护层。

测量工具

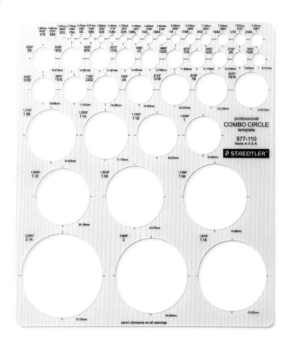

圆模板

　　这款工具在手工或办公用品商店均有销售。我们在贴布、刺绣或印花过程中，可借助圆模板在面料上绘制出完美的圆形图案。此外，利用这款工具修圆拐角也十分方便。

软尺

　　这款不可或缺的缝纫工具可以循着立体或弧形轮廓测量出精确尺寸；制作服装前量体时更离不开软尺的帮助。

缝份尺

　　在缝制褶边或缝份时，我们需要不时停下来，利用缝份尺测量一下当前宽度，以确保褶边和缝份始终保持均匀一致。

三角尺

　　三角尺可以帮助我们绘制出完美的直角和对角线。在裁剪长方形面料制作枕套或为被子和毯子绘制直角时，三角尺的作用尤为关键。

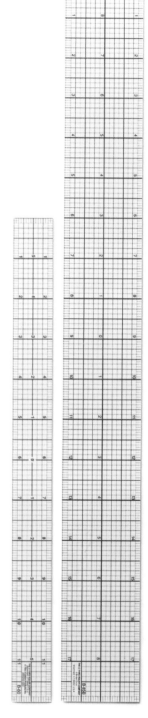

直尺

　　直尺可用来测量面料尺寸，或者在纸张及平坦的工作台面上绘制图样。透明尺可方便我们直接查看面料、纸张或尺子压盖下方的任何标记。由于透明尺在拼布过程中发挥着巨大作用，因而有时也被称为拼布尺。

标记与图样绘制工具

热转印铅笔与热转印水笔

铅笔和水笔均用于绘制刺绣图样：先将图样画在纸上，然后通过熨斗加热转印到面料上。线迹一旦附着便无法擦除或洗净，所以事先需确保图样可完全被绣线覆盖。

布用水消笔

布用水消笔分为两种类型：一种是水消笔，用于在可水洗面料上绘图和标记；另一种为气消笔，主要适用于不宜沾水的面料（下图的气消笔一端带有擦除笔）。无论您选用哪款笔，均应事先在小片布头上进行测试，因为这种墨水有可能在某些面料上留下永久痕迹。

划粉笔

利用图样或模板在面料上绘制轮廓线时便会用到划粉笔。这种笔以白色为主，但也有蓝色、黄色或粉色等彩色版本。面料经过水洗或干洗后，划粉印迹便会消失；部分笔（顶部）一端带有塑料硬刷，专门用于清除划粉。绘画用的色粉铅笔（中间款）具有相同功能，可在美术用品或缝纫用品商店购买。

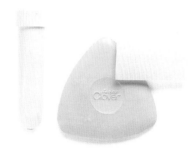

划粉

划粉笔和金山角划粉均为布料标线的传统工具，在服装裁剪与修改领域的应用尤其广泛。划粉笔（图左）内填充着划粉，线迹可轻松刷除（同时还可反复填充划粉）；金山角或块状划粉（图中和图右）边沿尖锐，适用于精细绘图。

转印纸

这种纸也称为缝纫喷墨转印纸，主要用于将图样转印到布料上，以进行刺绣或贴布。转印纸有多种颜色，实际使用时应选择线迹显示最为清晰的色调。总体规则为：深色转印纸适用于浅色面料，白色转印纸适用于深色面料。

描迹轮

在将图样由转印纸印制到面料上时，可利用描迹轮沿待转印的标记线用力压刻。描迹轮操作灵活，可沿任何弧线绘制。辐条轮适用于中等至加厚面料，盘形轮适用于精细面料。您也可以利用圆珠笔代替描迹轮使用。

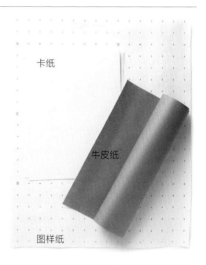

卡纸

牛皮纸

图样纸

卡纸、牛皮纸和图样纸

许多缝纫作品均会用到图样或模板。此时，采用专业纸张进行绘制要比普通纸张更加便捷好用。利用珠针将图样纸固定到面料上时不会形成鼓包，建议选用带有网格的图样纸，以便精确测量并绘图。坚固耐用的卡纸和牛皮纸最适合制作模板，可经受反复描绘，不易损坏。

裁剪工具

纱剪

万能剪刀

热锻不锈钢裁布剪刀

刺绣剪刀

拆线器

塑料手柄裁布剪刀

弯把裁布剪刀

纱剪

锯齿剪刀

小号万能剪刀

万能剪刀

利用剪刀裁剪纸张会令刀锋变钝，所以手边单独准备一把价格亲民的万能剪刀，专门用来裁剪模板和图样就显得尤为重要。切勿利用万能剪刀裁剪布料，以免变钝的刀锋割剿面料。

裁布剪刀

裁布剪刀仅限裁剪布料和斜裁带、丝带、绲边等边饰。如果您刚开始学习缝纫，可以先选购一把价格相对低廉的塑料手柄裁布剪刀。然而，如果您已成为专业级的缝纫高手，则建议您选购一把热锻不锈钢裁布剪刀，这种剪刀的刀锋和手柄均由一块不锈钢整体锻造而成，只要养护得当，便可历久弥新，终生使用。在选购剪刀时，需要现场测试剪刀的形状和重量使用起来是否得心应手。切勿使用裁布剪刀裁剪纸张；最好在裁布剪刀上粘贴"仅限裁布"的标签，或将其保存在缝纫工具箱内，以免家人利用裁布剪刀修剪其他材质的物品。建议您定期打磨剪刀：可以在缝纫用品店内购买磨剪刀工具，也可请专业人士代为打磨。有些商家还可为您提供磨剪刀服务。

刺绣剪刀

这种小巧、细长的剪刀最适合裁剪绣花线、丝绵绣线和毛线。小巧的尺寸不仅便于您紧贴轮廓线精确裁剪面料，而且还可伸入绝大多数绣细，剪断并拆除绣错的线迹。此外，刺绣剪刀还可用于修剪小片贴布面料，或沿缝份打剪口使用。

弯把裁布剪刀

这种裁布剪刀的手柄带有一定角度，在将面料平铺到工作台等平面进行裁剪时可起到辅助作用（面料越平整，裁剪越精确）。虽然一把基础款裁布剪刀便足以应对绝大多数缝纫作品，但您越是经常从事缝纫，尤其是经常裁剪面料或其他大幅图样，越会感觉到弯把裁布剪刀的独特效用。

纱剪

有的纱剪带有指环，也有的不带指环，配有弹簧加压的剪刀刀刃短小，便于剪除尾线。

拆线器

诚如其名，拆线器的主要作用在于稳定无误地拆除不再需要的线迹，不会对周围面料造成任何损伤。

锯齿剪刀

锯齿剪刀的锯齿状刀刃可在面料上裁剪出之字形边线。这种边线既可有效防止出现散边现象，又具有一定的装饰效果。如果有可能，最好能够在店内选购时对锯齿剪刀进行试用，确保裁剪出的图形均匀一致，使用起来手感舒适。

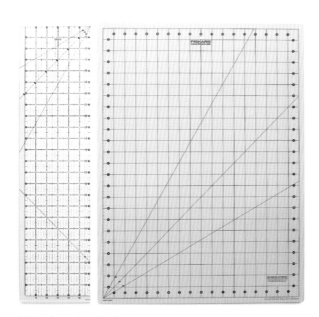

切割垫板与亚克力拼布尺

在需要重复裁切直线时，如为拼布作品裁剪正方形布块时，最好利用轮刀（参见右图），配合亚克力拼布尺（左）和切割垫板（右）进行统一裁切。厚实的亚克力拼布尺可引导轮刀刀刃的滑动，切割垫板则可保护工作台面免受损伤。切割垫板上的斜线和尺子能够辅助裁切菱形和三角形面料。

轮刀

可供选择的轮刀刀片规格多样，直径由 18~60 毫米不等，在裁切精细形状时，轮刀比剪刀更具优势。大号刀片更易切割面料，而且便于一次性裁切多层面料，小号刀片适于裁切圆形轮廓线。手柄上的开关可控制刀片的伸缩，确保使用安全。选购轮刀时应选择使用舒适的手柄，市面上有多种款式的手柄可供您挑选。

黏合工具

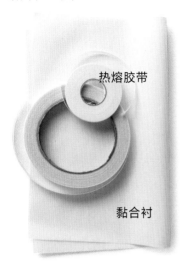

热熔胶带

黏合衬

热熔胶带与黏合衬

　　热熔胶带与黏合衬可通过热熔方式将两片面料黏合起来，无须缝纫；熨斗加热后，胶带或黏合衬便可贴合到面料上。胶带适用于小幅区域，如褶边，而黏合衬可成片购买，更适合大幅面料。黏合衬的厚度规格不一，请根据您选用的面料厚度及预期的成品厚度搭配相应厚度的黏合衬。

手工白乳胶

　　这种纯白色乳胶在手工用品商店内均有销售，广泛应用于各式手工品类。稀释后的乳胶还可用来防止布边散线。

液体粘缝剂

　　作为缝合褶边或利用锯齿剪刀裁剪布边的替代方案，我们还可以将这种粘缝剂涂抹到裁剪后的布边或丝带边沿，以防脱线。

黏合胶水

　　由于黏合胶水的浓稠度及黏性均强于手工白乳胶，因此成为诸多布艺手工门类的理想选择。

长效布用黏合剂

　　这种黏合剂主要用于在面料上粘贴边饰。虽然这种透明胶可被干洗清除，但日常水洗不会影响功效。为了达到最佳黏合效果，建议在黏合前先对面料进行预洗和熨烫处理。

拼布疏缝喷胶

　　疏缝喷胶可通过布料店和拼布用品店购买，主要在绗缝棉被过程中，起到临时固定面料与铺棉的作用，省去了手工疏缝的麻烦。您可以在缝制完成拼布被后清洗喷胶，也可任其日后自然消散。有些品牌的喷胶适用于所有类型的布料和铺棉，也有的品牌仅适用于100%纯棉材质（请具体查阅说明标签）。

临时布用黏合剂

　　临时黏合剂可用于面料与铺棉、绣花喷胶、图样或其他面料间的临时性黏合，经过4~6个月时间可自然消散，也可水洗清除。

布料专用胶

　　适用于免缝作品或快速修复，例如修复褶边。纤细的出胶口便于精准涂抹胶水。待布料专用胶晾干后（24小时），允许面料机洗并甩干。

其他工具

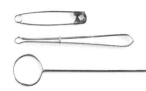

穿带器与翻带器

借助穿带器（中），可以引导线绳、丝带或松紧带轻松穿过束带孔。偶尔救急时，也可利用安全别针代替穿带器：将别针穿挂在线绳或丝带一端，然后牵引别针穿过束带孔。翻带器（下）则可帮助我们将又细又长的布条翻回正面，在缝制系带、肩带或毛绒玩具的尾巴时，都会用到翻带器。

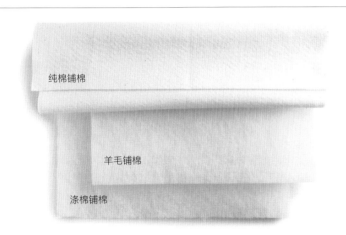

纯棉铺棉

羊毛铺棉

涤棉铺棉

铺棉

铺棉可以提升拼布被的柔软度和保暖性，家居装饰作品中也需加入铺棉，作为填充棉垫使用。铺棉的材质分为纯棉、羊毛和涤棉三类，厚度（即指铺棉的蓬松度）规格多样，从 0.3~5 厘米。了解更多铺棉类型，参见第 54 页。

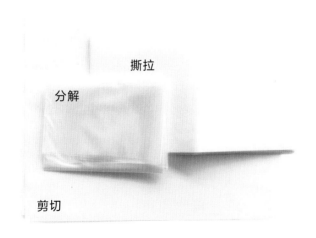

撕拉

分解

剪切

绣花喷胶

在进行机绣时，绣花喷胶能够为针脚提供稳定的基底，防止刺绣面料发生拉伸，造成图样扭曲。在刺绣完成后，喷胶会被部分或全部清除：大多数绣花喷胶均可通过剪切、撕拉或分解（水洗溶解或熨烫加热熔解）的方式进行清除。

镊子

镊子能够帮助我们方便地夹取各种微小物品，如小片面料（用于贴布或其他装饰）、散乱的缝线、纽扣或珠子。

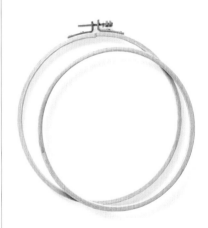

绣绷

在刺绣过程中，绣绷能够令面料始终保持紧绷状态，不仅能够防止面料出现皱褶，还能够解放原本需要执布的一只手。使用方法也很简单，只需将面料夹在绣绷的两个环圈之间，然后拧紧螺丝即可。每当暂停刺绣时，均应卸下绣绷，以免在面料上留下绷印。绣绷多为木制或塑料材质，规格多种多样。

翻角器

翻角器为木制或塑料材质，在缝制枕套或带有斜接角的布片时，翻角器能够帮助我们塑造出整齐尖锐的边角。利用翻角器顶出角尖并辅助塑形即可。

边饰

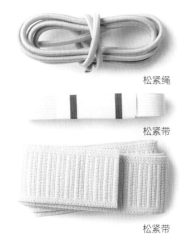

松紧绳

松紧带

松紧带

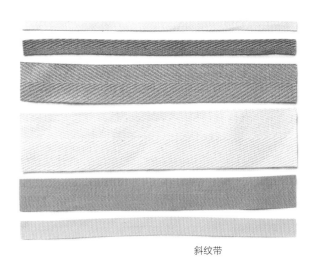

斜纹带

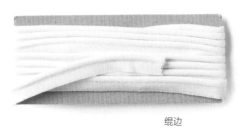

绲边

装饰绳

绲边条

装饰绲边

荷叶边

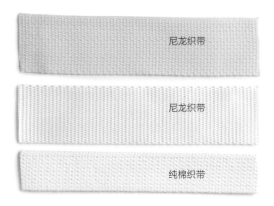

尼龙织带

尼龙织带

纯棉织带

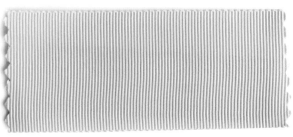

罗缎丝带

松紧带

松紧绳或松紧带可按米购买或整包购买。松紧带的宽度规格不一，主要用于自制服装，如腰带或灯笼袖。

绲边

家居装饰作品、抱枕，甚至服装，为了实现专业美观的成品效果，边沿均会添加绲边装饰。虽然尺寸和质地可能有所不同，但所有绲边均带有一条扁平的缝边。使用时沿这条扁平缝边，尽量贴近芯绳缝合，搭配拉链压脚机缝效果最佳。您也可以选择自制绲边，利用自选面料包缝绲边芯绳（有时也称为嵌革法）即可（具体方法参见第 363 页）。

织带

纯棉或尼龙织带在宽度和颜色上的选择十分丰富，适于制作持久耐用的书包提手或任何需要结实条带的作品。与纯棉织带相比，尼龙织带的强韧度尤佳。

斜纹带

与斜纹面料相同，斜纹带也拥有斜织纹理，因而不会出现拉伸变形或撕裂的现象。斜纹带可起到加固缝边，提升耐用性的作用，适于制作服装系带（如束带裤），或者用作装饰。

装饰绳

装饰绳可用于制作系带、抽绳或其他装饰元素，其颜色、纹理和宽度的选择几乎无穷无尽，材质主要分为纯棉、丝织或合成材料。

绲边条

绲边条材质轻薄，价格低廉，主要用于将毛边包裹在面料内部，也可用于加固褶边。

荷叶边

这种边饰呈现为独特的之字形，在宽度和颜色上的选择十分丰富。趣味盎然的造型令荷叶边格外适合装点儿童服装或宝宝服，同时也是茶巾或杯垫等餐台布品的理想边饰。

罗缎丝带

罗缎丝带具有独特的棱纹质感，作为一种广受喜爱的装饰材料，几乎适用于任何手工或缝纫作品，将罗缎丝带用作腰带边饰或女士包提手都是不错的尝试。

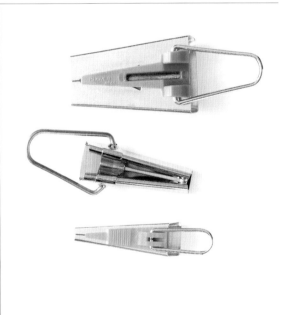

斜裁带

斜裁带由布条折叠而成，能够令面料包边工作变得简单快捷。制作斜裁带的面料经过斜向（或对角方向）裁剪，能够完美顺应弧线缝边，不易缩拢起皱。我们可以利用斜裁带来处理弧线褶边，或制作功能性的装饰部件，例如用来悬挂隔热垫的挂环，也可用来装饰日常用品。制带器可用于制作单折斜裁带，市面上销售的斜裁带则分为单折和双折（经过再次纵向对折）两种。第二道折痕可以与布料毛边直接对齐，简单易用。市售斜裁带多为各种纯色款式，销售渠道众多，方便购买，包装规格以 2.75 米或 3.6 米装为主。

制带器

除选用市售斜裁带外，您还可以在制带器的帮助下，利用几乎任何机织面料自制斜裁带。制带器拥有不同规格，制作出来的布条宽度由 0.6 ～ 5 厘米。有关自制斜裁带的具体方法，请参见第 359 页。

扣合工具

钩扣

　　标准的钩扣分为0号（最小）~3号（最大）三种尺寸，颜色多为黑色、白色或电镀金属色。扣眼分为环眼（上）或平眼（下）两种；连接邻边时宜选用环眼，连接叠边时宜选用平眼。有关钉缝钩扣的具体方法，请参见第362页。

纽扣

　　纽扣的材质多种多样，常见的有塑料、原木、皮革、玻璃、贝壳等材料；老式纽扣还包括骨骼或胶木。几乎每家布料店均会销售各式纽扣，在古董店、跳蚤市场和网店还能找到各种老式纽扣。有关纽扣的钉缝方法，请参见360~361页。

包布扣

　　利用包扣工具，我们便可以自制个性化的有柄纽扣。制作时，先裁剪一片圆形面料，尺寸应比纽扣大一圈（包扣工具通常会自带模板）。有的纽扣需依靠爪牙固定面料（图左），有的工具则利用套环与压盖（图右）进行压合。

手缝子母扣

　　如名字所示，这种子母扣可直接钉缝到面料上。由于这种子母扣不具备装饰功能，多用作隐形扣，因此缝合时针脚应尽量细密，近乎隐形效果。有关子母扣的钉缝方法，参见第361页。

冲孔四合扣

　　这种纽扣需借助工具在面料上冲孔压合，而无法缝合固定。四合扣冲孔工具可通过布料店和手工用品店购买。

索环安装工具

　　有了索环安装工具的帮助，我们便能够在各种厚重面料上轻松打孔，如帆布或塑料布。打孔处随后会利用金属环（通常为铜环）封合。您可通过手工用品店和五金店购买索环安装工具（也可单独购买索环）。有关索环的具体安装方法，请参见第360页。

拉链

拉链由一组链牙或环扣构成，闭合时彼此咬合。负责拉链开合的扣襻被称作拉头。拉链的材质一般分为金属和塑料两种，且拥有多种不同款式。金属链齿式拉链通常用于裤装。图样上一般会标明所需的拉链长度；如果您无法确定具体长度，也可选用塑料环扣式拉链，并根据需要进行截取。

隐形拉链

隐形拉链主要用于短裙和连衣裙，当拉链闭合时，看不到拉链的痕迹。

塑料链齿式拉链

这种拉链颜色丰富，可以与各色面料进行搭配。由于拉链结实厚重，一般适用于书包和夹克。

塑料环扣式拉链

塑料环扣式拉链是一种出色的万能拉链；适用于枕头和部分服装。与塑料或金属的模塑链齿拉链不同，这种拉链的链齿由细小的环扣制成，因此比其他款式具有更强的柔韧性。

金属链齿式拉链

金属链齿式拉链适用于牛仔裤和其他裤装，其粗犷质朴的风格具有一定的装饰效果。

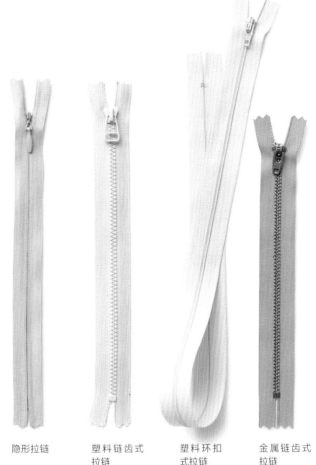

隐形拉链　　塑料链齿式　　塑料环扣　　金属链齿式
　　　　　　拉链　　　　　式拉链　　　拉链

熨烫工具

熨斗

在将面料裁剪缝合前，需先将面料熨烫平整，缝合好的缝份需展开熨平，此时均需用到熨斗。在熨烫缝份时，应将熨斗按压几秒钟再提起，而不应沿缝份前后滑动。此外，黏合衬与面料的加热黏合，以及热转印水笔或铅笔在转印标记线时，同样离不开熨斗的帮助。

熨板

建议选用质量轻、结实耐用的熨板，且同时具有高度调节功能和覆盖软垫的熨烫台面。如果家中空间宽敞，则尽量选用较大的熨板，以满足大幅作品的需要。大号熨板的尺寸通常为 1.4 米长，30.5~45.5 厘米宽。熨板上应覆盖防粘套，以防精细面料粘连。

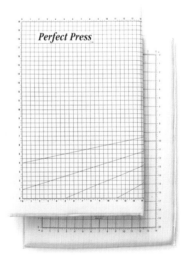

熨衣垫

如果没有足够的空间存放熨板，或者您认为频繁收取熨板过于麻烦，那么熨衣垫可以作为您的理想替代工具。您可将它铺放在任何平整的工作台面上，如大桌子上。大号熨衣垫适于熨烫宽大的面料。小号熨衣垫则可用来熨烫裁片和短小的缝边。

总 结

小贴士与补充技法

　　为了确保作品呈现出最佳效果，除掌握基础的缝纫与布艺手工技法之外，您还需要了解一些其他必备技能。下面将为您介绍十几种实用小贴士及分步操作指南，以帮助您进一步提升缝纫水平。

如何选购缝纫机

　　一台趁手好用的缝纫机对于日常缝纫工作而言至关重要，因此，我们需要做出明智的选择。家用缝纫机可分为三种类型：机械缝纫机、电子缝纫机和绣花机。最基础（通常也最便宜）的机型为机械式，依靠手动旋钮和轮盘操作。电子缝纫机（也称电脑缝纫机）功率更大，性能更强，因而可以提供更多功能。绣花机则为混合型，既具备普通缝纫机的全部功能，又可利用专属配件创作刺绣作品。

　　购机前首先应确定自己需要的功能。例如，您准备经常缝制拼布被，便可选择配备双面进料压脚或均匀送布压脚的缝纫机。这种压脚能够同时推送表布和底布，而非单一推送底布，在需对齐图样或缝合厚度不同的面料时，会显得格外方便。

　　缝纫机专卖店的选择最为丰富，而且商家通常会提供试机服务（尽管许多百货商店也会出售部分机型，但多半不提供体验机会）。一些大型布料店内也会销售缝纫机。您可以自带几款不同质地的面料，对缝纫机进行现场测试，选购时至少应对比体验三种机型。真丝面料可用于测试机器张力，雪纺面料可用于判断机器是否会出现钩丝现象。厚重面料是对机器吃布能力的重要考验，多层面料的缝合可体验车线过程的顺畅度。如果想测试各款机型在拼布方面的表现，则需带去不同阶段的拼布作品进行测试，以确定机器在拼缝或加铺棉的过程中是否存在卡绊现象。另外，记得要体验一下梭芯的装卸，更换缝针和压脚，以了解机器的日常操作是否简单方便。

　　在选购和比较的过程中，记得向店员询问机器的保修时效，保修服务涵盖哪些配件和人工维修服务。确定商家如何提供维修服务。是否在本地直接维修？配件是否需要进口？总之，您需要确保维修服务方便快捷且经济实惠。

机械缝纫机

电子缝纫机

绣花机

如何自制斜裁带

不同规格的制带器能够辅助制作 0.6~5 厘米宽的斜裁带。建议选用中等厚度的机织面料，如纯棉拼布面料或亚麻面料。以下制作方法适用于单折斜裁带，成品双折斜裁带需经过纵向二次对折。

1. 先准备 0.9 米面料。利用划粉铅笔和透明拼布尺，沿 45°角，一条接一条标画出布条（确定布条宽度时，需参照制带器使命说明操作）。裁剪布条。

2. 如需制作更长的斜裁带用于大幅作品，可依照如下方法将布条端对端

衔接起来：将两片布条正面相对，两端斜边对齐，彼此呈 90°角。沿 1.3 厘米缝份车缝固定，回针缝加固。缝份展开熨平。剪除多余的布角。

3. 将面料穿入制带器，在制带器另一端引出 2.5~5 厘米。利用珠针将斜裁带一端固定到熨板上。熨烫压平。继续牵引布条穿过制带器，一边牵引一边熨烫压实。

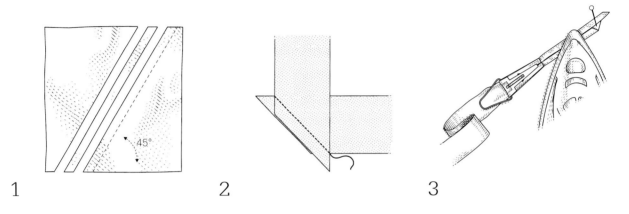

1　　　　　2　　　　　3

如何处理斜裁带尾端

选择何种方法处理斜裁带尾端，主要取决于作品完成后的形状：在仅对单边进行包边处理时，可直接采用回折处理法；如遇包边首尾相接时，则应采用套叠处理法。

1. **单步包边法**　在包缝毛边或装饰缝边时，可利用斜裁带包套作品边沿。先利用珠针固定。沿斜裁带边沿向 0.3 厘米处车缝固定，注意确保缝针同时穿缝底层斜裁带。

2. **回折处理法**　剪取斜裁带时，在所需长度的基础上额外增加 1.3 厘米。车缝至距离斜裁带端头约 2.5 厘米处止缝。如同展开书本一样展开斜裁带，将斜裁带末端向作品面料边沿回向翻折。闭合斜裁带，车缝固定。

3. **套叠处理法**　剪取斜裁带时，在所需长度的基础上额外增加 2.5 厘米。车缝至距离作品包边末端 2.5 厘米处止缝。如同展开书本一样展开斜裁带将斜裁带末端向下翻折 1.3 厘米。闭合斜裁带并车缝固定。

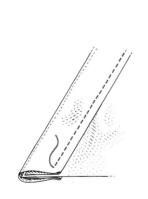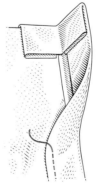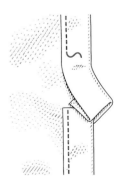

1　　　　　2　　　　　3

如何安装索环

索环由两部分构成：索环（中心带有凸起）和垫圈。除此之外，索环安装工具（手工用品店和五金店有售）还包括一个硬木垫（用于保护工作台面）、一个打孔圆冲、一个冲子，和一个铁砧底座。安装时还会用到一支木头或橡胶槌棒及一把锤子。安装索环时，先在面料背面标记一个小小的"X"，表示索环位置。面料正面朝下铺在硬木垫上，将打孔圆冲对准标记点，用槌棒敲击。索环穿过面料正面，塞入圆孔；环眼套在铁砧底座上。垫圈由面料背面套在索环上。在索环的圆孔内插入冲子。利用锤子敲击冲子，直至垫圈与索环咬合固定。

如何机缝纽扣孔

测量纽扣尺寸，然后据此确定纽扣孔尺寸：纽扣孔长度（不包括加固端，两头加固端被称作套结）应等于纽扣直径与纽扣厚度的和。将缝纫机设置为相应的纽孔针迹。此处最好先进行试缝，试缝时需采用与成品相同的面料层数。车缝完成后，在纽扣孔两端各插一枚珠针，标记出套结位置。利用锋利的小剪刀，沿纽扣孔中心线剪开面料，一直剪至贴近两端套结处为止。

如果您的缝纫机没有纽孔针迹，也可选用锯齿针迹。先标记出纽扣孔长度，然后将缝纫机针摆幅度设置为窄至中档，针距设置为0~1。沿标记线一侧车缝（切勿越过标记线）。在车缝至标记线末端时，将针摆幅度提升至原幅度的2倍左右，反复车缝数针形成套结。针头无须抬起，仅提升压脚，旋转面料。再将针摆幅度减回原值，沿标记线另一侧车缝，注意切勿与第一行锯齿线重叠。在标记线末端再次车缝套结加固。利用锋利的小剪刀将纽扣孔小心剪开。

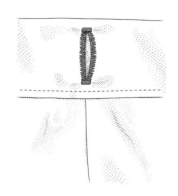

如何钉缝平纽扣

利用划粉铅笔标记纽扣位置。将缝针同时穿过面料和一个扣孔。在纽扣表面放置一根牙签。缝针向下穿入第2个扣孔（如果选用4孔纽扣，继续上下穿缝第三个和第四个扣孔）。重复穿缝，约钉缝6针。取出牙签，轻轻提起纽扣，多余的缝线将会形成扣柄，以便为纽扣周围的面料留出空间（在厚外套或其他厚重服装上钉缝纽扣时，这点尤为关键）。缝线绕扣柄紧紧缠绕数圈，然后将缝针从其中缝线中穿出，收紧固定即可。

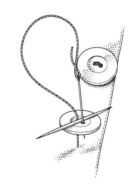

如何钉缝有柄纽扣

通常，有柄纽扣会与平纽扣搭配使用，平纽扣被钉缝在服装里侧，起到加固作用。您可任选二孔或四孔，颜色和尺寸与服装匹配的平纽扣使用。在钉缝纽扣时，收线力度应适中，不要过松或过紧。这样能够确保纽扣拥有充足的伸缩性，可以轻松穿过纽扣孔。先利用划粉铅笔标记出纽扣位置。利用 1 根缝针和一端打结的单股缝线，在标记点处挑起少量面料；轻轻收拉缝线，直至结扣固定到标记点上。紧贴标记点钉缝二短针。缝针穿至服装内侧，同时穿过平纽扣。然后通过与该纽扣对应的孔返回，由定位针处出针。缝针穿过针柄。纽扣由缝线下方穿过，使针柄孔与纽扣孔保持同一方向。缝针重新穿回服装面料，由平纽扣孔出针。照此重复五次。缝线环绕扣柄底部紧紧缠绕三圈，剪断缝线。如需打结，可将缝针穿过针脚，收紧缝线即可。

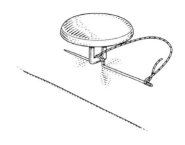

如何钉缝子母扣

手缝子母扣由两部分构成：球状子扣（凸扣）和槽状母扣（凹扣）。在钉缝时，切记只能挑缝表布，以免缝针裸露在服装表层。

1. 利用划粉铅笔标记出球状子扣的位置。利用一根缝针和一段 0.3 米长的单股打结缝线，挑起少量表布，收拉缝线，直至结扣固定到标记点上。缝针由球状子扣的一个孔内穿出；将子扣压在缝线下，使其牢牢固定在面料上。缝针越过球状子扣的边沿再次向下穿缝，然后再由一

个孔穿回表布。重复钉缝，四个孔各穿缝四针左右。收尾时，回针加固，线尾打结并剪断缝线。将球状子扣和槽状母扣扣合。

2. 将服装待扣合的部分叠放。珠针由扣好的子母扣中心点上穿过，标记出子母扣的位置。再以珠针为参照，标记出槽状母扣的位置。

3. 将子母扣分开，按照球状子扣的钉缝方法，将槽状母扣钉缝到标记位置。

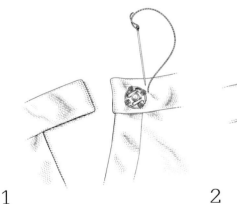

1

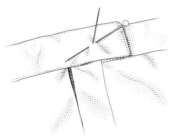

2

3

如何钉缝钩扣

钉缝钩扣时，应注意逐针挑取少量面料，以防针脚裸露在服装外层表布上。

1. 标记出钩扣位置。将挂钩端置于服装内侧，距离边沿约 0.3 厘米处。

   为了固定挂钩位置，先在挂钩"颈部"钉缝两针。然后环绕挂钩的圈

环反复穿缝。最后打结固定，剪断线尾。

2. 扣眼摆放到对应位置。扣眼环应探出服装边沿。在扣眼两侧各钉缝 1 针，将扣眼固定。

3. 环绕扣眼的两个固定环穿缝。最后打结固定，剪断线尾。

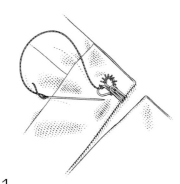

1

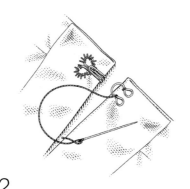

2

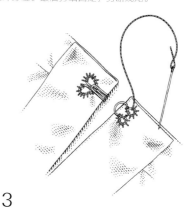

3

如何制作绗缝面料

首先准备两片正方形或长方形面料（需确保面料尺寸足以覆盖作品完成后的尺寸，可以将图样或模板铺放在面料上进行比对和确认）。选择一处通风良好的区域，将其中一片面料反面朝上平铺在工作台上，喷涂拼布疏缝喷胶。然后立即将一片同等尺寸的铺棉平铺在面料带胶的一侧，整体翻面。由中心逐步向外扩展，将面料一点点展平，去除所有波纹或褶皱。相同方法添加另一片面料，反面朝下，贴合在铺棉的另一面。利用尺子和划粉或水消笔，在面料上绘制网格：如绘制斜线，最终会形成菱形图案；如绘制平行线和垂直线，最终便会形成方形图案。为了防止面料缩拢起皱，沿所有横向标记线车缝时，均需遵循同一方向；相同方法处理垂直标记线，再次沿同一方向缝合。

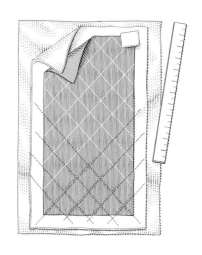

如何修补散口褶边

将裤腿翻至反面。修补散口褶边时，起止点分别距离散口褶边左右两侧约 1.3 厘米即可。由于部分针脚会裸露在面料外侧，所以尽量选用与服装面料相同颜色的缝线。在进行修补时，缝线无须打结；以短小的回针缝将线尾固定在面料中即可；仅刺穿面料的内侧折边，缝针在缝合线下方穿过褶边，将缝线引出，形成一针约为 3 毫米长的针脚。然后再将缝针穿入同一针，重复穿缝一次。这样便完成了缝线的固定。紧贴褶边上方，缝针由右向左穿入面料。注意穿缝时针脚尽可能短小，因为此处的针脚将会显露在服装正面。缝针由第一针向左，穿入褶边内侧。将缝线引出，在褶边上方形成一个微小的针脚。由右向左重复操作。继续沿褶边边线上下穿缝，直至散口完全缝合。在缝合过程中，缝线应略微保持松弛；收线过紧会导致缝线断裂或面料缩拢起皱。缝合完成后，按照起针时的方法，回缝一小针加固褶边。

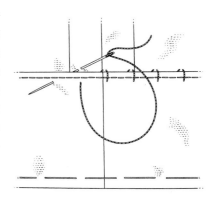

如何修补裂缝

　　当服装面料本身并未撕裂，只是缝合线断裂开口时，便可利用这种方法进行修补。注意缝合时切勿收线过紧，以免面料缩拢起皱。

　　服装翻至反面，借助珠针或拆线器将散线拆除。利用珠针将缝合线重新固定，边沿对齐。剪取一段 0.4 米长的单股缝线，一端打结，颜色应与服装原有缝线相同。回针缝固定缝线（参见对页《如何修补散口褶边》），与原有未受损的缝合线叠缝约 1.3 厘米距离，注意沿循原有缝合线，保持缝份一致。继续缝合，直至与另一端未受损的缝合线叠缝约 1.3 厘米距离。打结固定，剪断缝线。

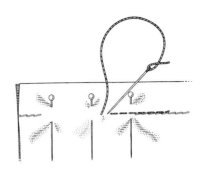

如何制作绲边

　　首先需要准备机织面料和绲边绳（也称为芯绳）。将面料斜向裁剪为 5 厘米的布条（该尺寸适用于直径 6 毫米的绲边绳；如制作尺寸更大的绲边绳，则需裁剪更宽的布条）。布条拼接延长的方法是将 2 片布条正面相对，两端斜边对齐，彼此呈 90° 角。沿 1.3 厘米缝份车缝固定，回针缝加固。缝份展开熨平。剪除多余的布角。布条正面朝外，环绕绲边绳翻折，毛边对齐。利用缝纫机的拉链压脚，沿布条纵向车缝，注意始终尽可能紧贴绲边绳缝合，以确保包缝紧实。由缝合线向外保留 1.3 厘米毛边，多余部分剪除。

如何打补丁

　　部分针脚为明线缝合，所以缝线应尽量与服装面料保持一致。此外，您还需准备同色系面料，用作补丁。

1.　利用小号剪刀将破洞修剪为边线整齐的正方形或长方形。这样不仅便于修补，而且修补效果也更加规整美观。剪除多余散线。在正方形破洞的各角，沿 45° 角各打一个 0.6 厘米的剪口。面料翻至反面朝外，将正方形 0.6 厘米宽的边沿向面料反面翻折，熨烫压平。

2.　利用裁布剪刀裁剪补丁面料。测量并裁剪 1 片正方形，边长应比已完成预处理的正方形破洞边长多 1.3 厘米。

3.　服装面料仍保持反面朝外，补丁面料盖在破洞上。如果选用具有明显纹理的面料，如牛仔布，则需确保补丁面料与衬衫面料相匹配，使布纹保持同一方向。面料翻回正面朝外，以珠针固定补丁。在衬衫正面疏缝固定补丁。由正方形任一点起针，以 0.6 厘米长的针脚向下穿缝补丁面料，将缝针向上穿出，包缝破洞折边；继续沿破洞缝合 1 圈，去除珠针。

4.　服装翻至反面朝外。将补丁的多余面料向后翻折 1.3 厘米，与破洞折边对齐。缝针向下穿入补丁折边（仅穿缝单层面料），然后斜向上穿缝面料折边，将两片面料缝合。按照相同方法继续缝合正方形四周。各拐角处加缝数针短小的回针缝，对补丁和面料进行加固。此处的缝合线在服装正面隐约可见。

5.　对服装内侧的补丁边沿进行收尾处理时，同样可采用《如何修补散口褶边》（对页）中介绍的小针脚回针缝方法。将补丁四角的角尖处沿 45 度角剪开。布边向后翻折 0.6 厘米。边沿与衬衫缝合，每针仅挑缝 1~2 根纱线即可。缝合完成后将补丁熨烫平整。

图样与模板

本章将为您提供附赠图样和模板的缩小版本，以书中出现先后排序。

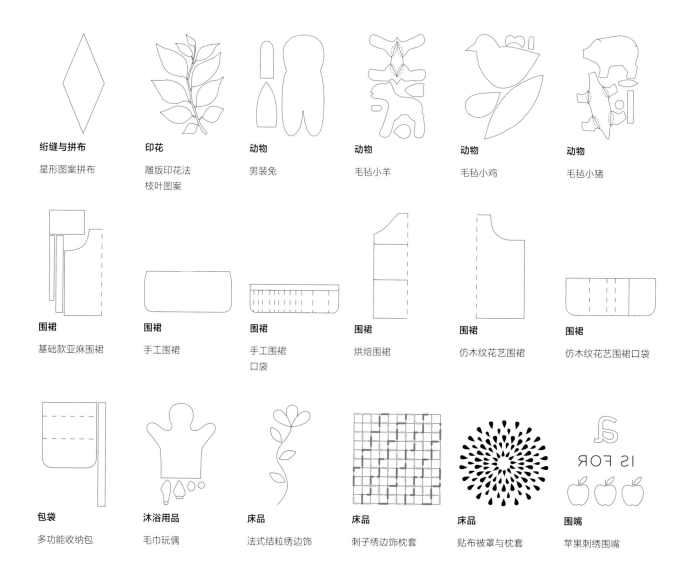

绗缝与拼布

星形图案拼布

印花

雕版印花法
枝叶图案

动物

男装兔

动物

毛毡小羊

动物

毛毡小鸡

动物

毛毡小猪

围裙

基础款亚麻围裙

围裙

手工围裙

围裙

手工围裙
口袋

围裙

烘焙围裙

围裙

仿木纹花艺围裙

围裙

仿木纹花艺围裙口袋

包袋

多功能收纳包

沐浴用品

毛巾玩偶

床品

法式结粒绣边饰

床品

刺子绣边饰枕套

床品

贴布被罩与枕套

围嘴

苹果刺绣围嘴

围嘴

斜裁带装饰围嘴

围嘴

油布口袋围嘴

围嘴

油布口袋围嘴口袋

书套

贴布数字书：1

书套

贴布数字书：2

书套

贴布数字书：3

书套

贴布数字书：4

书套

贴布数字书：5

服装

免缝扇形花边裹裙

服装

A 字形裹裙（3 种尺寸）

服装

夏威夷图样贴布罩衫

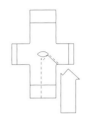

服装

宝宝和服
（6 种尺寸）

服装

女童衬衫裙

服装

贴布蝴蝶披肩

服装

贴布花朵衬衫

服装

束带裤

保温套

男装暖水袋保温套

保温套

咯咯哒水煮蛋保温套

窗帘

印花窗帘：
星星花

窗帘

印花窗帘：
吊钟花

窗帘

印花窗帘：
整版窗帘

窗帘

贴花窗帘

抱枕

小鸟刺绣抱枕

黑顶山雀

紫朱雀

西部野云雀

枢机鸟

蓝母鸡

剪尾王霸鹟

东方蓝知更鸟

反舌鸟

棕色长尾莺

夏威夷雁

走鹃

金翼啄木鸟

云雀

山地知更鸟

卡罗莱纳鹪鹩

美洲金翅雀

加利福尼亚海鸥

加州鹑

画眉鸟

环毛松鸡

巴尔的摩金莺

美洲知更鸟

隐士夜鸫

褐鹈鹕

仙人掌鹪鹩

潜鸟

柳松鸡

环颈雉

抱枕

落叶抱枕套

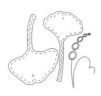

抱枕

手工贴布抱枕套

手缝娃娃

娃娃服装

婴幼用品

贝壳边床幔

婴幼用品

身高尺

收纳用品

落叶毛毡布告板

收纳用品
皮革零钱包

宠物用品
绗缝狗外套领圈

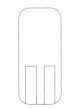

宠物用品
绗缝狗外套肩带

宠物用品
绗缝狗外套表布

宠物用品
绗缝狗外套里布

宠物用品
猫薄荷钓竿小鱼

宠物用品
男装布老鼠

针插
传家宝番茄针插

针插
草莓针插

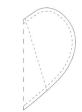

隔热垫
心形隔热垫

绗缝与拼布
州鸟刺绣拼布被

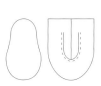

拖鞋
毛毡宝宝鞋

拖鞋
自然风毛毡拖鞋：
枝叶图案
（多尺寸）

拖鞋
自然风毛毡拖鞋：
蝴蝶图案
（多尺寸）

餐台布品
斜裁带桌旗

餐台布品
仿麂皮叶形餐垫

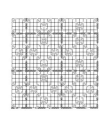

餐台布品
比翼井桁
日式刺绣餐台布品

餐台布品
双井平纹
日式刺绣餐台布品

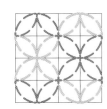

餐台布品
七宝连
日式刺绣餐台布品

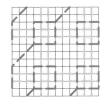

餐台布品
格子相连纹
日式刺绣餐台布品

餐台布品
雕版印花餐台布品

餐台布品
皮革桌垫

家居装饰
夏威夷图案印花垫：
姜花

家居装饰
夏威夷图案印花垫：
草海桐花

家居装饰
夏威夷图案印花垫：
桃金娘树花

壁饰
贴布农场挂饰

索　引

A 字形裹裙 166，167

Homasote 牌纤维板 254

A
暗缝卷边绣 50

B
八角星拼布床罩 286，287

巴提克印花餐台布品 312

巴提克印花法 68，69

斑点狗 90

半截帘 192,193

包边缝 24

包边绣 50

包布扣 356

包布扣襟花 231

宝宝和服 171

宝宝鞋 301

保温套 182~185

　　咯咯哒水煮蛋保温套 185

　　男装暖水袋保温套 183，184

　　陶瓷珠暖手宝 184

抱枕 198 ~223

　　贝壳印花抱枕 206

　　盒状抱枕 214

　　婚戒枕垫 217

　　礼服衫改造款排褶装饰抱枕 223

　　毛球装饰靠垫 209

　　捏褶装饰抱枕 210

　　排褶装饰抱枕 222

　　小鸟刺绣抱枕 212

　　牙仙枕头 216

抱枕套

　　餐巾抱枕套 208

藏针缝抱枕套 200

绲边处理法 204

盒状抱枕套 214

基础抱枕套 199

拉链式抱枕套 201

落叶抱枕套 213

毛呢编织抱枕套 211

十字绣抱枕套 215

手工贴布抱枕套 219

双层翻边处理法 202

土耳其拐角处理法 203

信封式抱枕套 200

装饰褶边处理法 203

抱枕枕芯 201

抱枕装饰边 205

抱枕装饰带

　　环绕式抱枕装饰带 207

　　贴线绣抱枕装饰带 208

杯垫 178~181

杯垫台布 320

贝壳边床幔 239

贝壳印花床品 132

被罩 136，137

比翼井桁 47，47

比翼井桁餐垫 316

笔

　　热转印水笔 349

　　水消笔 18，19，349

　　　　用于拼布 30

　　　　用于刺绣 36

笔记本真皮保护套 155，156

必备家具 11

壁饰 340~345

　　刺绣字母图样 344

贴布农场挂饰 342~343

星形拼布画 345

缎带绣挂饰 341

辨别纹路 20

标记与图样绘制工具 349

标记褶边线 27

裱花嘴 69

饼干模具 69

波尔卡圆点 3

玻璃头珠针 54

不会参与反应的水盆 66

布彩印台 76

布袋托特包 103

布盖储物盒 247，248

布告板

　　彩条布告板 251

　　多功能收纳袋布告板 257

　　环绕式布告板 254~255

布料

布料专用胶 352

布品

　　餐台布品 302~321

　　床品 128~141

　　沐浴用品 118~127

布艺花卉 228~233

布艺折叠文件夹 250

布艺作品装框方法 343

C
材料 346~357

裁布剪刀 54，350，351

裁剪工具 350，351

彩条布告板 251

菜单显示屏 22，23

餐巾

　渐变染餐巾 306

　纽扣刺绣餐巾 307

　染色条纹餐巾 307

　亚麻餐巾 304

　羽毛印花餐巾 305

　做旧碎花餐巾 306

餐巾抱枕套 208

餐台布品 302~321

餐椅 325

藏针缝 21

藏针缝抱枕套 200

藏针缝长枕 221

草莓针插 269

侧兜式垫脚凳外罩 256

测量工具 348

茶叶 67

长短针绣 39

长效布用黏合剂 352

长枕 220，221

超简单毛毡装饰彩旗 243

车边线 24

衬衫布 3

衬衫布桌帘 197

衬衫口袋收纳挂件 244

尺子 348

　格尺 18，19

　拼布尺 54，54

冲孔四合扣 356

宠物用品 258~265

　狗狗外衣 263

　绗缝狗外套 259，260

　简易狗窝 262

　猫薄荷钓竿小鱼 261

男装面料布老鼠 264，265

抽纱图案 310

抽纱桌旗 311

抽绳长枕 220，221

储物盒 247~249

　布盖储物盒 247，248

　丝绒内衬首饰收纳盒 249

穿带器 353

穿线器 18，19，347

传家宝番茄针插 267，268

窗格毛呢 6

窗帘 186~197

　挂杆 196

　尿布台挂帘 245

　捏褶半截帘 196

　纽扣襻半截帘 193

　双色亚麻巴里纱窗帘 187

　丝带条纹纱帘 191

　贴花窗帘 194

　斜纹带装饰窗帘 195

　悬挂方法 194

　亚麻边纱帘 190

　印花窗帘 188，189

浴帘

　镂空浴帘 127

　双面镶边浴帘 126

　亚麻浴帘 120

　雨衣浴帘 124

　褶裥条纹半截帘 192

　桌裙 197

　支架 196

窗帘的悬挂方法 194

床单拼缝被罩 137

床品 128~141

贝壳印花 132

被罩 136，137

床单拼缝被罩 137

刺子绣边饰枕套 139

法式结粒绣边饰 133

荷叶边装饰 133

镂空盖毯 130

镂空枕套 131

男装面料床品套装 135

平针绣床品 138

贴布 140，141

亚麻枕套 134

之字绣 132

做旧床单套组 129

床头板罩 337，338

床头柜套 336

纯棉织带 354，355

纯色棉布 2

磁铁珠针收纳盒 13

刺绣 35，36

刺绣包 105

刺绣工具 36

刺绣剪刀 350，351

刺绣圈圈包 111

刺绣手帕 235

刺绣围嘴 143

刺绣字母图样 344

D

打结收尾 21

大号平针 44

大剪刀

　裁布剪刀 350，351

　缝纫剪刀 18，19

锯齿剪刀 18，19，26，350，351

弯把裁布剪刀 350，351

大眼缝针 346

刀

手工刀 76

调色刀 76

倒缝键 22，23

灯芯绒 2

涤纶铺棉 54

涤纶线 9

涤棉混纺铺棉 54

点子花薄纱 3

计算机刺绣 51

垫脚凳外罩 256

垫子

切割垫 351

切割垫板

用于印花 76

用于拼布 54

雕版印花餐台布品 318

雕版印花法 78

顶针 18，19，347

动物 82~92

动物玩偶作品 82~92

短裙

A 字形裹裙 166，167

免缝扇形花边裹裙 163，164

缎带绣 48，49

缎带绣挂饰 341

缎带绣手帕 237

缎带绣针法 49

多功能收纳包 117

多功能收纳袋布告板 257

E

儿童油布围裙 96，97

F

法兰绒 2，6

法式缝份处理法 26

法式结粒绣 42，43，48

法式结粒绣边饰 133

法式结粒绣毛毯 151

帆布 2

翻带器 353

翻角器 18，19，353

方格布 3

方格花布巴提克印染法 69

防水纸 76

仿麂皮叶形餐垫 308

仿木纹花艺围裙 100，101

飞轮 22，23

非碘盐 66

分类针插 12

分铜纹 46，47

封口包边绣 50

蜂巢绣 50

蜂蜡 18，19，68，347

缝边处理法 26

缝纫风格 10

缝纫机 22，23

缝纫剪刀 18，19

缝纫区 10，11

缝纫桌 11

缝线 18，19

刺绣 36

拼布 54

贴布 30

种类 8，9

缝针 346

扶手椅定制椅罩 334

服装 162~177

A 字形裹裙 166，167

宝宝和服 170，171

简易纱笼 168

快手抹胸裙 165

免缝扇形花边裹裙 163，164

女童衬衫裙 172，173

束带裤 176，177

贴布蝴蝶披肩 174

贴布花朵衬衫 175

夏威夷图样贴布罩衫 169

府绸 2

复古亚麻拼布床罩 284

复印，贴布 30

G

改装折凳 331

咯咯哒水煮蛋保温套 185

格尺 18,19

格子相连纹 47

格子相连纹餐垫 316

隔热垫 272~275

双口袋隔热垫 275

心形隔热垫 273，274

工具

工艺画笔 76

工艺画笔 76

工作照明 11

钩扣 356

狗狗外衣 263

狗外套 259，260

狗窝 262

狗牙器 22，23

拐角 25

拐角缝合 25

龟甲纹 46，47

绲边 354，355

绲边 27

绲边处理法 204

绲边手帕 236，237

H

海星印花贴布包 107

绗缝狗外套 259，260

绗缝与拼布 53

绗缝工具 54

绗缝线 9，54

绗缝针法 55

回声压线 60，61

面料的选择 55

拼布 56，57

拼布被的修复方法 62，63

拼布针 346

贴布缝 60，61

图样 58，59

荷叶边 354，355

荷叶边杯垫 181

荷叶边花朵 232，233

荷叶边装饰 133

盒状抱枕 214

烘焙模具 69

烘焙围裙 99

厚料缝线 9

弧线 25

弧线打剪口 25

弧线缝合 25

花开满枝 229，230

划粉 18，19，349

划粉笔，18，19，349

用于刺绣 36

用于贴布 30

滑板 22，23

环绕式抱枕装饰带 207

环绕式布告板，254，255

回声压线 60，61

回针缝 21，38

婚戒枕垫 207

J

机缝贴布法 32

机缝针 18，19，347

机洗毡化处理 87

机绣 50

机绣杯垫 170

机绣餐垫 316，317

机绣线 9

机绣浴室用品套装 119，120

鸡爪纹 44

基础帆布包 106

基础缝纫工具 18，19

基础款罗汉床罩 323，324

基础款亚麻围裙 93，94

极简床框罩 338

剪裁区 11

简易狗窝 262

简易印花遮光帘 294

渐变染餐巾 306

渐变染床头板罩 337

渐变染手提包 111

渐变图案 72，73

交叉网格平针绣 44

脚踏控制器 22，23

金属链齿式拉链 357

金丝缎 4

金银线 9

锦缎，亚麻 5

锦缎，真丝 4

经典罗马帘 289~291

锯齿缝 24，50

锯齿缝处理法 26

锯齿剪刀 18，19，26，350，351

卷边绣 50

卷尺 18，19，348

K

卡纸 349

卡纸模板 30

可调节围裙 98

空间限制 10，11

口袋收纳挂件 244

扣合工具 356

快手抹胸裙 165

快手躺椅垫 332

L

拉菲草刺绣包 105

拉菲草刺绣餐垫 319

拉链 357

拉链式抱枕套 201

腊肠犬版本，袜子狗狗 90

蕾丝桌旗 21

礼服衫改造款排褶装饰抱枕 223

连帽浴巾 123

量尺工作台 12

量勺 66

晾干，面料 20

临时布用黏合剂 352

菱形纹 46，47

流苏杯垫 181

流苏盖毯 150

镂空布 3

镂空盖毯 130

镂空浴帘 127

镂空枕套 141

露台罗汉床罩 330

伦敦帘 292，293

轮刀 54，54，351

轮廓绣 38，48，49

罗缎丝带 354，355

罗马帘 289，290~291

落叶抱枕套 213

落叶毛毡布告板 252

M

麻叶纹 46，47

马海毛 16

猫薄荷钓竿小鱼 261

毛巾布 2

毛巾玩偶 122

毛呢编织抱枕套 211

毛球装饰靠垫 209

毛线针 346

毛须边桌旗 309

毛毡宝宝鞋 301

毛毡布 7

毛毡动物 85~87

毛毡书衣 157

毛毡小鸡 86

毛毡小羊 85

毛毡小猪 87

毛毡叶片针插 271

梅森罐针线瓶 270

迷你毛毡小挎包 108，109

棉绒 2

棉纱 2

免缝扇形花边裹裙 163，164

面料裁剪 20

面料漏板印花法 79

面料压模印花法 79

面料正反面的识别 20

面料做旧 70，71

描迹轮 30，349

模板

贴布 30

印花 76，76

木棍 69

木块 69

沐浴用品 118~127

N

男装面料布老鼠 264，265

男装面料床品套装 135

男装面料拼布盖毯 279

男装暖水袋保温套 183，184

男装暖水袋保温套 184

男装兔 84

尼龙织带 354，355

黏合衬 30，30，352

黏合工具 352

黏合胶水 352

尿布台挂帘 245

捏褶半截帘 196

捏褶装饰抱枕 210

牛皮纸 66，349

牛头犬 90

牛仔布 2

牛仔布拼布被 285

纽扣 356

纽扣刺绣餐巾 307

纽扣襻半截帘 193

女童衬衫裙 172，173

O

欧根纱 4

P

排褶装饰抱枕 222

盘

磁铁珠针收纳盘 13

浅瓷盘 10

泡沫工具 76

皮革零钱包 253

皮革桌垫 321

漂白 70，71

漂白巴提克餐台布品 313

拼布 53，54

拼布被 276~287

传统手帕拼布被 277，278

牛仔布拼布被 285

染色条纹拼布被 284

台布面绗缝被 282，283

州鸟刺绣拼布被 280，281

拼布被的修复方法 62，63

拼布尺 54

拼布疏缝喷胶 352

拼布婴儿床防撞护垫 240，241

拼布作品 276，287

八角星拼布床罩 286，287

传统手帕拼布被 277，278

复古亚麻拼布床罩 284

男装面料拼布盖毯 279

牛仔布拼布被 285

星形拼布画 345

平纹细布 2

平针缝 25，27

缝合 25

褶边 27

苹果刺绣围嘴 143

苹果印染包 115

铺棉 54，353

Q

七宝连 47

七宝连餐垫 316

钱布雷 2

浅瓷盘 10

嵌入式挂杆 196

嵌入式支架 196

切割垫板 351

用于拼布 54

用于印花 76

R

染布 65，66

巴提克印花法 68，69

基础工具 66

渐变染 72，73

染料 66，67

试染 66

手染布 67

套染法 70

自我保护 66

染色条纹餐巾 307

染色条纹拼布被 284

绕线轴 22，23

绕线轴张力盘 22，23

热熔胶带 352

热转印剪影包 110

热转印铅笔 36，36，349

热转印水笔 349

绒线刺绣 339

绒线刺绣床头板罩 339

软包咖啡桌 329

软垫床头板 338

软盖被毯柜 326，327

色块拼接被罩 136，137

S

纱笼

　　海洋风印花纱笼 168

　　简易纱笼 168

山东绳 4

上扣式遮光帘 296，297

身高尺 242

十字绣 40，41，50

十字绣抱枕套 215

十字绣剪影手提包 113

十字绣图样 41

十字鱼骨绣 40

实线锯齿绣 50

试染，染布 66

收纳用品

　　布盖储物盒 247，248

　　布艺折叠文件夹 250

　　彩条布告板 251

　　侧兜式垫脚凳外罩 256

　　衬衫口袋收纳挂件 244

　　多功能收纳袋布告板 257

　　环绕式布告板 254，255

　　落叶毛毡布告板 252

　　皮革零钱包 253

　　丝绒内衬首饰收纳盒 249

收纳整理 11

手翻贴布法 31

手纺亚麻 5

手缝娃娃 224~227

手缝针 18，19，30，54，346

手缝针法 21

手缝子母扣 356

手工白乳胶 352

手工刺绣 37~39

手工刀 76，76

手工卷边 27

手工围裙 95

手绘填充精灵 88

手帕 234~237

手帕布，亚麻 5

手染布 67

书包

　　斜裁带边饰 117

　　绣花毛毡手提包 109

书包 102~117

　　标签包 110

　　布袋托特包 103，104

　　刺绣圈圈包 111

　　多功能收纳包 117

　　海星印花贴布包 107

　　基础帆布包 106

　　渐变染手提包 111

　　拉菲草刺绣包 105

　　迷你毛毡小拎包 108，109

　　苹果印染包 115

　　热转印剪影包 110

　　十字绣剪影手提包 113

　　束口袋 112

　　绣花毛毡手提包 109

　　油布便当包 114，115

　　枕套包 116

　　字母包 110

书套 154~161

疏缝喷胶 352

束带裤 176，177

束门袋 112

双层翻边处理法 202

双井平纹餐垫 316

双口袋隔热垫 275

双面镶边浴帘 126

双面婴儿毯 153

双色亚麻巴里纱窗帘 187

水盆，染布 66

水消笔 18，19，349

　　用于刺绣 36，36

　　用于贴布 30，30

丝带边饰毯 149

丝带条纹纱帘 191

丝带镶边防滑垫 125

丝带绣 48，49

丝绵绣线 36，36，54，54

丝绵绣线，刺绣 36，36

丝绒椅裙 335

松紧绳 354，355

塑料布 66，66

塑料环扣式拉链 357

塑料链齿式拉链 357

梭匣 22

梭匣盖 22，23

梭芯 22，23

索环安装工具 356

锁边绣 39

锁链绣 38

T

台布

　　杯垫台布 320

　　亚麻台布 314，315

台布面绗缝被 282，283

毯子 156~153

　　法式结粒绣毛毯 151

　　流苏盖毯 150

　　男装面料拼布盖毯 279

　　双面婴儿毯 153

　　丝带边饰毯 149

　　绣花边饰基础毯 147，148

　　毡化毛衫拼布 152

躺椅垫 332

陶瓷珠暖手宝 184

套染 70

特种面料 7

天然海绵 76，76

天然染料 67

填充棉 87

挑线杆 22，23

条纹 47，47

条纹窗帘

贴布 29，30

　儿童油布围裙 96，97

　仿木纹花艺围裙 100，101

　烘焙围裙 99

　基础款亚麻围裙 93，94

　可调节围裙 98

　手工围裙 95

　洗碗巾围裙 98

贴布抱枕套 219

贴布被罩 140，141

贴布衬衫，花朵 175

贴布蝴蝶披肩 174

贴布花朵衬衫 175

贴布农场挂饰 342，343

贴布披肩，蝴蝶 174

贴布数字书 161

贴布罩衫，夏威夷图样 169

贴布针 346

贴布枕套 140，141

贴花窗帘 194

贴线绣抱枕装饰带 218

通用混纺线 9

通用棉线 9

通用染料 66

托特包

　布袋托特包 103，104

　海星印花贴布包 107

　基础帆布包 106

　拉菲草刺绣包 105

　十字绣剪影手提包 113

拖鞋 298~301

椭圆贝纹绣 50

W

袜子狗狗 89~91

袜子狗狗斑点狗 90

袜子狗狗腊肠犬 90

袜子狗狗牛头犬 90

弯把裁布剪刀 350，351

网眼布 5

围裙 92~101

围嘴 142~145

X

西装面料绗缝床罩 285

洗碗巾围裙 98

夏威夷图案印花垫 333

夏威夷图样贴布罩衫 169

纤维活性染料 66

线材配色原则 9

线迹选择器 22，23

线轮柱 22，23

线轴 69

镶边绣，60

橡胶手套 66

橡皮章 76

小鸟刺绣抱枕 212

斜裁带 54

斜裁带装饰围嘴 144

斜裁带装饰浴巾 121

斜裁带桌旗 308

斜纹带 354，355

斜纹针 44

心形隔热垫 273，274

信封式抱枕套 200

星光装饰绣 50

星形拼布的制作方法 58，59

星形拼布画 345

休息 11

修剪拐角 25

绣绷 36，353

绣绷，刺绣 36，353

绣花边饰基础毯 147，148

绣花毛线 54

绣花毛毡手提包 109

绣花喷胶 353

虚线锯齿绣 50

雪尼尔针 346

Y

压脚 22，23

亚克力格尺 18，19

亚麻边纱帘 199

亚麻台布 314，315

亚麻涂层布 5

亚麻浴帘 120

羊毛 6

羊毛铺棉 54

羊绒 6

洋甘菊 67

腰封带，书衣 157

摇粒绒 7

液体粘缝剂 352

隐线 9

隐形边 27

隐形拉链 357

印花 75

印花布 3

印花窗帘 188，189

印花工具 69

印花棉布 3

印花遮光帘

　简易印花遮光帘 294

　藤蔓印花遮光帘 295

婴幼用品 238~245

　尿布台挂帘 245

　身高尺 242

　拼布婴儿床防撞护垫 240，241

　贝壳边床幔 239

　衬衫口袋收纳挂件 244

　超简单毛毡装饰彩旗 243

用于刺绣 36

用于拼布 30

用于贴布 30

油布 7

油布便当包 114，115

油布剪贴杯垫 179

油布口袋围嘴 145

油布书套 160

油布围裙 96，97

鱼骨呢 6

鱼骨绣 39

雨衣浴帘 124

浴巾

　斜裁带装饰浴巾 121

　连帽浴巾 123

浴帘

　镂空浴帘 127

　双面镶边浴帘 126

　亚麻浴帘 120

　雨衣浴帘 124

预备缝纫面料 20

预洗面料 20

预洗面料 66

园艺手账 158，159

圆环 44，44

圆模板 348

熨板 357

熨平面料 20，357

熨烫区 11

熨烫贴布法 33

熨衣垫 357

Z

毡化毛衫拼布毯 152

张力调整钮 22，23

罩

　包布扣 356

　抱枕套

　　餐巾抱枕套 208

　　藏针缝抱枕套 200

　　绲边处理法 204

　　盒状抱枕套 214

　　基础方法 199

　　拉链式抱枕套 201

落叶抱枕套 213

毛呢编织抱枕套 211

暖水袋保温套 183，184

十字绣抱枕套 215

手工贴布抱枕套 219

双层翻边处理法 202

土耳其拐角处理法 203

信封式抱枕套 200

褶边处理法 203

被罩 136，137

笔记本真皮保护套 155，156

垫脚凳外罩 256

渐变染床头板罩 337

罗汉床罩 323，324

书套 160

梭匣盖 22，23

支票簿保护套 155，156

罩单 66

罩套

　床框罩 338

　扶手椅定制椅罩 334

遮光帘 288~297

　经典罗马帘 289~291

　伦敦帘 292，293

　上扣式遮光帘 296，297

　藤蔓印花遮光帘 295

　印花遮光帘 294

褶边的替代方案 27

褶边缝合 27

褶裥条纹半截帘 192

针

　刺子绣针 346

　大孔手缝针 346

　缝合针 346

　机缝针 18，19，22，23，347

　毛线针 346

　拼布针 346

　手缝针 18，19，54，54，346

　贴布针 346

绣花针 3，36

雪尼尔针 346

制帽针 346

装饰针 346

针插 12，18，19，266~271

　草莓针插 269

　传家宝番茄针插 267，268

　毛毡叶片针插 271

　梅森罐针线瓶 270

针法

　刺绣针法 38，39

　手缝针法 21

　机缝针法 24

　针幅调节器 22，23

　针夹 22，23

　针距调节器 22，23

真皮笔记本保护套 155，156

枕套

　刺子绣边饰枕套 140

　镂空枕套 131

　贴布枕套 140，141

枕套包 116

之字绣床品 132

支票簿保护套 155，156

枝条

　花开满枝 229，230

　枝条包裹方法 230

枝条包裹方法 230

织带

　纯棉织带 354，355

　黏合衬 30

　尼龙织带 354，355

直线缝 24，48，49，50

纸

　防水纸 76，76

　牛皮纸 66，349

　转印纸 30，36，349

纸胶带 76

纸质模板 30

制带器 355

制帽针 346

州鸟刺绣拼布被 280，281

珠针 18，19，54，347

珠针固定 20

珠针收纳盒 13

专属缝纫区 10，11

砖纹图案 44

装备 11

装饰抱枕 198~223

　贝壳印花抱枕 206

　盒状抱枕 214

　婚戒枕垫 217

　礼服衫改造款排褶装饰抱枕 223

　毛球装饰靠垫 209

　捏褶装饰抱枕 210

　排褶装饰抱枕 222

　小鸟刺绣抱枕 212

　牙仙枕头 216

装饰彩旗 243

装饰褶边处理法 203

桌旗

　抽纱桌旗 311

蕾丝桌旗 303

毛须边桌旗 309

斜裁带桌旗 308

桌子

　床头柜套 336

　缝纫桌 11

　量尺工作台 12

　软包咖啡桌 329

自然风毛毡拖鞋 300

自由风平针绣 44

字母包 110

字母绣拖鞋 299

坐垫

　躺椅垫 332

　分类针插 12

夏威夷图案印花垫 333

座椅 11

做旧床单套组 129

做旧碎花餐巾 306

做旧印花布艺杯垫 180

作品

　抱枕 198~223

壁饰 340~346

布艺花卉 228~233

餐台布品 302~321

宠物用品 258~265

床品 128~141

动物 82~92

动物玩偶 82~92

服装 162~177

隔热垫 272~275

家居装饰 332~339

沐浴用品 118~127

收纳用品 246~257

手缝娃娃 224~227

手帕 234~237

书包 102~117

书套 154~161

毯子 146~153

拖鞋 298~301

围嘴 142~145

婴幼用品 238~245

遮光帘 288~297

针插 266~271

技法分类索引

刺绣

苹果刺绣围嘴 143
刺绣圈圈包 111
刺绣手帕 235
刺绣字母图样 344
刺子绣边饰枕套 139
缎带绣挂饰 341
缎带绣手帕 237
法式结粒绣边饰床品 133
法式结粒绣毛毯 151
机绣杯垫 180
机绣餐垫 317
机绣浴室用品套装 119
拉菲草刺绣包 105
拉菲草刺绣餐垫 319
流苏盖毯 150
落叶抱枕套 213
纽扣刺绣餐巾 307
平针绣床品 138
彐式刺绣餐台布品 316
十字绣抱枕套 215
十字绣剪影手提包 113
小鸟刺绣抱枕 212
绣花边饰基础毯 147，148
绣花毛毡手提包 109
牙仙枕头 216
园艺手账 158，159
之字绣床品 132
州鸟刺绣拼布被 280，281
字母绣拖鞋 299

缝纫

A 字形裹裙 166，167
巴提克印花餐台布品 312
宝宝和服 170，171
杯垫台布 320
贝壳边床幔 239
笔记本与支票簿真皮保护套 155，156
波浪式罗马帘 292
布袋托特包 103，104
餐巾抱枕套 208
藏针缝抱枕套 199，200

藏针缝长枕 221
草莓针插 269
侧兜式垫脚凳外罩 256
超简单毛毡装饰彩旗 243
抽绳长枕 220
传家宝番茄针插 267，268
床单拼缝被罩 137
床头柜套 336
刺子绣边饰枕套 139
多功能收纳包 117
多功能收纳袋布告板 257
儿童油布围裙 96，97
仿麂皮狗狗外衣 263
仿木纹花艺围裙 100，101
扶手椅定制椅罩 334
改装折凳 331
咯咯哒水煮蛋保温套 185
绲边手帕 236，237
海洋风印花纱笼 168
荷叶边花朵 232，233
荷叶边装饰枕套 133
盒状抱枕与枕套 214
烘焙围裙 99
花开满枝 229，230
绗缝狗外套 259，260
环绕式抱枕装饰带 207
婚戒枕垫 217
基础帆布包 106
基础款罗汉床罩 323，324
基础款亚麻餐巾 304
基础款亚麻围裙 93，94
极简床框罩 338
简易狗窝 262
简易纱笼 168
渐变染床头板罩 337
经典罗马帘 289~291
可调节围裙 98
快手抹胸裙 165
快手躺椅垫 332
拉链式抱枕套 199，201
礼服衫改造款排褶装饰抱枕 223
连帽浴巾 123
流苏盖毯 150

镂空盖毯 130
镂空枕套 131
露台罗汉床罩 330
伦敦帘 293
猫薄荷钓竿小鱼 261
毛巾玩偶 122
毛呢编织抱枕套 211
毛球装饰靠垫 209
毛须边桌旗 309
毛毡宝宝鞋 301
毛毡动物 85~87
毛毡书衣 157
迷你毛毡小挎包 108，109
男装面料布老鼠 264，265
男装面料床品套装 135
男装暖水袋保温套 183，184
男装兔 83，84
尿布台挂帘 245
捏褶半截帘 196
捏褶装饰抱枕 210
纽扣襻半截帘 193
女童衬衫裙 172，173
排褶装饰抱枕 222
皮革零钱包 253
皮革桌垫 321
漂白巴提克餐台布品 313
绒线刺绣床头板罩 339
绒线刺绣罗马帘 297
软包咖啡桌 329
色块拼接被罩 136，137
上扣式遮光帘 196
十字绣抱枕套 215
手缝娃娃 225~227
手工围裙 95
手绘填充精灵 88
束带裤 176，177
束口袋 112
双口袋隔热垫 275
双面镶边浴帘 126
双面婴儿毯 153
双色亚麻巴里纱窗帘 187
丝带边饰毯 149
丝带条纹纱帘 191

丝带镶边防滑垫 125
丝绒椅裙 335
陶瓷珠暖手宝 184
贴布蝴蝶披肩 174
贴布数字书 161
袜子狗狗 89~91
洗碗巾围裙 98
斜裁带装饰围嘴 144
斜裁带装饰浴巾 121
斜裁带桌旗 308
心形隔热垫 273，274
信封式抱枕套 199，200
绣花边饰基础毯 147，148
绣花毛毡手提包 109
牙仙枕头 216
亚麻边纱帘 190
亚麻台布 314，315
亚麻浴帘 120
亚麻枕套 134
油布便当包 114，115
油布剪贴杯垫 179
油布口袋围嘴 145
油布书套 160
雨衣浴帘 124
园艺手账 158，159
褶裥条纹半截帘 192
枕套包 116
自然风毛毡拖鞋 300
做旧印花布艺杯垫 180

绗缝与拼布

八角星拼布床罩 286
衬衫口袋收纳挂件 244
传统手帕拼布被 277，278
法式结粒绣毛毯 151
复古亚麻拼布床罩 28
纪念拼布被 557
男装面料拼布盖毯 279
牛仔布拼布被 285
拼布婴儿床防撞护垫 240，241
染色条纹拼布被 284
台布面衍缝被 282，283
西装面料衍缝床罩 285

夏威夷图样拼布抱枕 60，61
星形拼布抱枕 58，59
星形拼布画 345
衍缝狗外套 259，260
毡化毛衫拼布毯 152
州鸟刺绣拼布被 280，281

免缝

包布扣襟花 231
贝壳印花床品 132
标签与字母包 110
布盖储物盒 247，248
布艺折叠文件夹 250
彩条布告板 251
抽纱桌旗 310，311
雕版印花餐台布品 318
仿麂皮叶形餐垫 308
海洋风印花纱笼 168
荷叶边杯垫 181
环绕式布告板 254，255
简易印花遮光帘 294
渐变染手提包 111
蕾丝桌旗 303
流苏杯垫 181
镂空浴帘 127
落叶毛毡布告板 252
毛毡叶片针插 271
梅森罐针线瓶 270
免缝扇形花边裹裙 163，164
苹果印染包 115
热转印剪影包 110
软垫餐椅 325
软垫床头板 328
软盖被毯柜 326，327
丝绒内衬首饰收纳盒 249
藤蔓印花遮光帘 295
夏威夷图案印花垫 333
斜纹带装饰窗帘 195
羽毛印花餐巾 305

染布

巴提克印花餐台布品 312
衬衫布桌帘 197
渐变染餐巾 306
渐变染床头板罩 337
渐变染手提包 111
漂白巴提克餐台布品 313
染色条纹餐巾 307
染色条纹拼布被 284
做旧床单套组 129
做旧碎花餐巾 306
做旧印花布艺杯垫 180

贴布

贴布窗帘 194
贴布被罩与枕套 140，141
贴布数字书 161
海星印花贴布包 107
贴布蝴蝶披肩 174
贴线绣抱枕装饰带 218
落叶抱枕套 213
贴布农场挂饰 342，343
贴布花朵衬衫 175
身高尺 242
手工贴布抱枕套 219
夏威夷图样贴布罩衫 169

印花

贝壳印花抱枕 206
贝壳印花床品 132
雕版印花餐台布品 218
海星印花贴布包 107
海洋风印花纱笼 168
简易印花遮光帘 294
苹果印染包 115
藤蔓印花遮光帘 295
夏威夷图案印花垫 333
印花窗帘 188，189
羽毛印花餐巾 305

摄影师名单

威廉·阿布兰诺维奇（William Abranowicz）
120、134、147、187、239、245、254、255、277、278、314~315、328、338

桑恩（Sang An）
12（下图）、13（下图）、103、104、110、125（上图）、143、145、160、184（下图）、270、307（右图）、320（上图）

斯特凡诺·阿扎诺（Stefano Azario）
232

詹姆斯·柏格利（James Baigrie）
217、262、332

克里斯托弗·贝克（Christopher Baker）
218、299、301

哈利·贝茨（Harry Bates）（插图）
21、24、26、27、30、38~40、42、44、48、49、55、85~87、91、94（右图）105、106、115、148、149、150、167（#5）、177（#5）、200~204、210、211、221（右图）、230、233、237、256、257、291、311、319、324、359~363

贾斯汀·布恩霍特（Justin Bernhaut）
12（上图）、210

安德鲁·鲍德温（Andrew Bordwin）
326、327

安妮塔·卡莱罗（Anita Calero）
213、229、252、300（上图）

厄尔·卡特（Earl Carter）
190、191

吉玛·科马斯（Gemma Comas）
48、153、158、159、237、341

苏茜·卡什纳（Susie Cushner）
222

卡尔顿·戴维斯（Carlton Davis）
157（上图）

雷德·戴维斯（Reed Davis）
18、141（右图）

皮耶特·艾思特森（Pieter Estersohn）
323

弗姆拉 Z/S（Formula Z/S）
250

理查德·福斯特（Richard Foster）
205

斯考特·弗朗西斯（Scott Frances）
286、294（上图）

劳里·弗兰克尔（Laurie Frankel）
环衬、文前 1、3、7、14~15、22、37（下）、80~81、157（下图）

达娜·加拉格尔（Dana Gallagher）
67、71、129、135（上图）、172、180（右图）183、197、220、223（上图）264、284（右图）、285（右图）、306（左图）、307（左图）、344

詹特尔·海尔斯（Gentl Hyers）
151、153、253、332、333

艾莉森·布蒂（Alison Gootee）
107、111、134、298（上图）

凯瑟琳·盖特威克（Catherine Gratwicke）
50、119、132（左图）、180（左图）、317

约翰·格伦（John Gruen）
13（上图）、55

弗兰克·海克斯（Frank Heckers）
56、57、170、171

雷蒙德·霍姆（Raymond Hom）
1、2、8、16、28、61、84、112（下图2）、135（下图2）、166、173、184（上图）、223（下图)248、265、275(下图2）、279（下图2）、346~357

马修·赫尔纳（Matthew Hranek）
95、99、100、309、321

丽莎·哈伯德（Lisa Hubbard）
41、68、69、113、137、150、215、282~283、284（左图）、285（左图）、308（下图2）、312

加布里埃尔·因帕拉托丽·佩恩（Gabrielle Imperatori-Penn）
267、268

迪特·伊萨格（Ditte Isager）
77、107、168（下图）、206

卡尔·朱恩格尔（Karl Juengel）
101、360

迪恩·考夫曼（Dean Kaufman）
165

凯勒 & 凯勒（Keller &Keller）
192、193、196

金尹熙（Yunhee Kim）
207、231

小泉善治（Yoshiharu Koizumi）
文前 2、文前 4、44~47、149、316

希文·勒温（Sivan Lewin）
88

史蒂芬·刘易斯（Stephen Lewis）
89、244、261

斯蒂文·麦克唐纳（Steven Mcdonald）
125（下图）

莫拉·麦克沃伊（Maura Mcevoy）
42、43、62、63、98（上图2）、133、151、181（右图）、305（上图）

詹姆斯·梅里尔（James Merrell）
58、59、212、280、281、287、345

艾莉·米勒（Ellie Miller）
20、78、185、208（上图）、209、318

约翰尼·米勒（Johnny Miller）
文前 6、4~6、19、30、34、36、52、54、64、66、73、74、76、79、83、93、106、112（上图）、149、176、189、199、208（下图）、230、236、247、249、275（上图）279（上图）、295（下图）、300（下图）305（下图）、320（下图）

劳拉·莫斯（Laura Moss）
214、259

艾米·尼恩辛格（Amy Neunsinger）
15、294

海伦·诺曼（Helen Norman）
168（上图）、240、241、313、330

珍妮·彼得斯（Janne Peters）
31~33、140、141（左图2）、174、175、194、219

埃里克·皮亚塞茨基（Eric Piasecki）
72、98（下图2）、111（右图）、195、211、242、251、256、257、289、291、293、297、306（右图）、337、339

萨宾·皮加勒（Sabine Pigalle）
310、311

大卫·普林斯（David Prince）
269、296

玛丽亚·罗夫莱多（Maria Robledo）
85、152

弗朗斯·鲁夫纳齐（France Ruffenach）
122

达米安·罗素（Damian Russell）
334、335

约瑟夫·斯卡弗奥（Joseph Scafuro）
315

查尔斯·席勒（Charles Schiller）
181（左图）、271

安妮·施勒希特（Annie Schlechter）
115、123、155、156、225~227、243、253

凯特·西尔斯（Kate Sears）
44、111（左图）、116、138

马克·希伦（Mark Seelen）
292

马修·塞普蒂默斯（Matthew Septimus）
273、274

西蒙·厄普顿（Simon Upton）
51

米克尔·万格（Mikkel Vang）
60、169、188、295（上图）、333

乔尼·威利安特（Jonny Valiant）
105、319

威廉·范登（William Van Roden）
164、167（#1~4）、177（#1~4）

威廉·沃尔德伦（William Waldron）
136

西蒙·沃森（Simon Watson）
40、96、97、114、179、329、336

温德尔·T.韦伯（Wendell T, Webber）
10、124、126、132（右图）

安娜·威廉姆斯（Anna Williams）
37（上图）、108、109、127、130、131、216、235、303、331

詹姆斯·沃雷尔（James Worrell）
294（下图）
第 358 页图片由辛格（Singer）友情提供。

This translation published by arrangement with Potter Craft,
an imprint of the Crown Publishing Group,a division of Penguin Random House LLC..

本书中文简体版经 the Editors of Marsha Stewart Living 授权，由中国纺织出版社有限公司独家出版发行。

本书内容未经出版者书面许可，不得以任何方式或任何手段复制、转载或刊登。

著作权合同登记号：图字：01-2021-0743

图书在版编目（CIP）数据

家政女王玛莎·斯图尔特的缝纫百科 / 美国《玛莎·斯图尔特的生活》编辑部编；苏莹译. --北京：中国纺织出版社有限公司，2021.4

书名原文：MARTHA STEWART'S Encyclopedia of Sewing and Fabric Crafts

ISBN 978-7-5180-8350-3

Ⅰ.①家… Ⅱ.①美…②苏… Ⅲ.①缝纫—基本知识 Ⅳ.①TS941.634

中国版本图书馆CIP数据核字（2021）第020205号

编　　者：美国《玛莎·斯图尔特的生活》编辑部	译　　者：苏　莹
出版统筹：吴兴元	特约编辑：余楒婷
责任编辑：郭　沫	责任校对：王蕙莹
责任印制：王艳丽	装帧制造：墨白空间

中国纺织出版社有限公司出版发行

地址：北京市朝阳区百子湾东里A407号楼　邮政编码：100124

销售电话：010—67004422　传真：010—87155801

http://www.c-textilep.com

中国纺织出版社天猫旗舰店

官方微博 http://weibo.com/2119887771

天津图文方嘉印刷有限公司印刷　各地新华书店经销

2021年4月第1版第1次印刷

开本：889×1194　1 / 16　印张：24.25

字数：300千字　定价：168.00元